Python
编程入门与实践

姜增如 编著

化学工业出版社
·北京·

内容简介

本书从零基础、初学者的角度，介绍了 Python 编程的基础知识和编程方法。全书共 7 章，从语言基础到面向对象编程、再到 UI（用户界面）设计，共使用了 228 个案例贯穿在各个章节中。同时，将 Python 语言特有的数值、字符串、列表、元组、字典和集合数据融入代码段，以体现案例教学的特色。本书前 6 章均附有习题，供读者思考和练习。

第 1 章简要介绍了 Python 语言的发展历程、特点和功能，以及安装环境、操作使用的步骤；第 2 章～第 6 章详细介绍了 Python 的编程语言基础，常用函数、方法及调用规则，程序结构化的流程控制编程方式，面向对象的程序设计方法，创建用户界面的程序设计方法，等等；第 7 章是综合实践，包括 37 个综合实践案例，以帮助读者快速掌握 Python 的编程方法。

本书是一本学习 Python 编程的入门教程，可作为高等院校学生的编程基础教材和参考书，也可供所有对 Python 编程感兴趣的读者参考使用。

图书在版编目（CIP）数据

Python 编程入门与实践 / 姜增如编著．—北京：化学工业出版社，2022.9

ISBN 978-7-122-41644-5

Ⅰ．①P…　Ⅱ．①姜…　Ⅲ．①软件工具－程序设计－高等学校－教材　Ⅳ．① TP311.561

中国版本图书馆 CIP 数据核字（2022）第 100366 号

责任编辑：张海丽
责任校对：杜杏然
装帧设计：刘丽华

出版发行：化学工业出版社
（北京市东城区青年湖南街13号　邮政编码100011）
印　　装：河北鑫兆源印刷有限公司
880mm×1230mm　1/16　印张14½　字数423千字
2022年9月北京第1版第1次印刷

购书咨询：010-64518888
售后服务：010-64518899
网　　址：http://www.cip.com.cn
凡购买本书，如有缺损质量问题，本社销售中心负责调换。

定　　价：78.00元

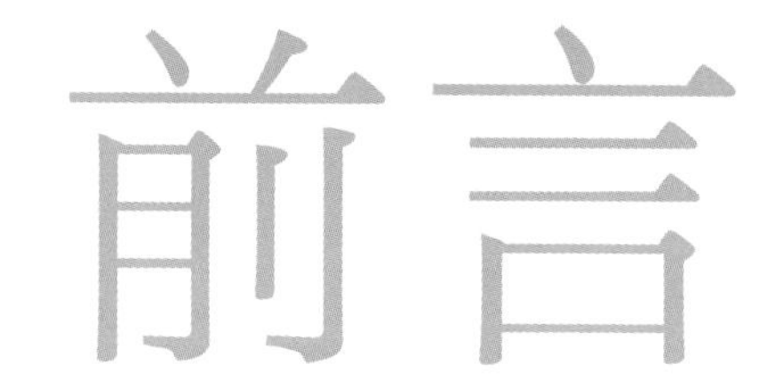

前言

在以计算机为主导，大数据分析、人工智能广泛应用的今天，Python 的简单易用已使其成为主流的编程语言。Python 语言提供了丰富的 API（应用程序接口）和工具，以便使用者能够轻松地使用 C 语言、C++ 等来编写扩充模块，编译器本身也可以被集成到其他需要脚本语言的程序内，这样可将多种语言编写的程序进行集成和封装。Python 可帮助我们解决如智能交通、生物信息学、建筑、地理信息、图像可视化分析等领域复杂的数值计算及分析问题。

本书以 Python 3.10.2 为操作平台，将 Python 软件入门与实际应用融为一体，以培养基本的科研素质为出发点，设计了教学案例和习题。书中，附加代码和运行结果的完整案例有 228 个，加上各个函数的代码段讲解，实际案例近 300 个，每个案例重点部分都做了分析注释，不仅增加了易读性，且体现了采用案例教学讲解知识点的特色。最后一章是 Python 编程综合实践，为学习实践及基础提高提供依据。本书涵盖运行环境使用、常用算法说明、编程基础知识、结构化编程方法、面向对象的编程方法及 UI 界面设计等内容，前 6 章均附有习题，以帮助读者巩固知识点。

本书以提高软件操作技能、综合应用和创新能力为目标，在内容上没有讲解理论中的繁杂、抽象计算，完全从初学者角度叙述语法环节的知识点，使用表格列出系统提供的函数和方法，然后举例说明其使用步骤。本书从系统环境下载到使用，引导零基础的读者一步一步学习编程，从 Python 的简单数值计算、输出字符串到一个完整项目的实现，读者可从中体验软件开发基本过程带来的乐趣。有一定编程基础的读者，通过本书，也可达到应用和提高的目的，工作效率迅速提升。本书不仅是理工科、经济学科等专业读者学习的好帮手，也可作为教授计算机语言课程的教师的辅助教科书，书中教学案例的设计思路对于其他语言的教学也具有借鉴作用。

本书凝聚了作者多年的理论与实验教学经验。在编写过程中，作者对编程中的知识点及典型案例进行了总结、添加标注，并进行结论说明。限于时间，书中难免存在一些疏漏，敬请读者批评指正。

姜增如
2022 年 6 月

扫码获取本书学习资源

目录

第1章 Python 概述

第2章 Python 语法知识

第3章 Python常用函数与常用方法

第4章 Python流程控制

第5章 面向对象程序设计方法

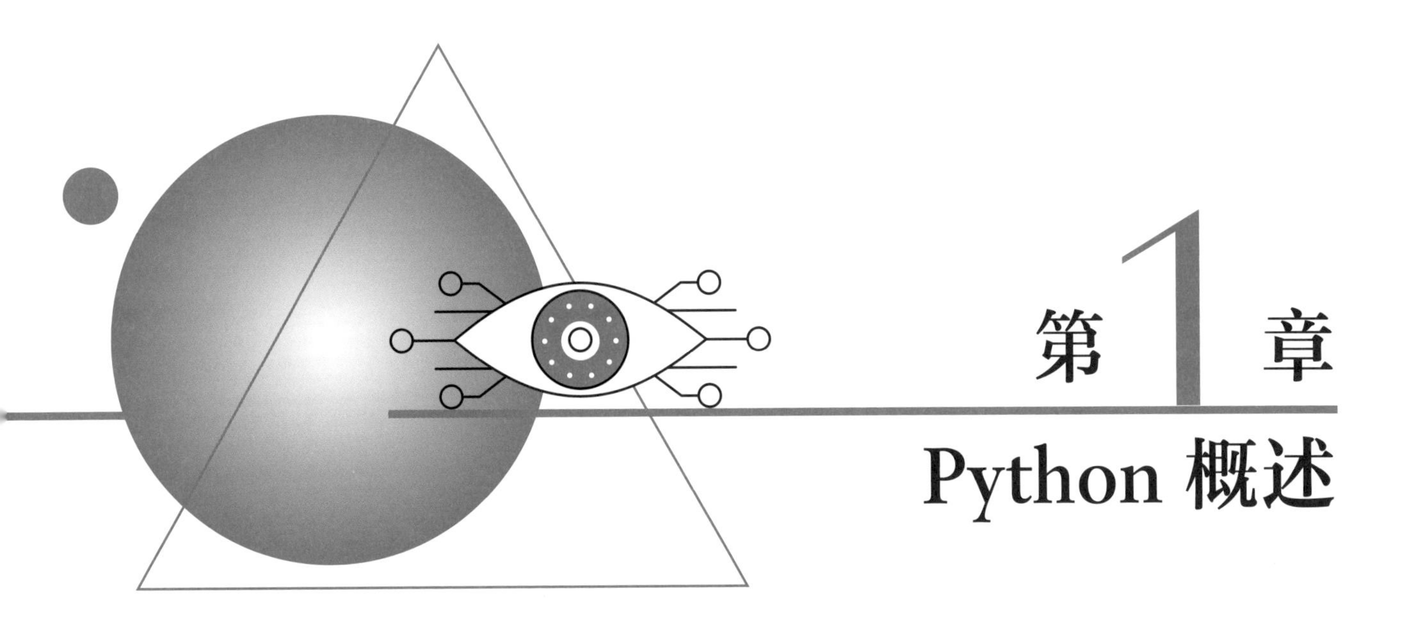

第1章 Python 概述

扫码获取学习资源

Python 是目前流行的编程语言之一，易于学习，功能强大。本章将带您了解 Python 的发展、语言的特点、应用及功能；学习如何在计算机系统中安装 Python 环境，在其自带的终端解释器窗口中编写一条或多条语句，感受无需保存直接回车即可获得运行结果的过程。通过本章学习，读者可通过集成开发和学习环境编写一个简单数据计算和字符输出代码段，或建立一个 .py 小程序，从语句中确定每个单词的含义，熟悉系统环境的编辑、运行、查看结果的方法。要掌握编程步骤最佳的方式是尝试使用它们。

1.1 Python 的发展

Python 语言是由荷兰人 Guido van Rossum 使用 C 语言编写的。他于 1982 年在阿姆斯特丹大学获得数学和计算机硕士学位，于 1989 年启动开发这门语言系统。两年后，第一个 Python 解释器公开发行，于 1994 年公布了 1.0 版本，正式面向公众。Python 从 1.0 版本的诞生一直更新到现在，经历了多个版本。现保留的版本主要是基于 Python 2.x 和 Python 3.x 系列，如图 1-1 和图 1-2 所示。

Python 3.x 在 2008 年开源。2020 年 1 月，Python 官方网站宣布不再更新维护 Python 2.x 系列版本。最近几年，自 Python 3.8 在 2019 年 10 月 14 日正式发布以来，分别在 2020 年 10 月 5 日发布了 Python 3.9、2021 年 5 月 3 日发布了 Python 3.9.5、2021 年 12 月 6 日发布了 Python 3.10.1 版本，2022 年 1 月 14 日又正式发布了 Python 3.10.2 版本，可见更新速度之快。每个版本的模块库都有了不同程度的提升。其中，最新的 Python 3.10.2 版本增加了类似 C 语言的开关语句 match…case，用于多条件选择。使用时应注意，Python 3.x 系列设计没有考虑向下兼容，早期版本设计的部分程序无法在新版的 Python 3.x 上正常执行。

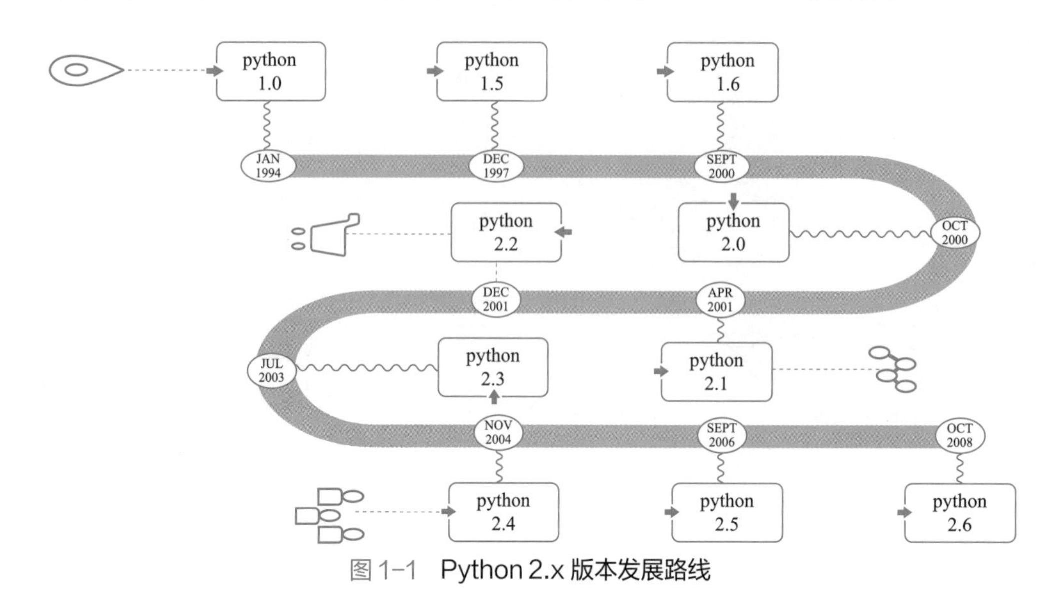

图 1-1　Python 2.x 版本发展路线

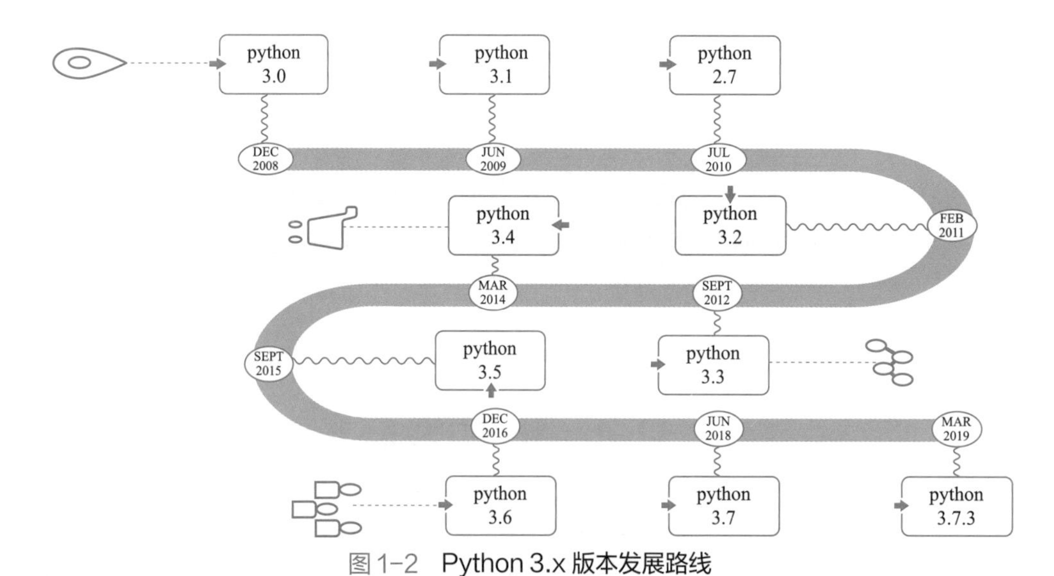

图 1-2　Python 3.x 版本发展路线

1.2　Python 的特点

Python 语言简洁、优美。它和 C++、Java 等语言一样，属于一门高级编程语言。Python 是一种集解释性、编译性、交互性、跨平台和面向对象的脚本语言，具有关键字、标点符号少，语法结构清晰、简单易学，库函数丰富、可扩展性强和易于维护的特点。

其优点有:

① 解释型：编写程序无需编译及考虑内存管理，它将每一条语句翻译为机器语言，然后运行，当解释器发现错误时，程序会抛出异常或立即终止。

② 编译性：能够自动管理内存，支持多种编程范式，包括面向对象、命令式、函数式和过程式编程。

③ 交互式：在 >>> 提示符下直接键入语句，回车即可执行代码。

④ 跨平台：在 Unix、Windows 和 Mac 中兼容性好，程序易于移植。

⑤ 面向对象：程序中的函数、模块、数字、字符串都视为对象，完全支持继承、重载、多重继承和多态。

⑥ 丰富的库函数：标准库提供了数据处理、系统管理、网络通信和爬虫等功能模块，涵盖科学计算、人工智能、机器学习、Web 开发、数据库接口、图形系统多个领域的函数，且数据类型包含数字、字符串、列表、字典、集合及文件等类型。

⑦ 可扩展性：它提供了丰富的程序编程接口（Application Programming Interface，API）和工具，其编译器本身可以嵌入到 C 或 C++ 编写的算法程序中，可移植或被其他程序调用。

⑧ 易于维护：系统提供的大量模块库，使得维护变得异常简单，降低了程序理解、故障修复、修改完善的难度。

其缺点有：

① 与 C++ 相比，Python 运行速度慢。

② Python 构架选择太多，没有 C# 的 .net 构架的例程多，使用 Python 开发 Web 程序案例还不够多。

1.3 Python 的应用及功能

Python 适合零基础的用户学习，与其他语言相比，不需语言基础即可上手。在实现相同功能的前提下，Python 所需要的代码数更少，可以做到一行代码实现其他语言多行代码的功能。

1.3.1 Python 应用

Python 作为一种功能性强的编程语言，应用领域非常广泛，几乎所有大、中型互联网企业都在使用 Python 完成各种各样的任务。例如，国外的 Google、Youtube、Dropbox 等，国内的百度、腾讯、阿里巴巴等。其主要应用方向如图 1-3 所示。

图 1-3 Python 主要应用方向

1.3.2 Python 功能

① 系统编程：提供 API，能方便进行系统维护和管理。

② 图形处理：有多个图形库支持，能方便进行图形处理。

③ 数学处理：提供大量标准数学库的接口。

④ 文本处理：提供的 re 模块库支持正则表达式，使得字符处理编程大大缩短开发时间。

⑤ 数据库编程：可通过 Python DB-API 接口模块，与 Microsoft SQL Server、MySQL、SQLite 等常用数据库系统通信。

⑥ 网络（Web）编程：构建 Web 体系框架，快速搭建属于自己的 Web 站点。

⑦ 多媒体应用：能进行二维和三维图像处理，可用于编写游戏软件。

⑧ 黑客编程：Python 的 hack 库内置大量函数模块，用户可直接使用这些模块编写防火墙程序。

⑨ 爬虫软件：爬虫是实现海量数据抓取，可以使用 Python 开发一套分布式爬虫系统，高效获取海量数据。

1.4 Windows 安装 Python

学习 Python，可随时在官网上下载最新版本。每个版本都有不同操作系统的安装包，这里只讲解 Windows 下载及安装步骤，Linux 和 Mac 系统的安装方法与 Windows 操作基本一致，读者根据自己的平台选择安装运行环境即可使用。

1.4.1 安装步骤

Python 多应用于 Windows、Linux 和 Mac 等系统，根据不同平台下载相应安装包，官网下载地址为：https://www.Python.org/doc。打开该网站，不仅能在列表中选择 Windows 平台安装包，还可下载最新源代码、二进制文档、新闻资讯及 HTML、PDF 和 PostScript 等格式的帮助文档。安装包格式为：Python-XYZ-amd64/32 文件，其中 XYZ 为安装的版本号、amd64/32 对应操作系统处理器字长位数。目前的计算机大多是 64 位机（可右击“我的电脑”选择“属性”查看）。例如，下载 Python-3.10.2-amd64.exe 安装包，在浏览器地址栏中键入网址后按回车键，即可打开 Python 下载界面，选择下载“Downloads”，再选择操作系统平台，可看到当前最新 Python 版本，如图 1-4 所示。

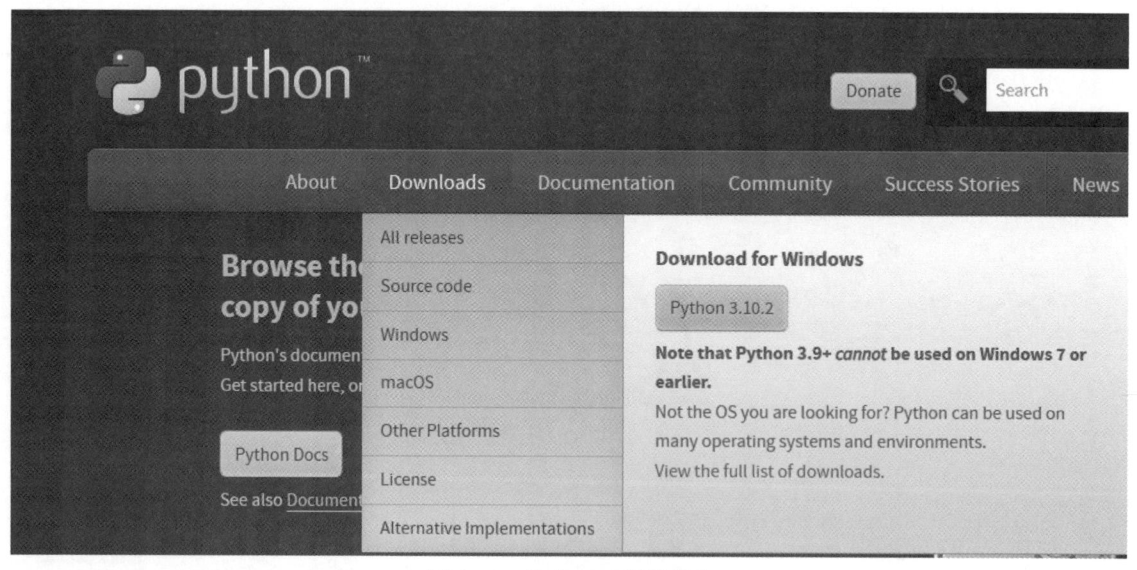

图 1-4 Python 下载界面

在屏幕左下角选择“打开”，如图 1-5 所示。

安装时可选择默认第一项安装，也可选择“用户自定义安装”，如图 1-6 所示。

可将下载安装包拷贝到指定文件夹，再点击“Install”开始安装，如图 1-7 所示。

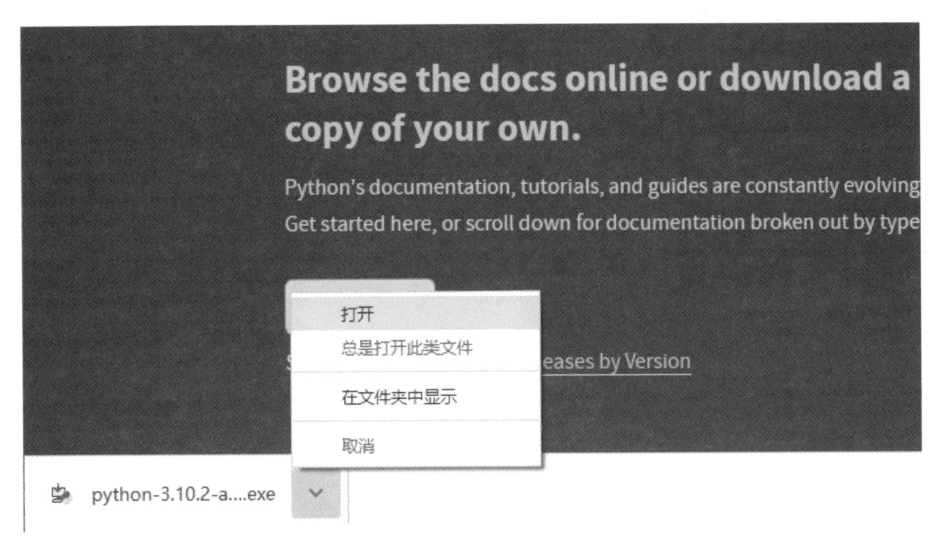

图 1-5　下载选项

图 1-6　用户自定义安装

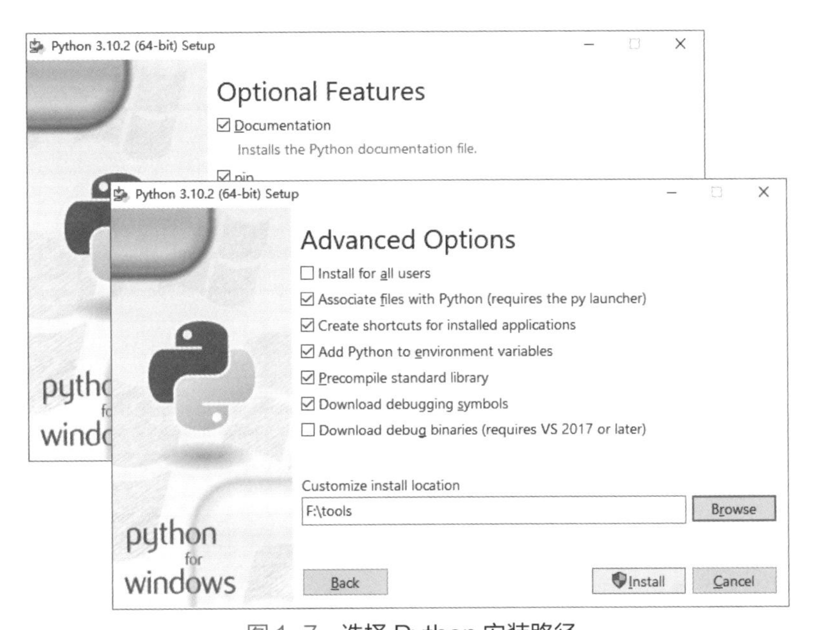

图 1-7　选择 Python 安装路径

安装成功后的界面如图 1-8 所示。

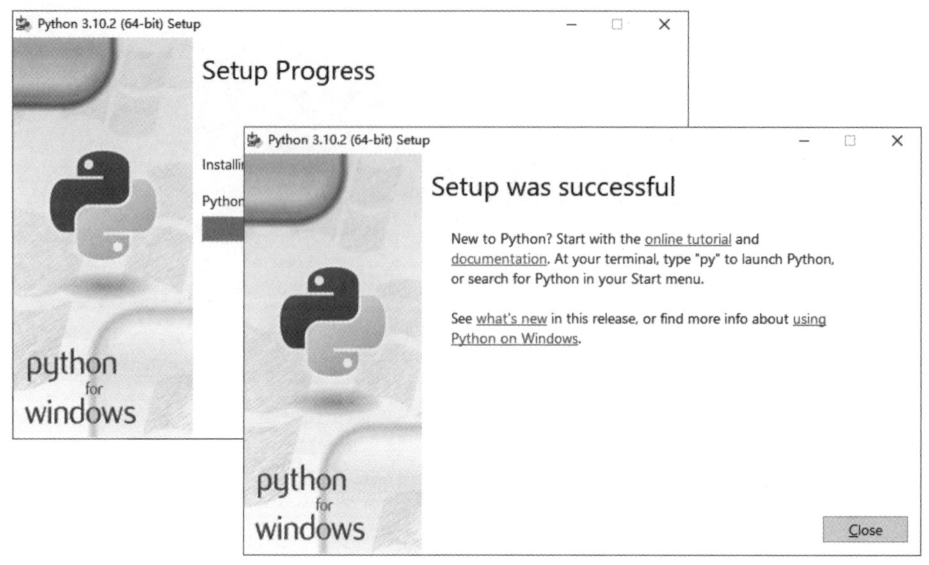

图 1-8　Python 安装成功界面

1.4.2　注意事项

① 自定义安装时一定要勾选 ADD Python 3.10 to PATH，这样后续就不用自行设置环境变量了。

② 可以按照图 1-7 进行选择或默认全选。

③ 可自己设置安装路径或选择默认安装路径。

④ 安装结束，在开始菜单出现的弹出式菜单中可找到操作命令，如图 1-9 所示。

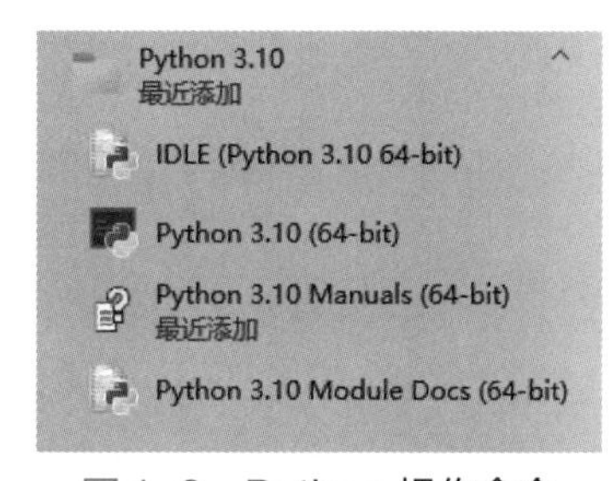

图 1-9　Python 操作命令

1.5　Python 编辑与运行

Python 有 4 种方式编辑：

① 通过 Python 提供的交互式解释器命令行窗口编辑运行，单击图 1-9 中的第 3 项“Python 3.10（64-bit）”。

② 通过 Python 提供的集成开发环境 IDLE 进行编辑，单击图 1-9 中的第 2 项“IDLE（Python 3.10 64-bit）”。

③ 通过任意文本编辑器进行编辑，如常用的记事本。

④ 通过 PyCharm 辅助编程软件进行编辑，它是集调试、Project 管理、代码跳转、智能提示、单元测试等功能的开发工具。

1.5.1　通过交互式解释器命令行窗口编辑运行

在 Windows 下，安装 Python 时自带了“Python 3.10（64-bit）”命令行窗口，它不需要创建脚本文件，直接通过解释器的交互模式编写代码段，即在提示符“>>>”下输入命令，回车立即运行。例如，键入“print(“今天我开始学习 Python 计算机语言啦”)”，回车即可输出，如图 1-10 所示。

```
IDLE Shell 3.10.2
File Edit Shell Debug Options Window Help
Python 3.10.2 (tags/v3.10.2:a58ebcc, Jan 17 2022, 14:12:15) [MSC v.1929 64
 bit (AMD64)] on win32
Type "help", "copyright", "credits" or "license()" for more information.
>>> print("今天我开始学习Pyhon计算机语言啦")
今天我开始学习Pyhon计算机语言啦
>>>
Ln: 5 Col: 0
```

图 1-10　Python 命令行窗口

1.5.2　通过 Python 集成开发环境编程并执行

（1）集成开发环境菜单

Python 自带一个 IDLE（Integrated Development and Learning Environment）集成开发环境，单击文件“File”，可新建文件（Ctrl+N）、打开文件（Ctrl+O）、保存文件（Ctrl+S），关闭文件使用 Alt+F4 快捷键或在菜单中选择，如图 1-11 所示。

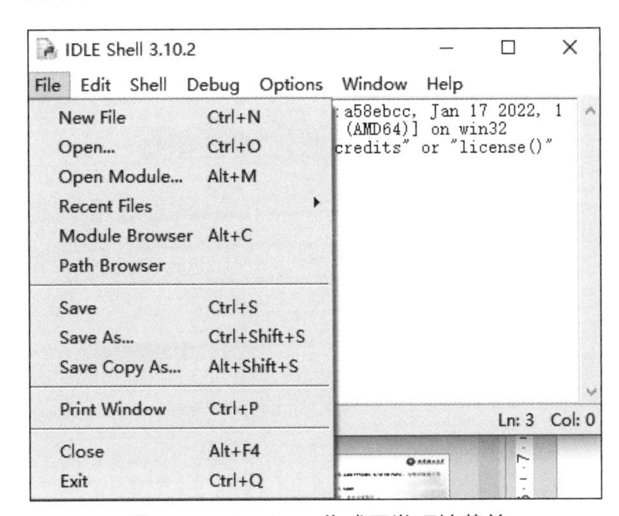

图 1-11　Python 集成开发环境菜单

（2）程序编辑

在新建文件编辑窗口中，用户能方便地编辑、运行和调试脚本程序。编写时，注意不要使用括号标识代码的类、函数、条件和循环等代码块，是由行缩进的方式严格控制，缩进位的数目是可变的，但块中所有语句必须缩进相同位数（一般 2 个或 4 个字节），即用缩进相同的空格数表征一个块结构。程序运行前，必须将所编辑的脚本以 .py 为扩展名保存为 Python 文件，在 IDLE 开发环境中，默认的第一个文件名为“untitled.py”，后面自动命名为 untitled1.py、untitled2.py、…，如图 1-12 所示。

（3）运行程序

单击运行“Run”菜单下的运行模块“Run Module”或直接按 F5 键，如图 1-13 所示。

图 1-12　Python 程序界面

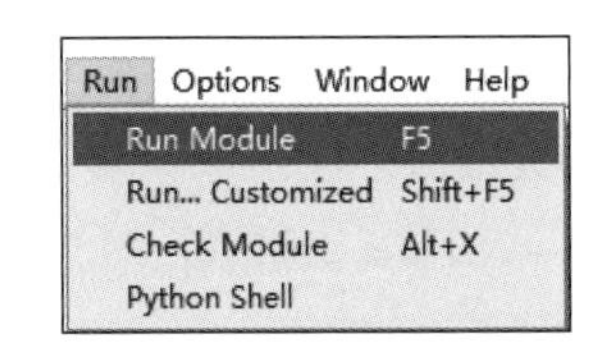

图 1-13　运行脚本方法

（4）运行结果

若保存在当前路径下的文件名为“test.py”，回车即可保存运行，结果如图 1-14 所示。

图 1-14　Python 运行结果

（5）IDLE 编辑菜单

单击编辑“Edit”打开编辑菜单，在上面可选择剪切、复制、粘贴、查找替换等操作。编辑菜单如图 1-15 所示。

（6）IDLE 的常用配置

单击操作“Options”菜单下的系统配置“Configure IDLE”，可进行系统配置操作，包括修改窗口字体、颜色等。常用配置如图 1-16 所示。

Edit	Shell Debug Options Window Help
Undo	Ctrl+Z
Redo	Ctrl+Shift+Z
Cut	Ctrl+X
Copy	Ctrl+C
Paste	Ctrl+V
Select All	Ctrl+A
Find...	Ctrl+F
Find Again	Ctrl+G
Find Selection	Ctrl+F3
Find in Files...	Alt+F3
Replace...	Ctrl+H
Go to Line	Alt+G
Show Completions	Ctrl+space
Expand Word	Alt+/
Show Call Tip	Ctrl+backslash
Show Surrounding Parens	Ctrl+0

图 1-15　IDLE 编辑菜单

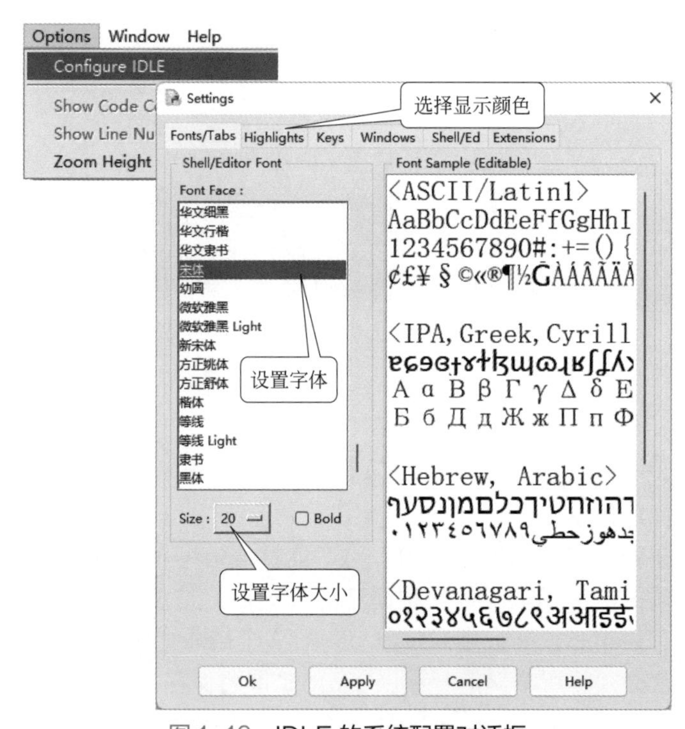

图 1-16　IDLE 的系统配置对话框

1.5.3　通过记事本编辑及运行

Python 代码本身都是纯文字文件，可使用任何文本编辑器，如使用 Windows 提供的记事本编辑内容（注意缩进格式），并保存为 .py 文件，即可在“cmd”的命令提示符下直接运行。

例如，将编写的成绩转换代码程序保存在 C 盘 test 文件夹下为 test.py 文件，直接运行的方法是：

```
cd\test                         # 进入 test 目录
Python test.py                  # 运行程序
```

得到的结果如图 1-17 所示。

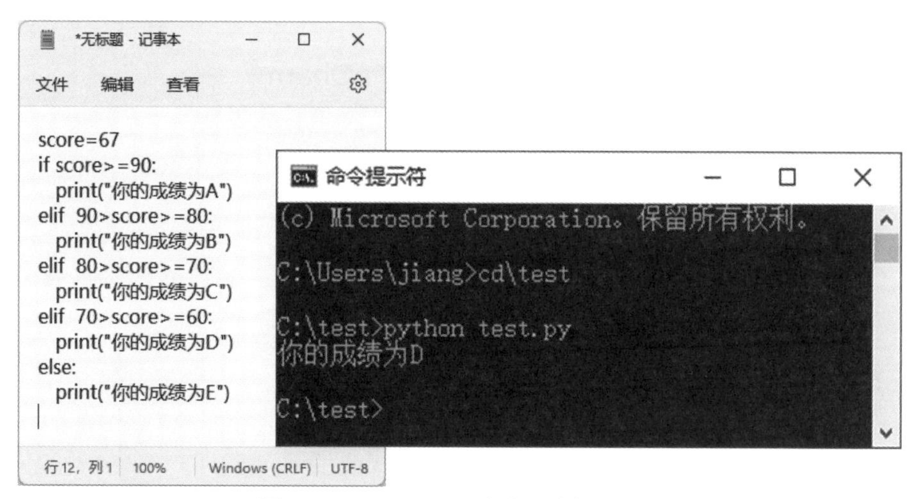

图 1-17 Python 记事本的编辑及运行

1.5.4 通过 PyCharm 编辑运行

PyCharm 是一个高效的 Python IDLE 编辑器，可跨平台使用。该软件属于安装 Python 之外的一个独立编辑系统环境，其版本也在不断更新。其下载及安装地址为 http://www.jetbrains.com/pycharm/download，打开并下载文件安装包。

（1）下载安装

① 下载 PyCharm 安装包，如图 1-18 所示。

图 1-18 下载 PyCharm 安装包

② 选择右下角的社区版“Community”，打开安装包界面如图 1-19 所示。

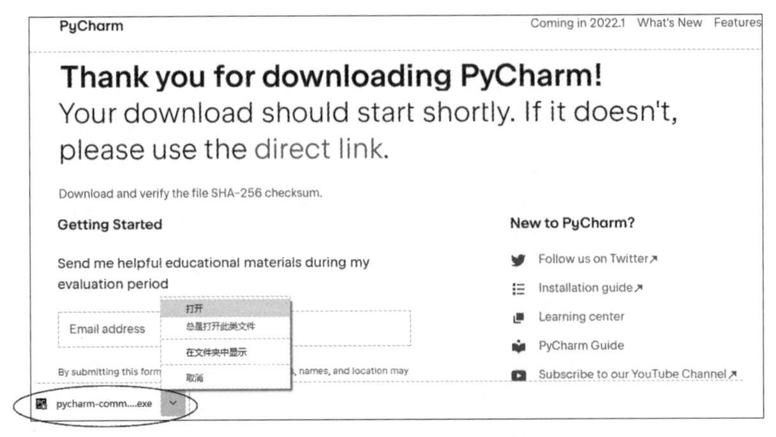

图 1-19 Python 社区版安装包

③ 在图 1-19 左下角的下拉列表中选择“打开”，选择安装路径，如图 1-20 所示。

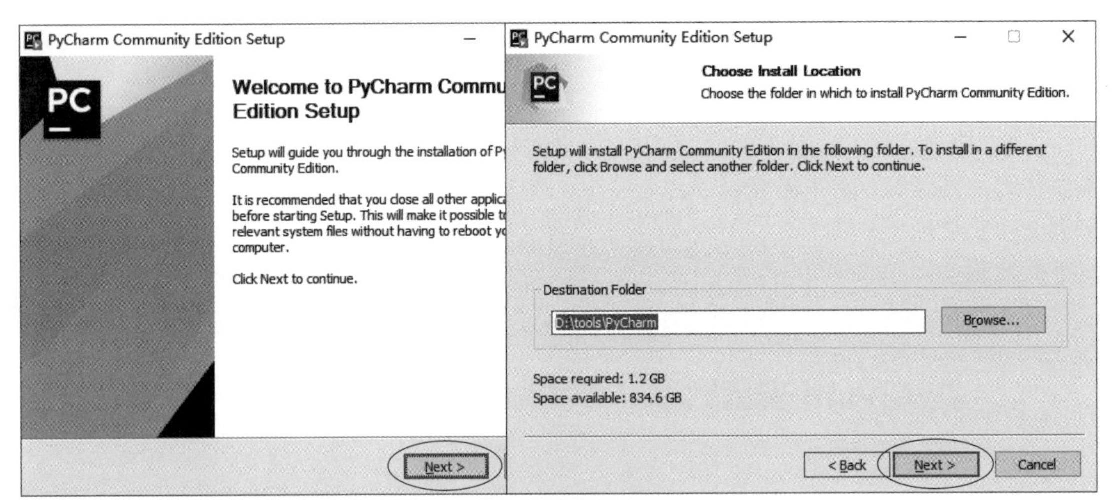

图 1-20 选择安装路径

④ 单击图 1-20 中的“Next”选择安装选项，勾选复选框，再单击“Next”和“Install”，如图 1-21 所示。

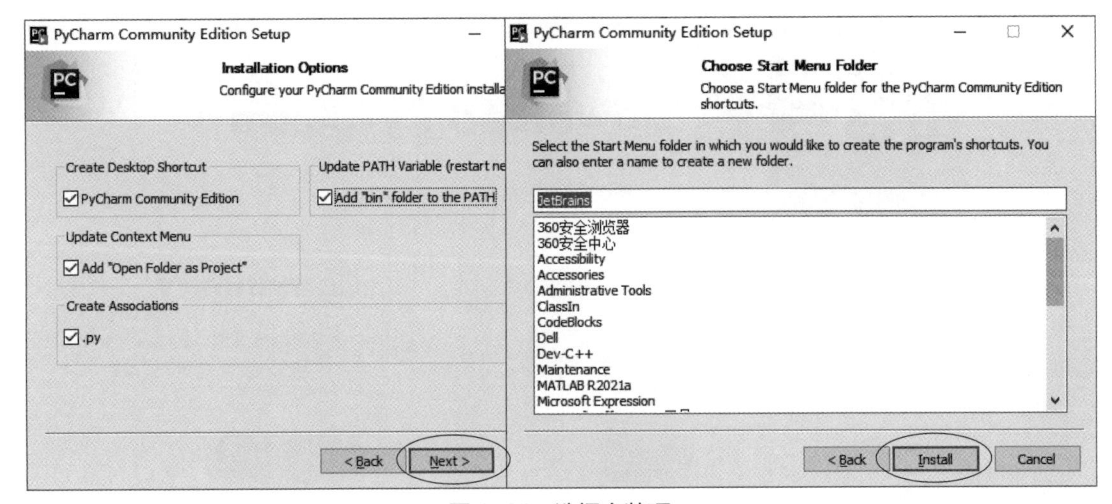

图 1-21 选择安装项

⑤ 查看安装进度，结束后出现安装成功界面，如图 1-22 所示。

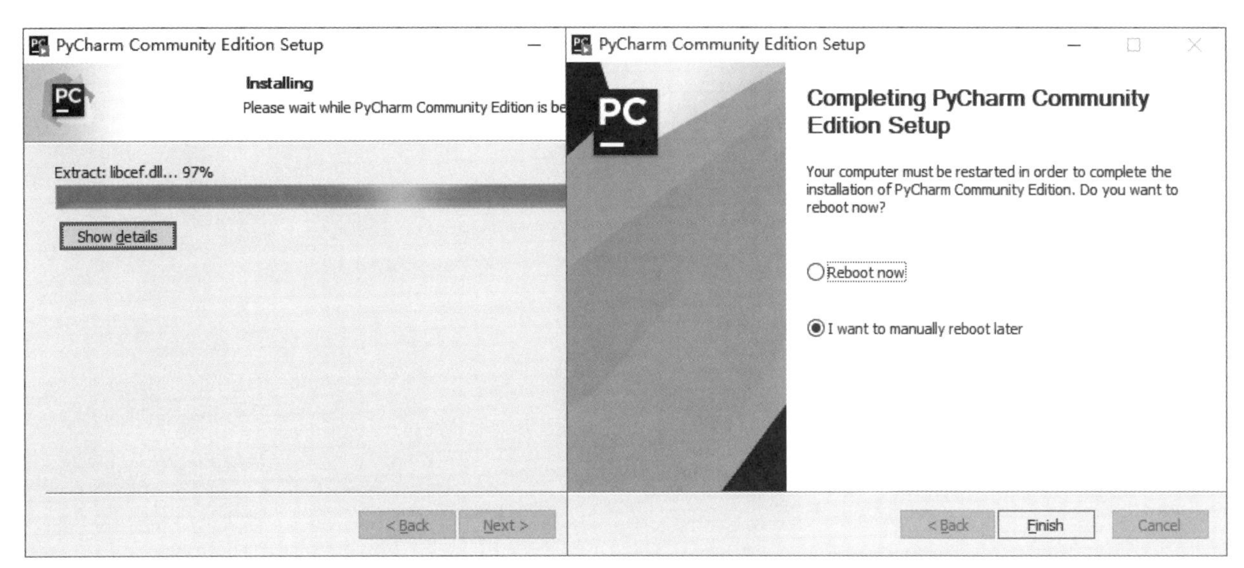

图 1-22　安装成功界面

⑥ 安装成功后，在桌面出现 PyCharm 的快捷方式。双击该图标打开 PyCharm 初始界面，单击创建新项目界面的“+”，如图 1-23 所示。

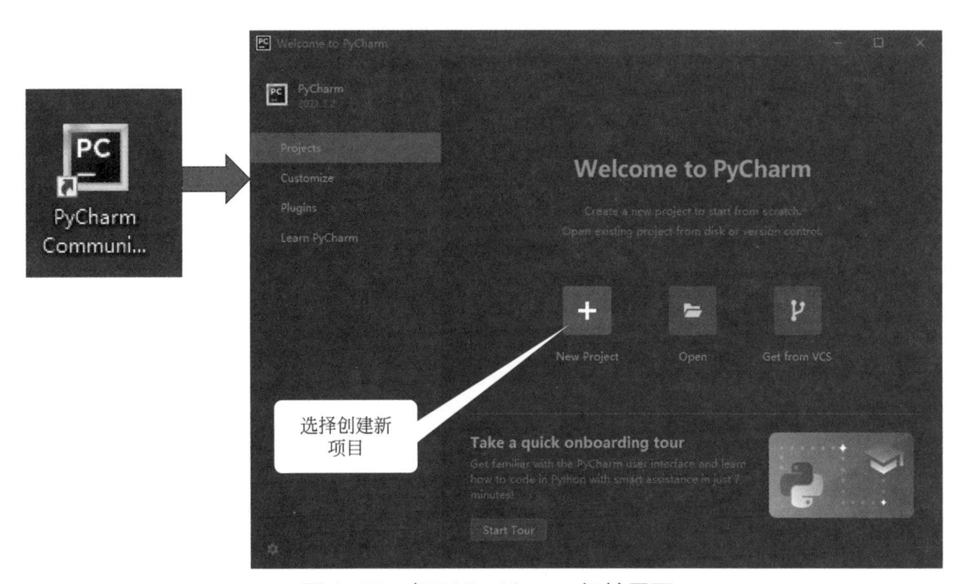

图 1-23　打开 PyCharm 初始界面

（2）PyCharm 的使用

① 打开 PyCharm 的编辑环境，可从界面中看到编辑、显示当前目录文件的两个主窗口，单击运行即可在下方出现查看运行结果和显示错误信息的窗口。同时，在最下面的状态栏中，还能选择查看其他信息、打开命令窗口“Python Console”等按钮，如图 1-24 所示。

图 1-24　选择按钮

② 编辑代码、显示当前目录主窗口，以及查看运行结果及错误信息的窗口界面如图 1-25 所示。

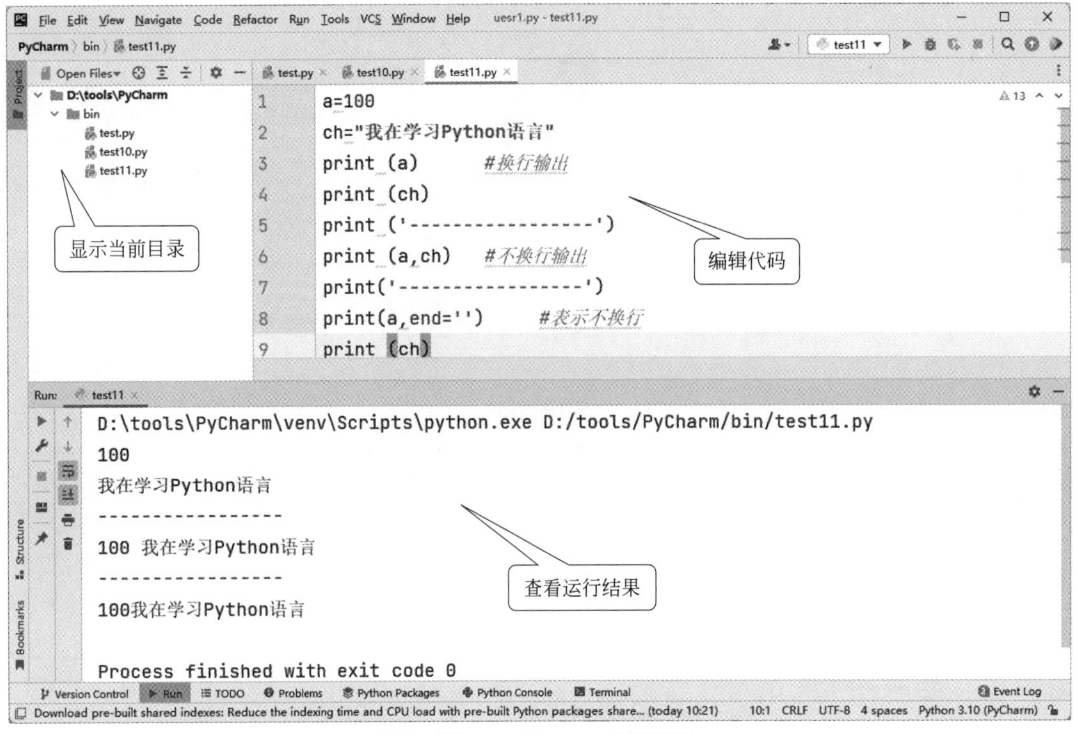

图 1-25　PyCharm 编辑环境

③ PyCharm 的运行方法是单击“Run”运行或按快捷键（Shift+F10），系统默认选择运行编辑的文件名。若同时打开多个程序，选择“Debug”，再选中要运行的文件名即可，如图 1-26 所示。

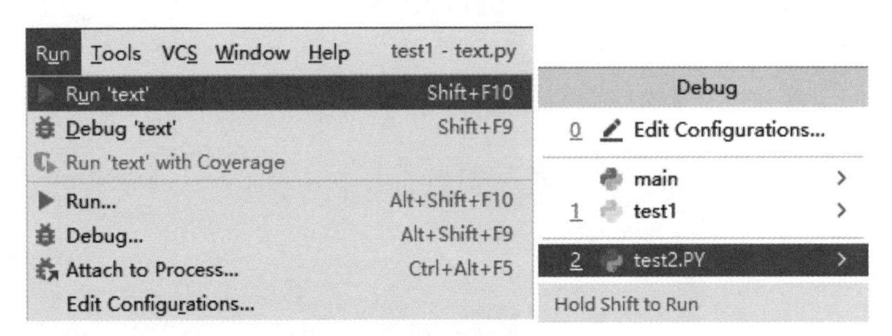

图 1-26　运行程序

④ PyCharm 的显示颜色初始值是背景为黑色，前景为白色，字体是五号字体，可通过设置改变对比颜色和字体大小。方法是在图 1-26 中选择主菜单“Window”下的“Editor Tabs”，如图 1-27 所示。

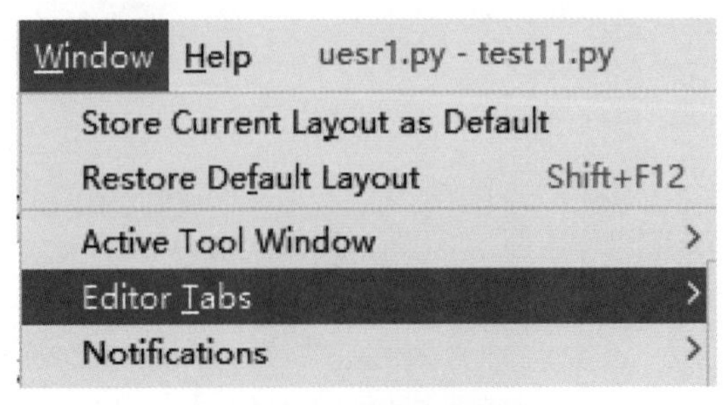

图 1-27　选择编辑设置

⑤ 再选择“Configure Editor Tabs”打开设置界面，如图 1-28 所示。

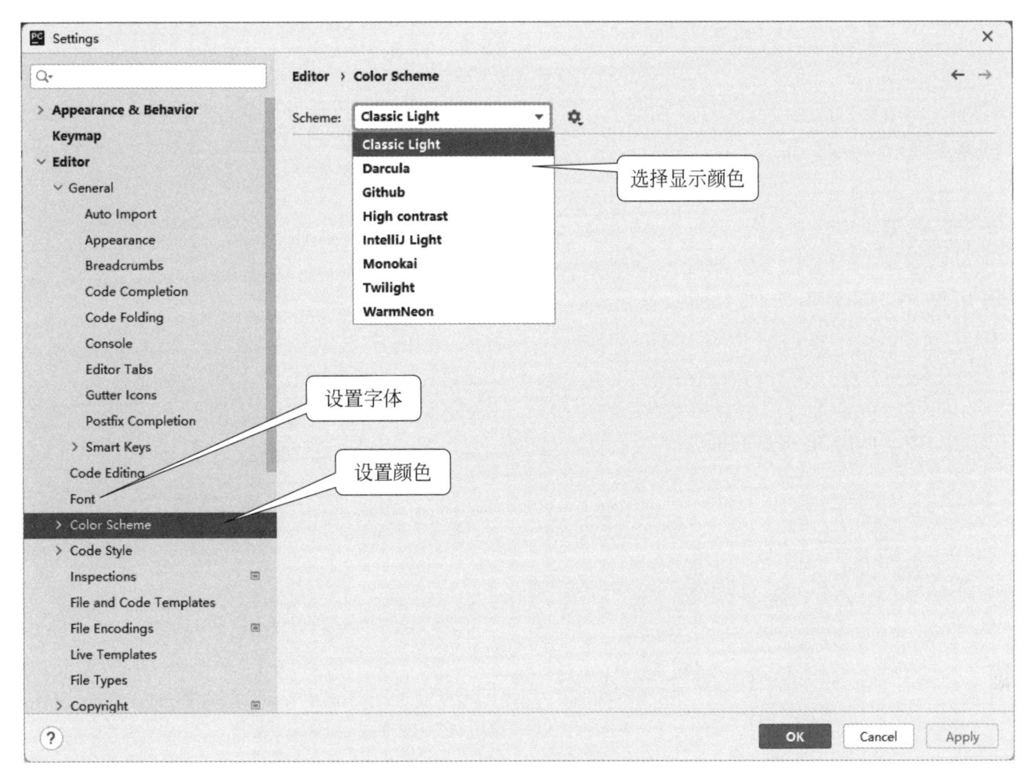

图 1-28　**设置界面**

⑥ 单击“Font”可设置字体、字号，如图 1-29 所示。

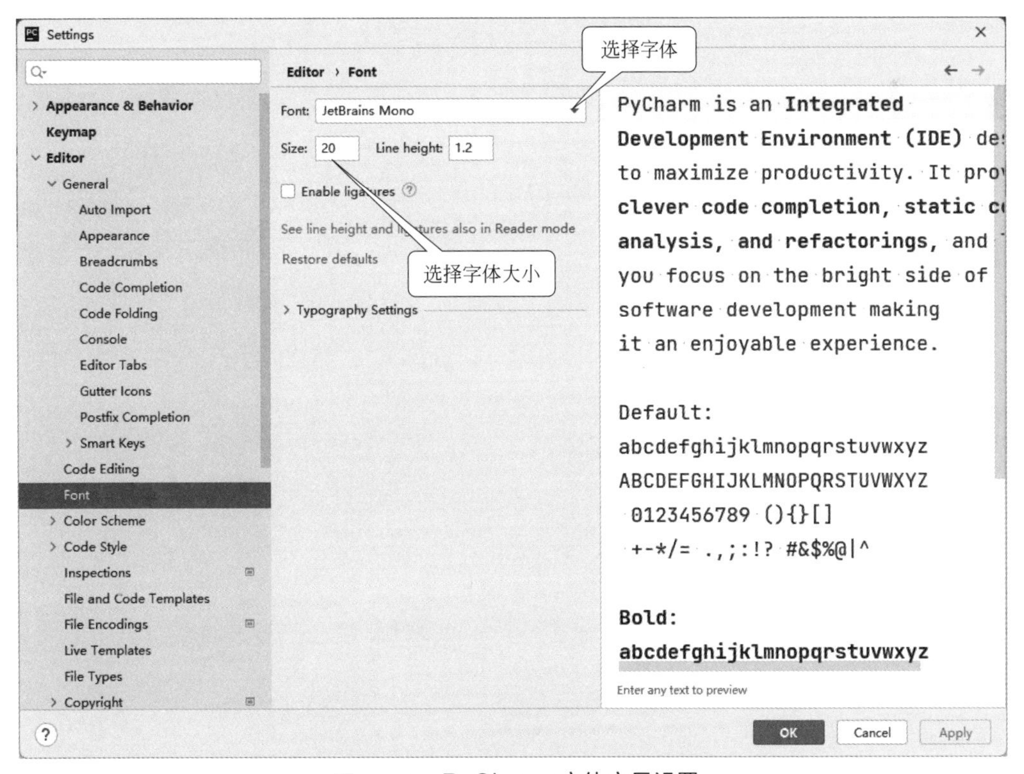

图 1-29　PyCharm 字体字号设置

1

1.6　简单 Python 程序案例

Python 使用 print() 函数作为输出，可输出带引号的原字符串或不带引号的变量值，print 中的引号可使用单引号或双引号。

1.6.1　编程案例

下列案例可使用 1.5 节中任何一种方法进行编辑和运行。

【例 1-1】使用 Python 集成开发环境输出字符串及计算结果。

```
print("study Python")                    # 加入引号输出原字符串
   print("I am studing Python")
pi=3.14                                  # 将 π 赋给 pi
x=pi*2                                   # 计算 x 的值
print("x=",x)                            # 输出 x 的结果
```

在交互解释器窗口编写、运行结果如图 1-30 所示。

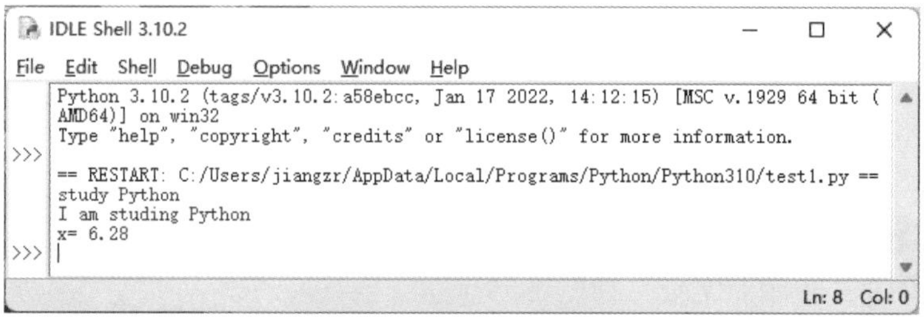

```
Python 3.10.2 (tags/v3.10.2:a58ebcc, Jan 17 2022, 14:12:15) [MSC v.1929 64 bit (
AMD64)] on win32
Type "help", "copyright", "credits" or "license()" for more information.
>>>
== RESTART: C:/Users/jiangzr/AppData/Local/Programs/Python/Python310/test1.py ==
study Python
I am studing Python
x= 6.28
>>>
```

图 1-30　例 1-1 运行结果

【例 1-2】数值与字符串不同形式的输出。

```
a=100                                    #a 为数值变量
ch=" 我在学习 Python 语言 "              #ch 为字符串变量
print (a)                                # 输出 a 的值换行
print (ch)                               # 输出 ch 的值换行
print ('-----------------')
print (a,ch)                             # 同行输出 a，ch 的值
print('-----------------')
print(a,end='')                          # 表示 a 与 ch 不换行输出
print (ch)
```

在集成开发环境编写、运行结果如图 1-31 所示。

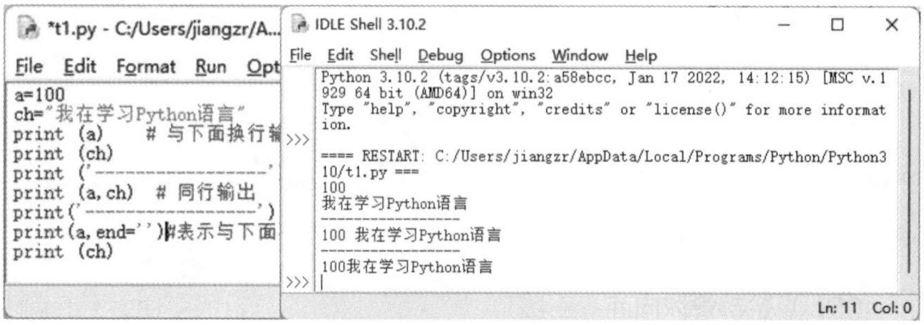

```
a=100
ch="我在学习Python语言"
print (a)     # 与下面换行输
print (ch)
print ('-----------------'
print (a,ch)   # 同行输出
print('-----------------')
print(a,end='')#表示与下面
print (ch)
```

```
Python 3.10.2 (tags/v3.10.2:a58ebcc, Jan 17 2022, 14:12:15) [MSC v.1929 64 bit (AMD64)] on win32
Type "help", "copyright", "credits" or "license()" for more information.
>>>
==== RESTART: C:/Users/jiangzr/AppData/Local/Programs/Python/Python310/t1.py ===
100
我在学习Python语言
-----------------
100 我在学习Python语言
-----------------
100我在学习Python语言
>>>
```

图 1-31　例 1-2 运行结果

1.6.2 编程注意事项

Python 解析器对模块位置的搜索顺序是:

① 当前目录。

② 若不在当前目录，则搜索在 Shell 变量 PYTHONPATH 下的每个目录。

③ 若都找不到，Python 会查看默认路径。模块搜索路径存储在 system 模块的 sys.path 变量中。

④ PYTHONPATH 作为安装默认目录环境变量，由装载列表里的多个目录组成。典型的 PYTHONPATH 设置路径如下:

```
set PYTHONPATH=c:\Python310\lib;
```

1.7 练习题

(1) 简述 Python 语言的设计特点。

(2) 简单说明 Python 编辑、运行代码段或程序有几种方法。

(3) 编写一个输出自己姓名和性别的代码段，并查看结果。

(4) 简单说明你知道的 Python 都能做什么?

(5) 说明通过 Python 提供的交互式解释器命令行窗口“Python 3.10 (64-bit)”和集成开发环境“IDLE (Python 3.10 64-bit)”编程、运行代码的异同点。

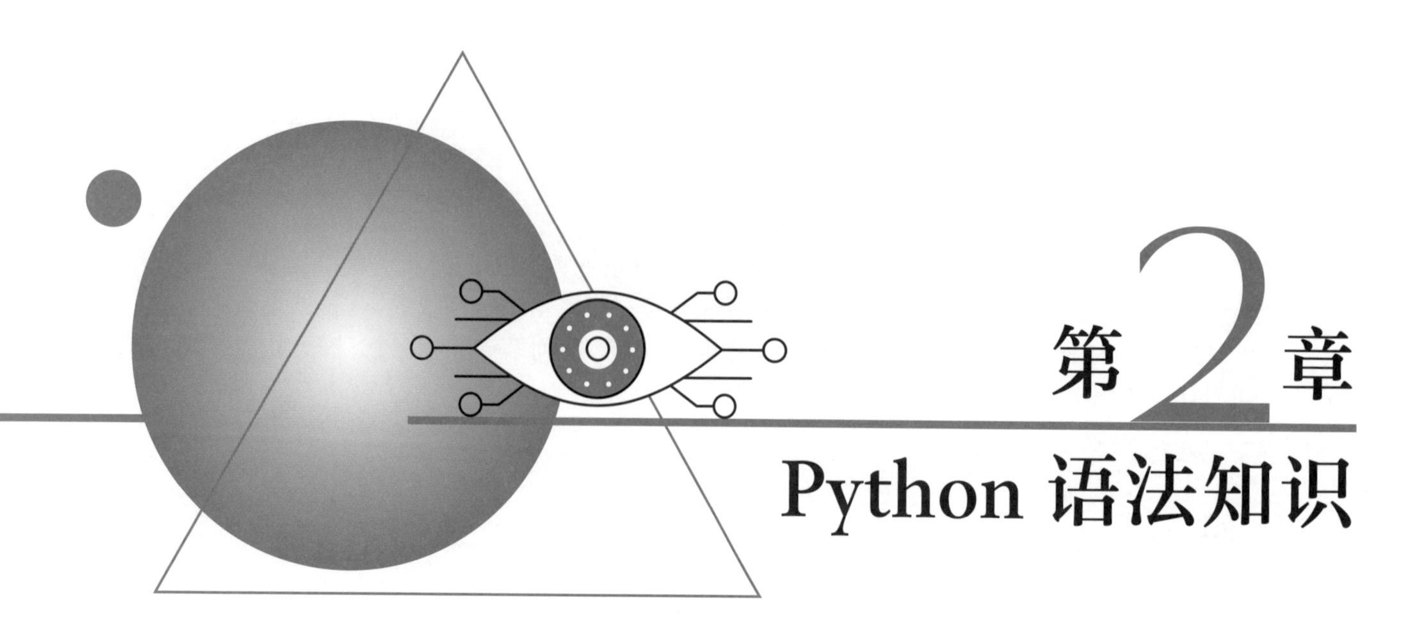

第2章 Python 语法知识

扫码获取学习资源

学习 Python 语言编程时，可能会经常遇到语法错误。本章主要介绍 Python 语法知识，包括：输入 / 输出函数的使用，通过获取输入让程序与用户交互，并在用户没停止输入时保持运行状态；学习使用常量、变量、运算符及表达式所需遵守的一些规则；组合数据类型中列表、元组、字典、集合的存储方式；代码行书写格式的要求，相比其他语言，Python 使用缩进来确定程序的块结构，使得 Python 编写的代码更加简洁、容易阅读，调试和扩展也更加方便。掌握任何编程语言都需要学习基本语法，这是精通程序设计的基础。

2.1 Python 输入 / 输出

对于编程语言，输入和输出几乎是一个程序必备的语句。Python 的输入和输出既独特又容易理解，熟练掌握输入和输出方法对后面学习至关重要。

2.1.1 输入

input() 函数接收一个标准输入数据，该命令是等待用户输入，按回车键即可执行，其返回为 string 类型。即：输入任何内容，input() 函数总是返回一个字符串类型，若需要数值型，需要使用 eval、int 或 float 函数转换。多数据输入见第 3 章 3.2.3 小节。

语法格式：

```
input(" 提示字符串 \n")            # 显示提示内容并自动回车
```

【例 2-1】使用 input() 输入、type() 函数查看类型。

```
num=input('请输入你的学号:\n')
name=input('请输入你的名字:\n')
age=eval(input('请输入你的年龄: '))
print(type(num),type(name),type(age),num,name,age)
```

运行结果:

```
请输入你的学号:202201100
请输入你的名字:马丽
请输入你的年龄: 18
<class 'str'> <class 'str'> <class 'int'> 202201100 马丽 18
```

2

2.1.2 输出

(1)非格式输出

Python 使用 print() 函数和类对象 write() 两种方式进行输出。print() 是最常用的输出函数，其默认输出是换行的，如果要实现不换行，需要在变量末尾加 end="" 或 end=''。类输出方法见第 5 章 5.2.4 小节。

语法格式:

```
print('输出字符串 1', 值 1, end="")                # 添加 end 表示值 1 和值 2 同行输出
print('输出字符串 2', 值 2)
```

【例 2-2】输入三角形的底和高，求三角形面积。

```
print("输入参数计算三角形面积")
print("----------------------")
bottom=eval(input("请输入三角形的底边长度"))
height=eval(input("请输入三角形的高度"))
S=bottom*height/2
print("三角形的面积是: ",S)
```

运行结果:

```
输入参数计算三角形面积
----------------------
请输入三角形的底边长度 5.8
请输入三角形的高度 3.6
三角形的面积是: 10.44
```

【例 2-3】请输入一个任意的 3 位正整数，求反序数。即：输入 123，输出 321。

编程分析:

设一个三位数为 N，百位、十位和个位的数分别为 A、B、C，则 $A=N$ 除以 100 的整数商，$B=N$ 除 100 的余数再除以 10 的整数商，$C=N$ 除以 10 的余数。

```
N=eval(input("请输入一个任意 3 位数的正整数 N= "))
A=N//100                 # 计算百位数
B=N%100//10              # 计算十位数
C=N%10                   # 计算个位数
print(C*100+B*10+A)
```

运行结果:

```
请输入一个任意 3 位数的正整数 N=678
876
```

（2）格式输出

格式输出采用“%”、f-format() 和 format()3 种方法。

① 使用“%”。

“%”的输出控制符如表 2-1 所示。

表 2-1 “%”的输出控制符

控制符	功能描述	控制符	功能描述	控制符	功能描述
%d	十进制整数	%x(%X)	十六进制整数	%e（%E）	用科学记数法浮点数格式
%u	无符号整数	%o	八进制整数	%.nf	小数格式
%g(%G)	输出小数有效数字	%c	ASCII 字符	%i	整数输出

【例 2-4】使用“%”的格式输出不同数据。

```
print(" 整数输出 =%d"% 100)                 # 输出十进制数 100
print(" 整数 =%i"% -123.4556)               # 输出整数 -123
print (' 小数输出 =%.2f'% 3.14159)           # 输出 2 位小数
print (' 科学计数输出 =%E'% 314159)           # 按照 10 的幂形式输出
print (' 科学计数输出 =%g'% 3.14160000)       # 输出有效数
print(' 数据输出 %10d'% 123)                 # 输出十进制整数，占 10 位右对齐
print(' 字符输出 %-10s'% ' 中国 ')            # 输出字符串占 10 位左对齐
```

运行结果:

```
整数输出 =100
整数 =-123
小数输出 =3.14
科学计数输出 =3.141590E+05
科学计数输出 =3.1416
       123
字符输出 中国
```

② 使用 f-format()。

该方法是在 print 函数中加入“f,”和“{ }”，此时，变量的值即可显示在 f 后面的大括号中。

【例 2-5】输出 name 和 score 变量。

```
name=' 李一评 '
score=90
print(" 《Python 语言程序设计》期末成绩 ")
print(f"hello,{name}, 你的得分是:  {score} 分 ")
```

运行结果:

```
《Python 语言程序设计》期末成绩
hello, 李一评 , 你的得分是:  90 分
```

③ 使用 format()。

format() 功能最强大，它把字符串当成一个模板，通过参数格式化，将大括号“{ }”作为特殊字符代替“%”，大括号中未包含的任何内容都被视为文本类型，它把原样复制到输出中。包括：

a．不带编号，即“{ }”；

b．带数字编号，可调换顺序，即“{1}”“{0}”；

c．带关键字，即“{a}”“{tom}”。

语法格式：

```
format 方法是格式化输出，也就是将大括号 { } 内替换为变量的值，例如：
print('{ } 网址 "{ }!"'.format(' 变量 1',' 变量 2'))          # 显示变量 1，变量 2
print('{1} 和 {0}'.format(' 变量 1',' 变量 2'))              # 显示变量 2，变量 1
```

【例 2-6】多种格式输出的应用。

```
print('{} {}'.format('hello','world'))                    # 不带编号
print('{0} {1}'.format('hello','world'))                  # 带数字编号
print('{0} {1} {0}'.format('hello','world'))              # 打乱顺序
print('{1} {1} {0}'.format('hello','world'))
print('{a} {tom} {a}'.format(tom='hello',a='world'))      # 带关键字
```

运行结果：

```
hello world
hello world
hello world hello
world world hello
world hello world
```

（3）对齐方式的使用

Python 不仅可使用 ljust()、rjust() 和 center() 函数进行左、右和中心字符对齐，还可以用符号对齐。符号对齐方式如表 2-2 所示。

表 2-2　符号对齐方式

符号	功能描述	符号	功能描述
<	（字符默认）左对齐	^	中间对齐
>	（字符默认）右对齐	{:.2f}、{:4s}	数字 / 字符小数点位数集空格补齐

【例 2-7】对齐方式的使用。

```
print('{:10s} and {:>10s}'.format('hello','world'))  # 10 位左对齐 10 位右对齐
print('{:^10s} and {:^10s}'.format('hello','world')) # 取 10 位中间对齐
print('{} is {:.2f}'.format(1.123,1.123))            # 取 2 位小数
print('{0} is {0:>10.2f}'.format(1.123))             # 取 2 位小数，右对齐，取 10 位
print('{0:8d} and {1:5d}'.format(' 体重 ',55))       # 字符左对齐空 6 位，数字右对齐空 3 位
```

运行结果：

```
hello      and      world
  hello     and   world
1.123 is 1.12
```

```
1.123 is      1.12
体重          and    55
```

（4）多种形式输出

多种形式输出的格式控制符如表 2-3 所示。

表 2-3　**多种形式输出的格式控制符**

格式符	功能描述
b	二进制。将数字以 2 为基数进行输出
c	字符。在打印之前将整数转换成对应的 Unicode 字符串
d	十进制整数。将数字以 10 为基数进行输出
o	八进制。将数字以 8 为基数进行输出
x	十六进制 。将数字以 16 为基数进行输出，9 以上的位数用小写字母
e	幂符号。用科学记数法打印数字，用 'e' 表示幂
g	一般格式。将数值输出有效数字位
n	数字。当值为整数时和 'd' 相同，值为浮点数时和 'g' 相同。不同的是，它会根据区域设置插入数字分隔符
%	百分数。将数值乘以 100 然后以 fixed-point('f') 格式打印，值后面会有一个百分号

【例 2-8】多种格式输出的使用。

```
print('{:b}'.format(5))                        # 输出二进制
print('{:c}'.format(65))                       # 输出 ASCII 码字母
print('{:d}'.format(21))                       # 输出十进制
print('{:o}'.format(21))                       # 输出八进制
print('{:x}'.format(21))                       # 输出十六进制
print('{:e}'.format(1022))                     # 输出幂指数
print('{:g}'.format(21.578000))                # 输出有效数字位
print('{:f}'.format(23))                       # 输出浮点数
print('{:n}'.format(50))                       # 输出整数
print('{:%}'.format(50))                       # 输出百分数
```

运行结果：

```
101
A
21
25
15
1.022000e+03
21.578
23.000000
50
5000.000000%
```

【例 2-9】通过位置匹配参数输出。

```
print('{0},{1},{2}'.format('a','b','c'))        # 顺序输出
print('{},{},{}'.format('a','b','c'))           # 顺序输出
print('{2},{1},{0}'.format('a','b','c'))        # 可打乱顺序
print('{2},{1},{0}'.format(*'abc'))             # 可打乱顺序
print('{0}{1}{0}'.format('10','20'))            # 可重复
print(' 长方形 : 高度 {h}, 宽度 {w}'.format(h=37.24,w=-115.81))
```

运行结果:

```
a,b,c
a,b,c
c,b,a
c,b,a
102010
长方形：高度 37.24, 宽度 -115.81
```

2.2 Python 变量及其使用

Python 中的变量不需要声明，但每个变量在使用前都必须赋值，变量赋值以后该变量才会被创建，其数据类型是变量所指内存中对象的类型。

2.2.1 常量

常量是指在程序运行过程中，值不会发生变化的量。例如，数学常量 pi（圆周率，一般以 π 来表示，约 3.142）、数学常量 e（自然常数，约 2.718），它们的值在程序运行时永远保持不变，使用时需要导入数学模块 math 方可使用。方法是:

```
import math                                     # 导入数学模块
print(' 圆周率 pi 的值近似为: ',math.pi )
print(' 自然常数 e 的值近似为: ',math.e )
```

上面的运行结果是:

圆周率 pi 的值近似为: 3.141592653589793。

自然常数 e 的值近似为: 2.718281828459045。

2.2.2 变量

（1）变量特征

变量是指在程序运行过程中，值会发生变化的量。无论是变量还是常量，在创建时都会在内存中开辟一块空间，用于保存它的值。变量不需要声明类型即可使用，因为它是通过赋值创建并保存值，一般使用等号（=）给变量赋值，等号左边是一个变量名，等号右边是存储在变量中的值，即:

变量名 = 值

变量定义之后，就可以直接使用了。可以将常量或表达式赋给变量，反之不行。例如:

```
3.14=var_a   或 var_a+2.89=var_b                # 均不合法，运行出错!
```

需要修改为:

```
var_a=3.14 或  var_b=2.89+var_a                    # 合法
```

变量赋值后，可以通过使用 del 语句删除单个或多个对象的引用。例如:

```
del var_a                           # 删除一个变量
del var_a,var_b                     # 删除多个变量
```


说明: 使用变量前必须赋值，否则会出错。

(2) 变量命名规则

程序中将关键字、变量名、函数名、方法名、对象和类名等均看成标识符，它们的命名规则如下。

① 标识符不能用数字开头，第一个字符必须是英文字母、下划线或中文，后面可加字母、数字、下划线，普通变量一般使用小写字母。

② 不能使用 Python 内置的关键字，关键字如表 2-4 所示。

③ 变量名称必须区分大小写字母。

④ 变量名中不能包含空格、? 、“ ”、! 等符号。

⑤ Python 以下划线开头的标识符具有特殊意义，即:

a. 单下划线开头“_foo”为不能直接访问的类属性，必须通过类访问;

b. 双下划线开头的“__foo”代表类的私有成员;

c. 双下划线开头和结尾的“__foo__”代表内置变量，如 __init__() 代表类的构造方法。

(3) Python 的关键字（保留字）

Python 中的关键字（保留字）就是在 Python 内部已经使用的标识符，具有特殊的功能和含义，开发者不允许定义和关键字相同的标识符，所有 Python 的关键字只包含小写字母。常用的关键字如表 2-4 所示。

表 2-4 Python 关键字

and	exec	not	is
assert	finally	or	else
break	for	pass	with
class	from	print	except
continue	global	raise	lambda
def	if	return	yield
del	import	try	
lif	in	while	

2.3 代码行书写格式

Python 语言书写格式排列有序，简洁、直观，每个程序块一目了然。

2.3.1 格式缩进

Python 与其他语言最大的区别是代码块不使用大括号 { } 来控制，如类、函数、条件、循环等，用缩进来标识模块。缩进的空白数量是可变的，但是所有代码块语句必须包含相同的缩进空白数量，Python

根据缩进来判断代码行与前一行的关系。如果代码的缩进相同（通常缩进 2 个或 4 个字节），称为一个代码组，或称为一个语句块。编程时，绝对不要用 Tab 键入空格，也不建议将 Tab 键和空格混用，以避免产生不同缩进错误。

程序中的关键字 if（条件）、while（循环）、def（定义函数）和 class（定义类）等复合语句块，首行以关键字开始，以冒号（:）结束，首行之后的一行或多行代码必须缩进一致，才能构成代码组。

例如：以下 if（条件语句）实例缩进为 4 个空格。

```
if True:
    print("True")
else:
    print ("False")
```

Python 对格式要求非常严格，所有相同代码块中必须使用相同数目的行首缩进空格数。例如：以下代码块运行时将出现 IndentationError: unexpected indent 错误。

```
if True:
    print ("Answer")
    print ("True")
else:
    print ("Answer")
    # 下列一行没有严格缩进，在执行时会报错
  print("False")
```

该错误表明使用的缩进方式不一致，可能是 Tab 和空格没对齐的原因。此时，将最后一句 print("False") 与前面的 print("Answer") 对齐即可解决该问题。

2.3.2 多行语句与空行

（1）一条语句写成多行

Python 命令一般以换行作为语句的结束符，每行代码不超过 80 个字符。若将一条语句用多行显示，使用斜杠（\）将一行的语句分为多行显示。例如：

```
total = item_1 + item_2 + item_3
等价于:
total = item_1 + \
item_2 + \
item_3
```

若语句中包含 [ ]，{} 或 ()，括号就不需要使用多行连接符，直接换行即可。例如：

```
weekdays = ['Monday','Tuesday','Wednesday',
   'Thursday','Friday']
```

说明

① 如果一个文本字符串在一行比较长，可以使用圆括号来实现隐式行连接。例如：

```
x = ('这是一个非常长非常长非常长非常长 '
     '非常长非常长非常长非常长非常长非常长的字符串')
```

② 按照标准的排版规范来使用标点两边的空格，不要在逗号、分号、冒号前面加空格，参数列表、索引或切片的左括号前也不应加空格。不要用空格来垂直对齐多行间的标记。

③ 注释里的内容不要使用反斜杠连接行。

（2）一行写多条语句

每个语句用分号隔开，例如：

```
print ("I'm in China");print (" 我在中国 ")
结果:
I'm in China
我在中国
```


字符串连接可使用“+”字符连接。若字符串连接数值变量，需要“str”转换再使用“+”，否则会出现类型不匹配的错误，例如：

```
print(" 语句的长度是 :"+10)      # 该句出错
必须改为:
print(" 语句的长度是 :"+str(10))
结果:
语句的长度是 :10
```

（3）Python 空行

① 函数之间或类的方法之间用空行分隔，表示一段新的代码开始。类和函数入口之间也用一行空行分隔，以突出函数入口的开始。

② 空行与代码缩进不同，空行并不是 Python 语法的一部分。书写时不插入空行，Python 解释器运行也不会出错。空行的作用在于分隔两段不同功能或含义的代码，增加可读性，也便于日后代码的维护或重构。

③ 加入空行的一般规则是顶级定义之间空两行，其他如函数或者类定义、方法定义等都应该空一行，函数与方法之间也可空一行。

2.3.3 Python 赋值与注释语句

（1）Python 赋值方法

```
① 单变量赋值: a=1; b=1; c = 1 或
    a = b = c = 1
    a,b,c = 1,2,"john "
② 链式赋值:    t1=t2=[1,2,3]
③ 复合赋值:    y+=10  ; y*=3
```

（2）Python 引号

单引号（'）、双引号（""）、三个单引号（''' '''）或三个双引号（""" """）用来表示字符串。单引号和双引号作用相同，用于标识字符数据；三个引号常用于注释，例如：

```
word = ' word '
sentence = " 这是一个句子。"
paragraph = """ 这是一个段落。 包含了多个语句 """
```

（3）Python 注释

① Python 中单行注释采用 # 开头，如：# 这是第一种注释。

② 使用输出注释，如：print("Hello,Python!") # 第二种注释。

③ 多行注释使用三个单引号（'''）或三个双引号（"""），例如：

```
'''
这是多行注释，使用单引号。
这是多行注释，使用单引号。
这是多行注释，使用单引号。
'''
```

```
或:
"""
这是多行注释，使用双引号。
这是多行注释，使用双引号。
这是多行注释，使用双引号。
"""
```


2.3.4 Python 导入模块的方法

Python 模块（Module）是一个以 .py 为扩展名的文件，包含对象定义、初始化、数据处理和输出等语句。模块是有逻辑、有组织地把相关代码分配到一个模块中，使得层次更加清晰、易懂。导入模块即可使用其中的类、函数、方法和变量。导入的方法有:

① 用 import 模块名列表。使用 import 语句来引入模块，语法格式:

```
import module1[,module2[,... moduleN]]
```

② 使用 from 模块名 import 函数名列表。from 语句从模块中导入一个指定的部分到当前命名空间中。语法格式:

```
from 模块名 import name1[,name2[,... nameN]]
```

说明

> import 相当于导入一个文件夹，是相对路径。
> from…import：导入一个模块中的一个函数，相当于导入一个文件夹中的文件，是绝对路径。
> 例如：from math import pi
> 该声明不会把整个 math 模块导入到当前的命名空间中，它只将 pi 引入到模块的全局符号表中。

若要将 math（数学模块）全都导入到当前的命名空间，使用格式:

```
from math import *
```

建议该声明不要过多地使用，否则会占用内存影响运行速度。

导入模块命令要放在文件顶部，包括系统标准库导入、第三方库导入和应用程序指定导入。每种分组中按照每个模块的完整路径排序导入，忽略大小写。

③ 一个模块只能导入一次，导入写法不同，使用略有不同。例如，下面两种写法等价:

```
import math
print(math.sqrt(16))
print (math.pi)
print(math.exp(3))
print(math.e**3)
```

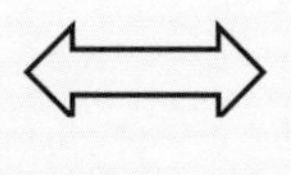

```
from math import *
print(sqrt(16))
print (pi)
print(exp(3))
print(e**3)
```

```
结果:
4.0
3.141592653589793
20.085536923187668
20.085536923187664
```

2.4 Python 标准数据类型及基本使用

Python 定义了 6 种标准类型，用于存储内存中的各种类型数据。例如，一个人的年龄可以用数字来存储，单个名字可以用字符串来存储，一个系列数据可以使用列表、元组，个人信息可以使用字典或集合等。

2.4.1 数值类型及基本使用

数值类型包括整型、长整型、浮点型、复数、布尔型。其中：

int 表示有符号整型，也可表示成二、八和十六进制整数。例如，二进制 0b1100100；八进制 0o144；十六进制 0x64；十进制 1，2，－1，0，100 等。

float 表示浮点型，将带小数点的数字都称为浮点数，如 3.14159。

complex 表示复数，复数由实数部分和虚数部分构成，可以用 a+bj 或 complex(a,b) 表示，复数的实部 a 和虚部 b 可以是整数或浮点数，如 2.45+3.56j。

Booleans 表示布尔类型，用于逻辑判断真（True）或假（False），其中 1 表示“真”，0 表示“假”。

在 Python 中可使用运算符直接进行算术运算。

【例 2-10】输入圆的半径 *r*，求面积 *S*。

```
r=eval(input(" 请输入圆的半径 "))
S=r*r*3.14
print(" 面积 S={}".format(S))
```

运行结果：

```
输入圆的半径 5.2
面积 S=84.9056
```

2.4.2 字符串类型及基本使用

Python 中最常见的数据类型就是字符串（String）。无论哪种编程语言，字符串无处不在，使用 input() 函数输入的数据均被认为是字符串。字符串是一种数据结构，它是由数字、字母、下划线组成的一串字符，用于从字符串中提取子字符串的方法称为索引和切片。例如：

```
S="appleanwater…"
```

字符串中字符的位置使用 [头下标 : 尾下标] 标识，从左到右索引默认从 0 开始，最大范围是字符串长度减 1。即：要实现从字符串中获取一段子字符串，其中下标左侧首字符为 0，右侧首字符为- 1 开始算起。

字符串的特点如下。

① 下标为空时，表示取到头或尾。例如：

```
str1="abcdefg"
print(str1[:3])
print(str1[4:])
结果：
abc
efg
```

② 字符串通过 [头下标 : 尾下标] 获取的子字符串包含头下标的字符，但不包含尾下标的字符。例如：

```
str1="abcdefg"
print(str1[2:5])
结果：
cde
```

③ 字符下标可以是正数或负数，正数从左到右截取，负数从右向左截取。例如：

```
str1="abcdefg"
print(str1[-3:])
print(str1[3:])
结果:
efg
defg
```

④ 字符串可使用“+”将两个字符串连接起来，也可以使用字符切片连接成新字符串。例如:

```
str1="abcdefg"
str2="12345"
str3 = str1[2:5] + str2[0:2]
print(str3)
结果:
cde12
```

【例 2-11】字符串截取的应用。

```
S1="Windows 操作系统 "
S2="98/2000/2002/2007/2010"
print(S1[1:5])
print(S1[7:])
print(S1+S2)
```

运行结果:

```
indo
操作系统
Windows 操作系统 98/2000/2002/2007/2010
```

2.4.3 列表类型及基本使用

列表用 [ ] 标识，括号内集合数据类型可以是字符、数字、字符串等类型，列表的数据项不需要具有相同的类型，方括号内用逗号分隔。例如:

```
list=[ 学号 ,10, 姓名 , 张三 ]
```

列表的特点如下。

① 列表与字符串的索引一样，也使用 [头下标 : 尾下标] 截取相应的元素。头下标从左到右索引默认从 0 开始，从右到左索引默认从- 1 开始。例如:

```
list1 = [' 中国 ','China',2021,2022]
list2 = [1,2,3,4,5 ]
list3 = ["a","b","c","d"]
list1[0]      结果是: 中国
list2[0:3]    结果是: [1,2,3]
list1[-1]     结果是: 2022
```

② 列表不仅可以进行截取操作，还可进行添加、插入、删除等操作，也可以使用“+”将两个列表连接起来输出。列表添加、删除需要使用函数，见第 3 章 3.4.1 小节。例如:

```
list=[' 年龄 ',17,' 姓名 ',' 张三 ']
list[1] = 18                 # 更新
del list[0]                  # 删除 ' 年龄 ' 项
print(list)
结果:
[18,' 姓名 ',' 张三 ']
```

③ 列表切片可以重新组成新的列表。例如:

```
list=[1,5,0,2,4,8,4,8]
print(list[0:2]+list[5:7])
结果:
[1,5,8,4]
```

④ 列表可以嵌套使用。例如:

```
lis1 =[1,2,3]
lis2=[' 北京 ',' 上海 ',' 深圳 ']
lis3=[lis1,lis2]
print(lis3)
结果:
[[1,2,3],[' 北京 ',' 上海 ',' 深圳 ']]
```

【例 2-12】列表的使用。

```
list = [ ' 中国 ',123,3.14,' 玛丽 ',80.5 ]
tinylist = [789,'Marly']
print(list)              # 输出完整列表
print(list[0])           # 输出列表的第一个元素
print(list[1:3])         # 输出第二个至第三个元素
print(list[2:])          # 输出从第三个至列表末尾的所有元素
print(tinylist * 2)      # 输出列表两次
print(list + tinylist)   # 打印组合的列表
```

运行结果:

```
[' 中国 ',123,3.14,' 玛丽 ',80.5]
中国
[123,3.14]
[3.14,' 玛丽 ',80.5]
[789,'Marly',789,'Marly']
[' 中国 ',123,3.14,' 玛丽 ',80.5,789,'Marly']
```

2.4.4 元组类型及基本使用

(1) 元组的使用

元组类似于列表，使用小括号 () 标识，内部元素用逗号隔开。它的截取方法和列表一样使用下标，列表和元组之间的区别是可变性。与列表不同，元组是不可变的元组，即：不能二次赋值，它相当于只读列表。

元组的特点如下。

① 括号 () 既可以表示元组，又可以表示数学公式中的小括号。若元组只有 1 个元素，就必须加一个逗号，防止被当作括号运算。例如:

```
tup = (" 中国 ")
print(tup)
结果:
中国
```

```
tup = (" 中国 ",)
print(tup)
结果:
(' 中国 ',)
```

② 元组元素不可更改。例如:

```
tup2=(1,2,4,5)
tup2[0]=10
输出错误：'tuple' object does not support item assignment
```

③ 元组虽然不能修改，但可以用切片的方式更新元组。例如：

```
tup2=(1,2,4,5)
tup2=tup2[:2]+(3,)+tup2[2:]
print(tup2)
结果：
(1,2,3,4,5)
```

【例 2-13】列表更新与元组的使用。

```
list = ['中国',123,3.14,'玛丽',80.5 ]           # 定义列表
tuple= ('中国',123,3.14,'玛丽',80.5)            # 定义元组
# tuple[2] = 3000                               # 元组中是非法应用，出错！
print(list)
list[2] = 3000                                  # 列表中是合法应用
print(list)
```

运行结果：

```
['中国',123,3.14,'玛丽',80.5]
['中国',123,3000,'玛丽',80.5]
```

（2）元组与列表的区别

① 列表用 [ ] 标识，元组用（ ）标识；列表可变，元组不可变，除非整体替换。

② 当元组中仅有一个元素时，需要在元素后面加“，”；列表则不需要。

③ 列表支持通过切边进行修改和访问，而元组只支持访问，不支持修改。当数组不修改时，建议使用元组。

④ 元组比列表的访问和处理速度快。

2.4.5 字典类型及基本使用

（1）字典（dictionary）的使用

字典是另一种可变容器模型，且可存储任意类型对象，如数字、字符串、元组。字典是除列表以外一种灵活的内置数据结构类型，也是 Python 中唯一的映射类型，采用键 / 值对（key-value）的形式存储数据。列表是有序的对象集合，字典是无序的对象集合，用“{ }”标识，中间的键和值之间用冒号隔开，可存储任意多个信息。例如，保存个人档案的姓名、年龄、地址、职业以及要描述的任何信息等，还可存储任意两种相关的信息，如系列单词及其含义，系列人名及其喜欢的数字，以及一系列山脉及其海洋名称等。

字典与列表的区别在于：字典当中的元素是通过键来存取的，而不是通过下标值存取。

字典键由索引 key 及其对应的值 value 组成。创建方法为：

```
name={key1:value1,key2:value2…}
```

字典的特点如下。

① 键是唯一的，不允许同一个键出现两次，如果同一个键被赋值两次，取最后的值。例如：

```
dict = {'a':1,'b':2,'c':'Python','b':'String','d':'Python'}     # 创建字典
print(dict)                                                     # 输出字典
结果：
{'a': 1,'b': 'String','c': 'Python','d': 'Python'}
```

② 键必须是不可变的，如字符串、数字或元组，不能为列表，值可取任何数据类型。例如：

```
dict1 = {1:'学号','年龄':20,'height':180,(4,5):123}        # 创建字典
print(dict1)                                               # 输出字典 dict1
结果：{1: '学号','年龄': 20,'height': 180,(4,5): 123}
dict2 = {1:'学号',[4,5]:123}                               # 列表左键
print(dict2)                                               # 输出字典 dict2
输出错误：TypeError: unhashable type: 'list'
```

③ 字典的键可以使用布尔类型的，True 默认代表 1，False 默认代表 0，如果包含 0 或 1 就无法使用布尔类型。例如：

```
test1 = {0:"1",1:"2",True:"3",False:"4"}
print(test1)                                               # 有 0 和 1 的情况下
test2 = {"a":"1","b":"2",True:"3",False:"4"}
print(test2)                                               # 没有 0 或 1 的情况下
结果：
{0: '4',1: '3'}
{'a': '1','b': '2',True: '3',False: '4'}
```

④ 访问字典。例如：

```
dict3 = {'姓名': '张三','年龄':18,'班级': '国贸班'}
print(dict3.keys())
print(dict3.values())
结果：
dict_keys(['姓名','年龄','班级'])
dict_values(['张三',18,'国贸班'])
```

⑤ 修改字典，向字典添加新内容的方法是增加新的键 / 值对，修改或删除已有键 / 值对。例如：

```
dict3 = {'姓名': '张三','年龄':18,'班级': '国贸班'}
dict3['年龄'] =20                    # 更新
dict3['学校'] = "smbu"               # 添加
del dict3['姓名']                    # 删除键是'姓名'的条目
print(dict3)
结果：
{'年龄': 20,'班级': '国贸班','学校': 'smbu'}
```

【例 2-14】输出字典数据。

```
dict1={"name": "Jiang","age": 45,"sex": "Female"}
dict2=dict((("name","Jiang"),))
print(dict1)
print(dict1.keys())
print(list(dict1.keys()))
print(dict1.values())
print(type(dict1),type(dict2))     #type() 表示测试类型函数
```

运行结果：

```
{'name':'Jiang','age':45,'sex':'Female'}
dict_keys(['name','age','sex'])
['name','age','sex']
dict_values(['Jiang',45,'Female'])
<class 'dict'> <class 'dict'>
```

（2）字典和列表的区别

① 字典的键可以是任意的不可变类型。

② 使用成员运算符查找时，查找的是键而不是值。

③ 即使键起初不存在，也可以为它直接赋值，字典会自动添加新的项。

④ 字典是不可修改的，列表是可以修改的。

2.4.6 集合类型及基本使用

Python 集合（set）是一个无序不重复的元素集，用 {} 标识，它是可迭代的，基本功能包括关系测试和消除重复元素。它有可变集合（set()）和不可变集合（frozenset）两种。对创建的集合可进行添加、删除、交集、并集、差集的操作，要创建集合可直接使用 {} 或使用 set() 函数。

集合的特点如下：

① 集合中的元素不能重复。

② 集合中的元素是不可变的（不能修改），但整个集合是可变的。

③ 集合不支持任何索引或切片操作。

说明

① Python 中的集合可用于数学运算，如并集、交集、比较等。

② 与列表相比，集合的主要优点是它具有高度优化的方法，在检查集合中是否包含特定元素时比较方便。

【例 2-15】集合的使用。

```
ass1 = {1,2,False," "}
print("ass1 的数据类型是：",type(ass1))          #type() 表示测试类型函数
ass2= {1,2,False,()," "}
print("ass2 的数据类型是：",type(ass2))
s = set([3,5,9,10])                              # 创建一个数值集合
t = set("Hello")                                 # 创建一个唯一字符的集合
print(s)
print(t)
print("s 的数据类型是：",type(s))
print("t 的数据类型是：",type(t))
```

运行结果：

```
ass1 的数据类型是：<class 'set'>
ass2 的数据类型是：<class 'set'>
{9,10,3,5}
{'e','o','l','H'}
s 的数据类型是：<class 'set'>
t 的数据类型是：<class 'set'>
```

集合的运算详见第 3 章 3.4.4 小节。

2.5 运算符与表达式

Python 运算符包括赋值、算术、关系、逻辑、复合赋值、位、成员、身份等多种。表达式是含有运

算符的式子，即：将数据与运算符结合起来就形成了表达式。

2.5.1 算术运算符及使用

设有两个变量 a、b，分别赋值为：a=10，b=26，则算术运算的结果如表 2-5 所示。

表 2-5 算术运算符及使用

运算符	功能描述	实例
+	加，执行两个对象相加	a + b 输出结果 36
-	减，执行两个对象相减	a - b 输出结果 -16
*	乘，执行返回一个被重复若干次的字符串	a * b 输出结果 260
/	除法运算	b / a 输出结果 2.6
//	整除运算，返回商的整值	b // a 输出结果 2
%	取模，返回除法的余数	b % a 输出结果 6
**	幂执行返回 x 的 y 次幂	a**5 为 10 的 5 次方，输出 100000

【例 2-16】已知三角形三边长，求三角形面积。

```
a = float(input(' 输入三角形第一边长 : '))
b = float(input(' 输入三角形第二边长 : '))
c = float(input(' 输入三角形第三边长 : '))
# 计算半周长
s = (a + b + c) / 2
# 计算面积
area = (s*(s-a)*(s-b)*(s-c)) ** 0.5
print(' 三角形面积为 %0.2f' %area)
```

运行结果：

```
输入三角形第一边长 :3
输入三角形第二边长 :4
输入三角形第三边长 :5
三角形面积为 6.00
```

2.5.2 关系运算符及使用

设有两个变量 a、b，分别赋值为：a=10，b=26，则关系运算的结果如表 2-6 所示。

表 2-6 关系运算符及使用

运算符	功能描述	实例
==	比较对象是否相等	(a == b) 返回 False
!=	比较两个对象是否不相等	(a != b) 返回 True
>	返回 x 是否大于 y	(a > b) 返回 False
<	比较 x 是否小于 y。若 x<y 返回 True，否则返回 False	(a < b) 返回 True
>=	返回 x 是否大于等于 y	(a >= b) 返回 False
<=	返回 x 是否小于等于 y	(a <= b) 返回 True

【例 2-17】关系运算符的应用。

```
a = 4; b =3
print(" 已知: a=",a,",b=",b)
print("1 --- a > b 的值为: ",a > b)
print("2 --- a < b 的值为: ",a < b)
print("3 --- a <= b 的值为: ",a <= b )
print("4 --- a >= b 的值为: ",a >= b)
print("5 --- a == b 的值为: ",a == b)
print("6 --- a != b 的值为: ",a != b)
```

运行结果:

```
已知: a= 4,b= 3
1 --- a > b 的值为: True
2 --- a < b 的值为: False
3 --- a <= b 的值为: False
4 --- a >= b 的值为: True
5 --- a == b 的值为: False
6 --- a != b 的值为: True
```

2.5.3 逻辑运算符及使用

设有两个变量 a、b，分别赋值为：a=10，b=26，则逻辑运算的结果如表 2-7 所示。

表 2-7 逻辑运算符的使用

运算符	逻辑表达式	功能描述	实例
and（与）	x and y	若 x 为 False，返回 False，否则返回 y 的值	(a and b) 返回 20
or（或）	x or y	若 x 是非 0，返回 x 的计算值，否则返回 y 的值	(a or b) 返回 10
not（非）	not x	若 x 为 True，返回 False，否则返回 True	not(a and b) 返回 False

【例 2-18】逻辑运算符的使用。

```
l1 = input(' 请输入第一个逻辑值 ')
l2 = input(' 请输入第二个逻辑值 ')
print(not l1)
print("l1 and l2",l1 and l2)
print("l1 or l2",l1 or l2)
```

运行结果:

```
请输入第一个逻辑值 Ture
请输入第二个逻辑值 False
False
l1 and l2 False
l1 or l2 Ture
```

2.5.4 复合赋值运算符及使用

设有两个变量 *a*、*b*，分别赋值为：*a*=10，*b*=26，则复合赋值运算的结果如表 2-8 所示。

表 2-8 复合赋值运算符的使用

运算符	功能描述	实例
=	简单的赋值运算符	c = a + b，将 a + b 的运算结果赋值为 c
+=	加法赋值运算符	c += a，等效于 c = c + a
-=	减法赋值运算符	c -= a，等效于 c = c - a
*=	乘法赋值运算符	c *= a，等效于 c = c * a
/=	除法赋值运算符	c /= a，等效于 c = c / a
%=	取模赋值运算符	c %= a，等效于 c = c % a
**=	幂赋值运算符	c **= a，等效于 c = c ** a
//=	取整除赋值运算符	c //= a 等效于 c = c // a

【例 2-19】复合赋值运算符的使用。

```
a = 4 ; b =3
c = a - b ; print("1 --- c 的值为: ",c)
c += a ; print("2 --- c 的值为: ",c)
c *= a ; print("3 --- c 的值为: ",c)
c /= a ; print("4 - --c 的值为: ",c)
c = 2 ; c %= a ; print ("5 --- c 的值为: ",c)
c **= a ; print("6 --- c 的值为: ",c)
c //= a ; print("7 --- c 的值为: ",c)
```

运行结果:

```
1 --- c 的值为: 1
2 --- c 的值为: 5
3 --- c 的值为: 20
4 - --c 的值为: 5.0
5 --- c 的值为: 2
6 --- c 的值为: 16
7 --- c 的值为: 4
```

2.5.5 位运算符及使用

位运算符是把数字看作二进制来进行计算的，设 *a* 为 60，*b* 为 13，则 *a*=0011 1100，*b*=0000 1101，位运算的结果如表 2-9 所示。

表 2-9　位运算符的使用

运算符	功能描述	实例
&	按位与运算符：对应二进制位数都为 1 时，结果为 1，否则为 0	(a & b) 二进制：0000 1100
|	按位或运算符：对应二进制位数有一个为 1 时，结果就为 1，否则为 0	(a | b) 二进制：0011 1101
^	按位异或运算符：对应二进制位相异时，结果为 1，否则为 0	(a ^ b) 二进制：0011 0001
~	按位取反运算符：对每个二进制位取反，即将 1 变为 0，将 0 变为 1	(~a) 输出结果 -61，二进制：1100 0011，负数以补码形式
<<	左移动运算符：对各二进位按指定数字全部左移若干位，结果是高位丢弃，低位补 0。左移相当于乘 2 运算	a << 2 输出结果 240，二进制：1111 0000
>>	右移动运算符：对各二进位按指定数字全部右移若干位。右移相当于除 2 运算	a >> 2 二进制：0000 1111

【例 2-20】位运算符的使用。

```
print(5&3)
print(5|3)
print(5^3)
print(~5)
print(5<<2)
print(10>>2)
```

运行结果：

```
1
7
6
-6
20
2
```

2.5.6　字符串运算符及使用

字符串基本操作包括：字符串的连接、包含、重复输出等，基本运算符如表 2-10 所示。

表 2-10　字符串运算符的使用

运算符	功能描述	实例 a=‘Study’;b=‘Python’
+	字符串连接	a+b 返回 StudyPython
*	重复输出字符串	a*2 返回 StudyStudy
[]	通过索引获取字符串中字符	a[1:4] 返回 tud 截子串
in	若字符串包含给定的字符，返回 True	“H” in a 返回 False
not in	若字符串不包含给定的字符，返回 True	“H” not in a 返回 Ture
r/R	在转义或不能打印的字符前加上字母“r“(“R”)输出原字符	print (r ‘\n’) 返回 \n
%	格式字符串，与 {} 和 format{} 功效相同	print(“a:%s” %(a)) 返回 a : Study

【例 2-21】字符串运算符的使用。

```
a = "Hello"
b = " 我在学习 Python 语言 "
print ("a + b 输出结果: ",a + b)
print ("a * 2 输出结果: ",a * 2)
print ("a[1] 输出结果: ",a[1])
print ("b[4:10] 输出结果: ",b[4:10])
```

运行结果:

```
a + b 输出结果: Hello 我在学习 Python 语言
a * 2 输出结果: HelloHello
a[1] 输出结果: e
b[4:10] 输出结果: Python
```

2.5.7 成员运算符及使用

(1) 成员运算符的使用

成员运算符主要用于字符串、列表、元组或集合中，它属于是否包含运算符，对应判断某值是否为指定字符串、列表、元组及集合的成员，基本运算符如表 2-11 所示。

表 2-11 成员运算符的使用

运算符	功能描述	实例
in	如果在指定的序列中找到值返回 True，否则返回 False	x 在 y 序列中，即：若 x 在 y 序列中，返回 True
not in	如果在指定的序列中没有找到值返回 True，否则返回 False	x 不在 y 序列中，即：若 x 不在 y 序列中，返回 True

【例 2-22】成员运算符的使用。

```
a = 10
b = 20
list = [1,2,3,4,5 ]
print(a in list)
print(b not in list)
```

运行结果:

```
False
True
```

(2) is 与 == 区别

is 用于判断两个变量引用同一个内存地址，表示地址指针传递；== 用于判断两个变量的值是否相等，表示值传递。若 *a* is *b* 相当于 id(*a*)==id(*b*)，id() 函数能够获取对象的内存地址。

若 *a*=10，*b*=*a*，则此时 *a* 和 *b* 的内存地址一样的。

当 *a*=[1,2,3]，另 *b*=*a*[:] 时，虽然 *a* 和 *b* 的值一样，但内存地址不一样。

若定义 *a*=10、*b*=10，则 *a* is *b* 结果是 True。

例如:

```
a = [1,2,3]
b = a
b is a
结果：True
b == a
结果：True
b = a[:]
b is a
结果：False
b == a
结果：True
```

2

2.5.8 身份运算符及使用

身份运算符用于比较两个对象的存储单元，判断两个对象的内存地址是否相同。id() 函数用于获取对象内存地址，基本运算符如表 2-12 所示。

表 2-12 **身份运算符的使用**

运算符	功能描述	实例
is	判断两个标识符是否引用自同一个对象	x is y，类似 id(x) == id(y)。如果引用的是同一个对象，返回 True，否则返回 False
is not	判断两个标识符是否引用自不同对象	x is not y，类似 id(x) != id(y)。如果引用的不是同一个对象，返回 True，否则返回 False

【例 2-23】身份运算符的使用。

```
a = [1,2,3]
b = [1,2,3]
print(a == b)
print(a is b)
print(id(a),id(b))
```

运行结果：

```
True
False
1722332565312 1722336595712
```

2.5.9 运算符的优先级

（1）运算符优先级

运算符优先级如表 2-13 所示。

表 2-13 **运算符优先级**

运算符	功能描述
**	指数（最高优先级）
~，+，-	按位翻转、一元加号和减号（加号可连接字符串数据）
*，/，%，//	乘、除、取模和取整除

续表

运算符	功能描述
+，-	加法、减法
>>，<<	右移、左移运算符
&	位 'AND'
^，|	位运算符
<=，<，>，>=	比较运算符
<>，==，!=	等于运算符
=，%=，/=，//=，-=，+=，*=，**=	赋值运算符
is，is not	身份运算符
in，not in	成员运算符
not，and，or	逻辑运算符

（2）运算符说明

① 赋值运算符，将运算符右侧的值赋值给左侧的变量，是对象赋值。

② 算术运算符，主要是对两个对象进行算术计算。

③ 关系运算符，运算对象可以是数值，也可以是字符串。

④ 逻辑运算符，一般用于判断两个变量的交集或并集，一般返回一个布尔值。

⑤ 位运算符，对象是二进制，一般在开发过程中用得比较少。

⑥ 成员运算符，用于判断两个对象是否存在包括关系，即一个对象中是否包含另外一个对象，其返回为布尔值。

⑦ 身份运算符，用于判断是否引用自同一对象，将两个对象的存储地址进行对比，判断两个变量是否相同。

⑧ 习惯上，在二元操作符两边都加上一个空格，如赋值（=）、比较（==，<，>，!=，<>，<=，>=，in，not in，is，is not）、布尔（and，or，not）。

⑨ 当 '=' 用于指示关键字参数或默认参数值时，不要在其两侧使用空格。

【例 2-24】表达式的使用。

```
a = 20;b = 10;c = 15;d = 5;e = 0
e = (a + b) * c / d                          #( 30 * 15 ) / 5
print ("(a + b) * c / d 运算结果为: ",  e)
e = (a + b) * c) / d                         # (30 * 15 ) / 5
print ("((a + b) * c) / d 运算结果为: ",  e)
e = (a + b) * (c / d);                       # (30) * (15/5)
print ("(a + b) * (c / d) 运算结果为: ",  e)
e = a + (b * c) / d;                         #  20 + (150/5)
print ("a + (b * c) / d 运算结果为: ",  e)
```

运行结果：

```
(a + b) * c / d 运算结果为: 90
((a + b) * c) / d 运算结果为: 90
(a + b) * (c / d) 运算结果为: 90
a + (b * c) / d 运算结果为: 50
```

2.6 练习题

2.6.1 问答

（1）下列哪些是操作符？哪些是变量？

“China”, 1.234E+05, +=, **, 456, 7ab, str, List, Tuple

（2）下列哪些是字符串？哪些是变量？

Chang ‘if’，‘while’，“We are leaning Python”，mat

（3）说明 Python 的数据类型有哪些？并简述其特点。

（4）Python 的代码块是如何表示的？举例说明之。

（5）什么是表达式？ Python 的表达式包括哪些类型？

（6）简单说明列表和元组的区别。

（7）运算符“==”与“=”有什么区别?

（8）Python 的引号有几种？区别是什么？

（9）说明集合与元组的区别?

（10）成员运算符 is 与“==”有什么区别?

2.6.2 选择

（1）关于字符串，下列说法错误的是（ ）。

A．字符应该视为长度为 1 的字符串

B．字符串以 \0 标志字符串的结束

C．既可以用单引号，也可以用双引号创建字符串

D．在三引号字符串中可以包含换行回车等特殊字符

（2）以下不能创建一个字典的语句是（ ）。

A．dic1 = {}　　B．dic2 = {123:345}

C．dic3 = {[123]:'uestc'}　　D．dic4 = {(1,2,3):'uestc'}

注：字典的 keys 必须是不可变数据类型。

（3）执行下列语句后的结果是（ ）。

dict = {'1':1,'2':2}

dict['1'] = 5

print(dict)

A．{ 5, 2}　　B．{'1':1,'2':2}

C．{'1', '2'}　　D．{'1': 5, '2': 2}

（4）下面不合法的表达式是（ ）。

A．7>4<6<5　　B．3 = a　　C．e > 5 and 4 == f　　D．(x - 6)> 5

（5）"3 and 4" 的运算结果是（ ）。

A．0　　B．1　　C．3　　D．4

（6）若 A=5，B=6，则 A&B 得到结果是（ ）。

A．3　　B．4　　C．5　　D．6

（7）当 a=10 时，运行 a+=10 后 a 的结果是（ ）。

A．10　　B．11　　C．True　　D．20

(8) 若 A=True，B=6，则 A or B 得到的结果是（ ）。

A．6　　B．Flase　　C．True　　D．结果出错

(9) 已知 tup=("ab","abc","abcd")，执行 tup [0]= "a0"，结果是（ ）。

A．("a0","abc","abcd")　　B．("ab","abc","abcd")

C．True　　D．结果出错

(10) 已知 a=10，执行 a+=a*a 的结果是（ ）。

A．10　　B．100　　C．110　　D．结果出错

(11) Python 中的数据结构可分为可变类型与不可变类型，下面属于不可变类型的是（ ）。

A．字典　　B．列表　　C．字典中的键　　D．集合（set 类型）

2.6.3 填空

(1) 在 Python 中，float 的数据类型表达的是（ ）。

(2) int 类型的数据转换为布尔值类型的结果有（ ）和（ ）。

(3) 要查询变量的类型可以用（ ）。

(4) 运算符中优先级最高的是（ ）。

(5) Python 中的数据类型分为（ ）个大类。

(6) "12"+" 中国 " 的结果是（ ）。

(7) "123"+34 的结果是（ ）。

(8) 若已知 x=[1,2,3,4,5]，则执行 x[2]=8 后，结果是（ ）。

(9) print([10,20,30]*3) 的结果是（ ）。

(10) 表达式 int(16**0.5) 的结果是（ ）。

(11) 已知 x=2，执行 x*=5 的结果是（ ）。

(12) print([3] in [1,2,3,4]) 的结果是（ ）。

(13) 输出 [6,5,4,3,2,1] 语句是（ ）。

(14) Python 列表、元组和字符串中第一个和最后一个元素的下标是（ ）。

(15) 若已知 x=[10,20,30,40,50]，则执行 x[2]=80 后，结果是（ ）。

(16) 若已知 x={1:10}，则执行 x[2]=8 后，结果是（ ）。

(17) 若已知 x=[1,2,3,4,5]，则执行 len(x)，结果是（ ）。

(18) 执行下列语句后，结果是（ ）。

```
x = 'Python'
y = 2
print(x + y)
```

(19) 已知 list=[1,2,3,4,5,6,7,8,9,10]，取后 3 个元素的语句是（ ）。

(20) 已知 set1={1,2,3,1,5,6,2}，则 print(type(set1)) 的结果是（ ）。

2.6.4 实践项目

(1) 输入任意两个整数，分别赋值给 a 和 b，要求计算：

① a**2, b**3, a+b, a-b, a*b, a/b, a%b, a//b。

② a&b, a|b（位运算是通过二进制进行运算，使用 bin() 转换输出）。例如，print(bin(26))，输出结果是：0b11010。

③ a>b, a<b, a==b, a!=b。

（2）请输入一个三位数，然后输出每个位置的数字。例如，输入 243，输出显示如下：

百位数字：2　十位数字：4　个位数字：3

（3）计算下列结果：

① 6 or 2 > 1。

② 5 < 4 or 3。

③ 1 > 1 or 3 < 4 or 4 > 5 and 2 > 1 and 9 > 8 or 7 < 6。

④ not 2 > 1 and 3 < 4 or 4 > 5 and 2 > 1 and 9 > 8 or 7 < 6。

⑤ 8 or 3 and 4 or 2 and 0 or 9 and 7。

（4）输入两个任意正整数赋值给 a 和 b，计算：

① a^3+b^4。

② $\log_e(a)+e^b$。

③ 产生一个 0 ～ 100 之间的随机数，并取该数的常用对数。

（5）输出下列结果。

```
s1 =' 深北莫 :smbu.edu.cn '
s2 ='123'
s3=s1.strip()
s4= 'Python'
print(s1)
print(s1.center(25,'*'))
print(s1.rjust(25,'*'))
print(s4.capitalize())
print(s1.swapcase())
print(len(s1),len(s3))
print(s1.replace(s1,s2))
print(s1)
```

（6）输出下列结果。

```
str =' 0123456789'
print(str[0:3])
print(str[:])
print(str[6:])
print(str[: - 3])
print(str[2])
print(str[ - 1])
print(str[: - 1])
print(str[ - 3: - 1])
print(str[ - 3:])
print(str[: - 5: - 3])
```

（7）输出下列结果。

```
s1='3456'
print(s1.isdigit())
print(s1.isdecimal())
```

```
print('abc'.islower())
print('AB'.isupper())
print('Aa'.isupper())
print('AbcDef'.istitle())
print('Aa bc'.istitle())
print('Abc'.istitle())
print('Aa BC'.istitle())
print(' '.isspace())
print(' \t'.isspace())
print(''.isspace())
print('Abc'.isspace())
print('\n'.isprintable())
print('acd'.isprintable())
print(' '.isprintable())
```

（8）自行定义一个列表数据，如 a = [10,22,38,4,5,16,7,8,2,44,15]，要求：

① 输出所有列表数据。

② 2 表示起始坐标，10 表示终止坐标，3 表示步长，即每移动 2 个位置取值。

③ 排序列表并输出。

④ 删除列表中第 3 个元素并输出。

（9）自行建立 3 个元组数据，如：

```
tup1 =( ‘Python 语言’ ,‘计算机 ', 2022, 2021)
tup2 =(1, 2, 3, 4, 5)
tup3 =( “a” , “b” , “c” , “d” )
```

要求：

① 输出 tup1 的第一个元素。

② 输出 tup2 的第 2 ～ 4 个元素。

③ 输出 tup2 与 tup3 的和。

（10）自行定义个人信息的一个字典，包含 5 个或 5 个以上的键 / 值对并输出。

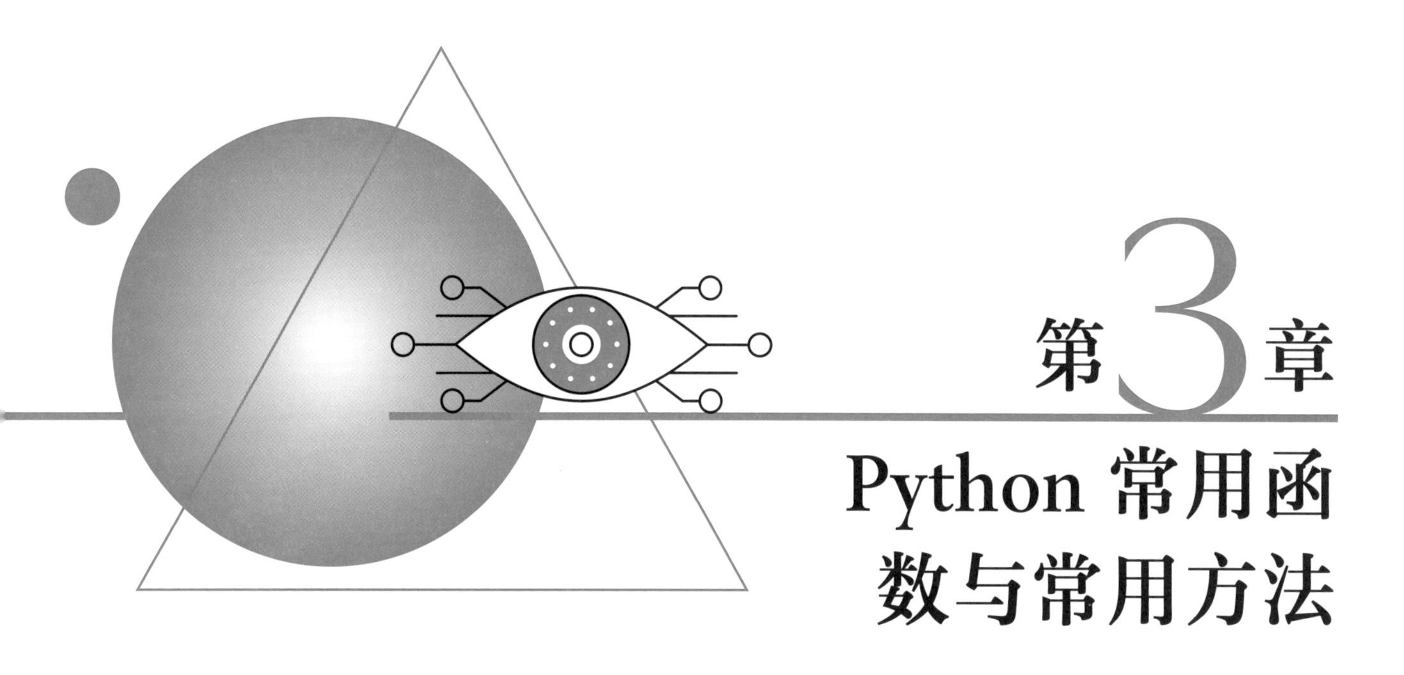

第3章 Python常用函数与常用方法

函数和方法是指一组语句的集合，通过一个函数名或方法名字将其封装起来，执行这个集合，仅需要调用这个名字即可得到相应的结果。在程序中若需多次使用某代码段，不能重复编写该语句序列，仅编写一次，将语句集合写成函数即可。方法和函数意义是一致的。常用函数一般指内置函数、匿名函数（一行代码实现一个函数功能）、递归函数和自定义函数。方法一般指：直接用self调用的函数、在类中调用的函数、特殊函数（以__init__为例，用来封装实例化对象的属性）及静态函数。调用时，函数通过“函数名（）”的方式进行调用，方法通过“对象.方法名”的方式进行调用。因此，要想使用函数和方法的功能，就必须要了解系统提供的常用函数、方法及自定义函数的编写规则，熟练掌握它们的应用是学习任何计算机语言必须掌握的基础之一。

3.1 常用数学函数及使用

编程语言的函数分为系统函数（系统提供的内置函数）和自定义函数两大类。自定义函数是用户针对特定问题编写的函数，它需要先定义才能调用；内置函数在安装Python后即可直接调用。大部分内置函数是在特定的模块下，需要用import命令导入模块后再调用。使用函数时，可在交互式命令行或程序中通过help(函数名)查看函数的帮助信息。常用数学函数包括数学操作、三角函数、随机函数。

3.1.1 常用数学函数

数学函数一般需要导入数学模块语句：import math，方可使用系统提供的数学操作。常用的数学函数如表 3-1 所示。

表 3-1 常用数学函数

函数名称	功能描述（返回值）
abs(x)	返回数字的绝对值，如 abs(-10) 返回 10
ceil(x)	返回数字的最大整数，如 math.ceil(4.1) 返回 5
exp(x)	返回 e 的 *x* 次幂，如 math.exp(1) 返回 2.718281828459045
fabs(x)	返回数字的绝对值，如 math.fabs(-10) 返回 10.0
floor(x)	返回数字的最小整数，如 math.floor(4.9) 返回 4
log(x)	返回自然对数，如 math.log(math.e) 返回 1.0，math.log(100,10) 返回 2.0
log10(x)	返回以 10 为基数的 *x* 的对数，如 math.log10(100) 返回 2.0
max(x1, x2,...)	返回给定参数的最大值，参数可以为序列
min(x1, x2,...)	返回给定参数的最小值，参数可以为序列
modf(x)	返回 *x* 的整数部分与小数部分，两部分的数值符号与 *x* 相同，整数部分以浮点型表示
pow(x, y)	返回 x**y 运算后的值
round(x[,n])	返回浮点数 *x* 的四舍五入值，如给出 *n* 值，则代表舍入到小数点后的位数
sqrt(x)	返回数字 *x* 的平方根

说明

abs() 和 fabs() 区别如下：

① abs() 是一个内置函数，而 fabs() 是在 math 模块中定义的。

② fabs() 函数只适用于浮点（float）和整数 (integer) 类型，而 abs() 也适用于复数。

3.1.2 数学函数的使用

【例 3-1】数学函数的使用。

```
import math
print(abs(-10))
print(math.fabs(-10))
print(type(abs(-10)))
print(type(math.fabs(-10)))
```

运行结果：

```
10
10.0
<class 'int'>
<class 'float'>
```

Python cmath 模块包含了一些用于复数运算的函数，要使用复数运算，需使用先导入语句：import cmath。

【例 3-2】复数运算函数的使用。

```
import cmath
import math
print(cmath.sqrt(-1))
print(math.sqrt(225))
print(cmath.sqrt(-29))
print(math.sqrt(9))
print(cmath.sin(1))
print(math.sin(1))
print(cmath.log10(100))
print(math.log10(100))
```

运行结果：

```
1j
15.0
5.385164807134504j
3.0
(0.8414709848078965+0j)
0.8414709848078965
(2+0j)
2.0
```

3.1.3 三角函数及使用

常用的三角函数如表 3-2 所示。

表 3-2 **常用三角函数**

函数名称	功能描述
acos(x)	返回 *x* 的反余弦弧度值
asin(x)	返回 *x* 的反正弦弧度值
atan(x)	返回 *x* 的反正切弧度值
atan2(y, x)	返回给定的 *x* 及 *y* 坐标值的反正切值
cos(x)	返回 *x* 的弧度的余弦值
hypot(x, y)	返回欧几里得范数 sqrt(x*x+y*y)
sin(x)	返回 *x* 的弧度的正弦值
tan(x)	返回 *x* 的弧度的正切值
degrees(x)	将弧度转换为角度，如 degrees(math.pi/2)，返回 90.0
radians(x)	将角度转换为弧度

【例 3-3】三角函数的使用。

```
import math
print("sin(pi/2)",math.sin(math.pi/2))
print ("asin(1) : ",math.asin(1))
print ("acos(0) : ",math.acos(0))
print ("acos(-1) : ",math.acos(-1))
print ("acos(1) : ",math.acos(1))
print("degrees(pi/2)",math.degrees(math.pi/2))
print("radians(180)",math.radians(180))
```

运行结果:

```
sin(pi/2) 1.0
asin(1):  1.5707963267948966
acos(0):  1.5707963267948966
acos(-1):  3.141592653589793
acos(1):  0.0
degrees(pi/2) 90.0
radians(180) 3.141592653589793
```


3.1.4 随机函数及使用

Python 中的 random 模块用于生成随机数，它提供了多个函数，包括:

① random.random()。返回 0 与 1 之间的随机浮点数 N。

② random.uniform(a,b)。返回 $[a,b]$ 之间的随机浮点数 N，若 $a<b$，则生成的随机浮点数 N 的取值范围为 $a<=N<=b$；若 $a>b$，则生成的随机浮点数 N 的取值范围为 $b<=N<=a$。

③ random.randint(a,b)。返回一个随机整数 N，N 的取值范围为 $a<=N<=b$。要求 a 和 b 必须为整数，且 a 的值一定要小于 b 的值。

④ random.choice(sequence)。从 sequence 中返回一个随机数，其中，sequence 参数可以是列表、元组或字符串。

例如:

```
random.choice("学习 python")                          # 选择字符串的一个字符
random.choice(['学习','python','随机','函数'])        # 选择列表中的一字符串
```

【例 3-4】随机函数的使用。

```
import random
print(random.random())
print(random.uniform(4,8))
print(random.randrange(10,100,2))  # 从 [10,12,…,98] 序列中取一个随机数
print(random.randint(1,10))
list1 = ['石头','剪刀','布']
print(random.choice(list1))
list2 = [100,435,890,7650,20,90,1,700,300,10]
random.shuffle(list2)
print(list2)
print(random.sample(list2,4))
```

运行结果:

```
0.3681727989099227
5.798220594358082
66
2
剪刀
[1,20,100,10,435,890,300,90,7650,700]
[20,300,435,890]
```

3.2 字符串函数及使用

3.2.1 常规字符串操作的使用

字符串操作，除截取字符串外，还可使用函数进行字符串大小写转换、去除空格、查找、替换、分割和连接、转义字符及格式化字符串等操作。常规字符串操作函数如表 3-3 所示。

表 3-3 常规字符串操作函数

函数名称	功能描述（若字符串赋给 str）
len()	统计字符串长度，若 str 是字符串，则 len(str)
str.swapcase()	将字符串 str 的大写转换为小写，小写转换为大写
str.capitalize()	将字符串首字母大写
str.upper()	将字符串字母全部变大写
str.strip()	去除字符串的前后空格
str.lstrip()	去除字符串的前空格
str.rstrip()	去除字符串的后空格
str.center()	将字符串以指定宽度居中，其余部分以特定字符填充
str.find()	找指定字符在字符串中的位置值，若找不到，则返回 −1
str.rfind()	返回搜索到的最右边子串的位置
str.rjust()	将字符串以指定宽度放在右侧，其余部分以特定字符填充
str.join（seq）	以 str 作为分隔符，将 seq 中所有元素合并为一个新的字符串
str.count()	返回字符串 str 中子串 sub 出现的次数
str.index()	从列表中找出某个值第一个匹配项的索引位置
str.rindex()	从字符串的右侧开始搜索，在给定的字符串中寻找子字符串是否存在。存在，返回子串的第一个索引位置，否则会直接抛出异常
Str.startswith()	检测到字符串，返回 True，否则返回 False

说明

① str. find()、str.rfind()、str.rjust()、str.count()、str.index()、str.rindex() 的括号内可加入 (sub[, start[, end]])，即：sub 为子字符串，start、end 为起始和结束位置，默认索引从 0 开始计算，不包括 end 边界。

② 若字符串变量为 str，则函数的使用描述为：str. find(sub[, start[, end]])，start、end 为起始和结束的位置。如在 str 字符串中找到子串 sub，则输出找到的位置数，否则返回 −1。

③ 检测函数格式：str.startswith(str, beg=0,end=len(string))。其中，str 为被检测的字符串（可以使用元组，会逐一匹配），beg 为字符串起始位置（可选），end 为字符串检测的结束位置（可选）。如果存在参数 beg 和 end，则在指定范围内检查，否则在整个字符串中检查。

例如：

```
s = 'hello good bye'
print (s.startswith( 'h' ) )            # 返回 True
print (s.startswith( 'h',4))            # 返回 False
print (s.startswith( 'hel' ))           # 返回 True
print (s.startswith( 'hel' ))           # 返回 True
print (s.startswith( 'hel',2,5))        # 返回 False
```

【例 3-5】字符串操作函数的使用。

```
s1 = '  Windows 操作系统  '
s2=s1.strip()
s3= 'Python'
s4='1234'
print(s1.center(20,'*'))
print(s1.rjust(20,'*'))
print(s3.capitalize())
print(s1.swapcase())
print(len(s1),len(s2))
print(s3.join(s4))
print('xyabxyxy'.find('xy'), 'xyabxyxy'.find('xy', 2))
print('xyabxyxy'.count('xy'),'xyabxyxy'.count('xy',1))
print('xyabxyxy'.count('xy',1,7),'xyabxyxy'.count('xy',1,8))
print('xyzabcabc'.rfind('bc'),'xyzabcabc'.rindex('bca'))
```

运行结果：

```
**  Windows 操作系统  ***
*****  Windows 操作系统
Python
  wINDOWS 操作系统
15 11
1Python2Python3Python4
0  4
3  2
1  2
7  4
```

3.2.2 字符串判断操作

利用字符串函数还可进行多种判断，包括判断字符串是否为空、是否为数字和字母、是否为大小写等。常用字符串判断函数如表 3-4 所示。

表 3-4 **字符串判断函数**

函数名称	功能描述（若字符串赋给 str）
str.isspace()	判断字符串 str 是否是空白（空格、换行符等）
str.isprintable()	判断字符串 str 是否是可打印字符
str.isidentifier()	判断字符串 str 是否满足标识符规则
str.isdecimal()	判断字符串 str 是否是十进制数字
str.isdigit()	判断字符串 str 是否是数字
str.isalnum()	判断字符串 str 是否是数字或字母
str.isalpha()	判断字符串 str 是否是字母
str.islower()	判断字符串 str 是否全是小写字母
str.isupper()	判断字符串 str 是否全是大写字母
str.istitle()	判断字符串 str 是否首字母是大写字母，后面是小写字母

【例 3-6】字符串判断函数的使用。

```
s1 = '100'
print(s1.isdigit())
print(s1.isdecimal())
print('AB'.isupper())
print('Aa'.islower())
print('AbcDef'.istitle())
print('Abc'.isspace())
print('\n'.isprintable())
print('acd'.isprintable())
```

运行结果:

```
True
True
True
False
False
False
False
True
```

3.2.3 split() 与 map() 函数的使用

（1）split() 函数

split() 是用于将一个字符串分割成多个字符串数组的函数，语法格式为:

```
split(sep,num)                  #sep 为分割符，num 为分割次数
```

① 不写 sep 时，默认表示用空格，\n，\t 分隔字符串。例如:

```
str="abc define\napple"
print(str.split())
结果:
['abc','define','apple']
```

② 有 sep 时，按 sep 的值分隔。例如:

```
str="smbuadefine\napple"
print(str.split("a",1))         # 按 a 进行分割 1 次
结果:
['smbu','define\napple']
```

③ 当分隔符在字符串第一个或最后一个位置时，需要注意结果（当不写 sep 时，没有该影响）前后多了空字符。例如:

```
str="abc define\napplea"
print(str.split("a"))           # 首部和尾部出现分割符用空格
结果:
['','bc define\n','pple','']
```

④ 当分隔符连续出现多次时，分割符所在处用空格替代。例如:

```
str="aabcaaadefine\nappleaa"
print(str.split("a"))
结果:
['','','bc','','','define\n','pple','','']
```

⑤ 多次分隔，获取需要的结果。例如:

```
str="http://smbu.edu.cn/"
print(str.split("//")[1].split("/")[0].split("."))
结果:
['smbu','edu','cn']
```

（2）map() 函数

map() 是对指定序列做映射的函数，语法格式为:

```
map(function,iterable)          #function 为函数，iterable 为一个或多个序列
```

① 将元组转换成整数列表:

```
map(int,(1,2,3))
结果:
[1,2,3]
```

② 将字符串转换成整数列表:

```
map(int,'1234')
结果:
[1,2,3,4]
```

③ 提取字典的 key，并将结果存放在一个 list 中:

```
map(int,{1:2,2:3,3:4})
结果:
[1,2,3]
```

④ 字符串转换成元组，并将结果以列表的形式返回:

```
map(tuple,'agdf')
结果:
[('a',),('g',),('d',),('f',)]
```

（3）多输入语句的使用

若用一条命令将多个数据输入给不同变量时，可将 split() 和 map() 函数结合，实现输入三个数分别赋给 *a*、*b*、*c*。方法如下:

```
a,b,c = map(int,input('Please Input a,b,c=?').split())
a,b,c = map(int,input('Please Input a,b,c=?').split())
print("a=",a,",b=",b,",c=",c)
结果:
Please Input a,b,c=?3 4 5
a= 3,b= 4,c= 5
```

说明

① 输入的 3 个数之间可使用空格、\n、\t 隔开。

② 此方法不能输入浮点数。

3.3 转换函数及使用

Python 的转换函数包括整数到 ASCII 码转换、进制转换和类型转换。

3.3.1 ASCII 码及进制转换函数

ASCII 码转换、进制转换函数如表 3-5 所示。

表 3-5 ASCII 码转换、进制转换函数

函数名称	功能描述
chr(x)	将一个 ASCII 整数转换为一个字符
ord(x)	将一个字符转换为它的 ASCII 值
hex(x)	将一个整数转换为一个十六进制字符串
oct(x)	将一个整数转换为一个八进制字符串
bin(x)	将一个整数转换为一个二进制字符串
int(x)	将其他进制转换成十进制
bool(x)	0 返回 False，任何其他值都返回 Ture

【例 3-7】ASCII 码及进制转换函数的使用。

```
b=ord('b');print(b)                 # 字符到 ASCII 码
ch=chr(100);print(ch)               # ASCII 码到字符
print(int('0b1111011',2))           # 二进制到十进制
print(bin(18))                      # 十进制到二进制
print(int('011',8))                 # 八进制到十进制
print(oct(30))                      # 十进制到八进制
print(int('0x12',16))               # 十六进制到十进制
print(hex(87))                      # 十进制到十六进制
print(bool(100))                    # 转换成布尔型
print(ord('B'))                     # 转换成 ASCII 码
```

运行结果：

```
98
D
123
0b10010
9
0o36
18
0x57
Ture
66
```

3.3.2 类型转换函数

常用的类型转换函数如表 3-6 所示。

表 3-6 类型转换函数

函数名称	功能描述
int(x [,base])	将 *x* 转换为一个整数
long(x [,base])	将 *x* 转换为一个长整数
float(x)	将 *x* 转换为一个浮点数
complex(real [,imag])	创建一个复数
str(x)	将对象 *x* 转换为字符串
repr(x)	将对象 *x* 转换为表达式字符串
eval(str)	计算在字符串中的有效 Python 表达式，并返回一个对象
tuple(s)	将序列 *s* 转换为一个元组
list(s)	将序列 *s* 转换为一个列表
set(s)	将序列 *s* 转换为可变集合
dict(d)	创建一个字典。*d* 必须是一个序列（key,value）元组
frozenset(s)	将序列 *s* 转换为不可变集合

【例 3-8】类型转换函数的使用。

```
import math
print(math.pi)
print(int(math.pi))
print(complex(math.pi))
list = [1,2,3,4,5 ]
print(tuple(list))
print(float(21))
```

运行结果：

```
3.141592653589793
3
(3.141592653589793+0j)
(1,2,3,4,5)
21.0
```

3.4 组合数据类型函数及使用

Python 不仅提供了组合数据中的列表、元组、字典、集合、时间管理等函数，还提供了负责程序与 Python 解释器交互、程序与操作系统交互的模块库函数。

3.4.1 Python 列表函数及方法的使用

（1）Python 列表操作

列表对 + 和 * 的操作符与字符串相似，+ 号用于组合列表，* 号用于重复列表。常用的列表操作描述如表 3-7 所示。

表 3-7　**列表操作**

Python 表达式	结果	功能描述
len([1, 2, 3])	3	长度
[1, 2, 3] + [4, 5, 6]	[1, 2, 3, 4, 5, 6]	组合
['Hi!'] * 4	['Hi!', 'Hi!', 'Hi!', 'Hi!']	重复
3 in [1, 2, 3]	True	元素是否存在于列表中
for x in [1, 2, 3]: print x,	1 2 3	迭代

（2）列表函数及使用

常用的列表函数如表 3-8 所示。

表 3-8　**列表函数**

函数名称	功能描述
len(list)	返回列表元素个数
max(list)	返回列表元素最大值
min(list)	返回列表元素最小值
sum(list)	返回列表的和
list(seq)	将元组转换为列表
range(s,e,k)	遍历列表，*s*、*e* 是起始和结束位置，*k* 是步长
list.append()	追加列表数据
list.remove()	移出列表
sorted(list)	排序列表数据
list.reverse()	对字符串反向排序输出
del list[num]	删除列表，num 是项数
insert(pos,val)	插入数据，pos 是列表的位置索引，val 是添加的内容
list.clear()	清空列表
list.pop()	移除最后一个元素

range() 函数用法如下：

格式：range(start,stop[,step])，其中

start：计数从 start 开始。默认是从 0 开始。例如：range(5) 等价于 range(0,5)。

stop：计数到 stop 结束，**但不包括 stop**。例如：range(0,5) 是 [0,1,2,3,4]。

step：步长，默认为 1。例如：range(0,5) 等价于 range(0,5,1)。

例如：

```
range(0,10,3)    # 步长为 3
结果:
[0,3,6,9]
```

例如：

```
lis=range(10,20,2)    # 产生 10 到 18 的偶数放到列表中
print(lis)
print(sum(lis))
结果:
[10,12,14,16,18]
70
```

【例 3-9】列表函数的使用。

```
list1 = list(range(10))
print(list1)
print(list(range(0,30,5)))
a=range(2,30,2)                # 获得最大下标 :len(a)-1
print(a[0],a[1],a[2],a[len(a)-1])
b=range(11,1,-2)               # 步长可为负整数
print(list(b))
print(sum(b))                  # 求列表 b 的和
list1.reverse()
print(list1)
```

运行结果:

```
[0,1,2,3,4,5,6,7,8,9]
[0,5,10,15,20,25]
[2,4,6,28]
[11,9,7,5,3]
35
[9,8,7,6,5,4,3,2,1,0]
```

(3) 列表方法及使用

列表方法如表 3-9 所示。

表 3-9 **列表方法**

方法名称	功能描述
list.append(obj)	在列表末尾添加新的对象
list.count(obj)	统计某个元素在列表中出现的次数
list.extend(seq)	在列表末尾一次性追加另一个序列中的多个值（用新列表扩展原来的列表）
list.index(obj)	从列表中找出某个值的第一个匹配项索引位置
list.insert(index, obj)	将对象插入列表
list.pop([index=-1])	移除列表中的一个元素（默认最后一个元素），并且返回该元素的值
list.remove(obj)	移除列表中某个值的第一个匹配项
list.reverse()	反向列表中的元素
list.sort(cmp=None, key=None, reverse=False)	对原列表进行排序

删除列表有多种方法，具体如下。

① 使用 del()。

```
lis1=list(range(10))
print(lis1)
del(lis1[3])            # 删除第 4 个元素
print(lis1)
del(lis1)               # 删除了整个列表，lis1 列表已不存在
结果:
[0,1,2,3,4,5,6,7,8,9]
[0,1,2,4,5,6,7,8,9]
```

② 使用 pop()。

```
lis2=list(range(10))
lis2.pop(3)             # 删除第 4 个元素
print(lis2)
lis2.pop()              # 删除最后一个元素
print(lis2)
结果:
[0,1,2,4,5,6,7,8,9]
[0,1,2,4,5,6,7,8]
```

③ 使用 remove()。

```
lis3=list(range(10))
lis3.remove(lis3[3])    # 删除第 4 个元素
print(lis3)
lis3.remove(5)          # 删除指定的元素 5
print(lis3)
结果:
[0,1,2,4,5,6,7,8,9]
[0,1,2,4,6,7,8,9]
```

④ 使用 clear()。

```
lis4=list(range(10))
lis4.clear()            # 删除列表所有元素，列表保留
print(lis4)
结果:
[ ]
```

【例 3-10】列表方法的使用（1）。

```
list1 = [' 中国 ',123,3.14,' 玛丽 ',80.5 ]          # 创建列表
list2=[1,43,56,2,0,90,-1]
print(list1)                                        # 输出列表
list1.append('Python')                              # 在列表最后插入 Python 字符串
print(list1)
list1.remove(3.14)                                  # 删除列表 list1 中的 3.14
print(list1)
print(sorted(list2))                                #  对列表 list2 排序输出
del list2[3]
print(list2)
list2.insert(1,30)                                  # 在列表 list2 的第 1 个元素后插入 30
print(list2)
list2.pop()                                         # 删除列表 list2 的最后一个元素
print(list2)
del(list2[3])                                       # 删除列表 list2 的第 4 个元素
print(list2)
list1.extend(list2)                                 # 将列表 list2 追加到 list1 后面
print(list1)
```

运行结果：

```
['中国',123,3.14,'玛丽',80.5]
['中国',123,3.14,'玛丽',80.5,'Python']
['中国',123,'玛丽',80.5,'Python']
[-1,0,1,2,43,56,90]
[1,43,56,0,90,-1]
[1,30,43,56,0,90,-1]
[1,30,43,56,0,90]
[1,30,43,0,90]
['中国',123,'玛丽',80.5,'Python',1,30,43,0,90]
```

【例 3-11】列表方法的使用（2）。

```
a=[1,2,3,4,5]
print("列表 a：",a)
b=a;c=a[:]
print("列表 b：",b)
print("列表 c：",c)
list = [ ]                    # 空列表
list.append('China')          # 使用 append() 添加 China 到 list 中
list.append('中国')
print (list)
list1 = ['Matlab','Python',2021,2022]
print (list1)
del list1[2]                  # 删除列表 list1 的第 3 个元素
print(list1)
```

运行结果：

```
列表 a：  [1,2,3,4,5]
列表 b：  [1,2,3,4,5]
列表 c：  [1,2,3,4,5]
['China','中国']
['Matlab','Python',2021,2022]
['Matlab','Python',2022]
```

3.4.2 Python 元组函数及使用

（1）元组操作

常用的元组操作描述如表 3-10 所示。

表 3-10 **元组操作**

Python 表达式	结果	功能描述
len((1, 2, 3))	3	计算元素个数
(1, 2, 3)+(4, 5, 6)	(1, 2, 3, 4, 5, 6)	连接
('Hi!',)* 4	('Hi!', 'Hi!', 'Hi!', 'Hi!')	复制
3 in(1, 2, 3)	True	元素是否存在
for x in(1, 2, 3): print x	1 2 3	迭代

【例 3-12】元组操作的使用。

```
tup= ('中国',123,3.14,'玛丽',80.5)
tinytup =(789,'Marly')
print (tup)              # 输出完整元组
print (tup[0])           # 输出元组的第一个元素
print (tup[1:3])         # 输出第二个至第三个元素
print (tup[2:])          # 输出从第三个至元组末尾的所有元素
print (tinytup * 2)      # 输出元组两次
print (tup + tinytup)    # 打印组合的元组
```

运行结果：

```
('中国',123,3.14,'玛丽',80.5)
中国
(123,3.14)
(3.14,'玛丽',80.5)
(789,'Marly',789,'Marly')
('中国',123,3.14,'玛丽',80.5,789,'Marly')
```

（2）元组函数及使用

常用的元组函数如表 3-11 所示。

表 3-11　元组函数

函数名称	功能描述
cmp(tuple1, tuple2)	比较两个元组元素
len(tuple)	计算元组元素个数
max(tuple)	返回元组中元素最大值
min(tuple)	返回元组中元素最小值
tuple(seq)	将列表转换为元组

【例 3-13】元组函数的使用（1）。

```
list1 = ['中国',123,3.14,'玛丽',80.5 ]
tup1=tuple(list1)
print(tup1)
tup2=[1,43,56,2,0,90,-1]
print(len(tup2))
print(max(tup2))
```

运行结果：

```
('中国',123,3.14,'玛丽',80.5)
7
90
```

【例 3-14】元组函数的使用（2）。

```
tup1 = ('physics','chemistry',2000,2022)
tup2 = (1,2,3,4,5 )
```

```
tup3 =("a","b","c","d")
print ("tup1[0]:",tup1[0])
print ("tup2[1:5]:",tup2[1:5])
tup4 = tup1 + tup2
print (tup4)
print (tup2)
del tup2
print ("After deleting tup2 :")
print (tup2)
```

运行结果：

```
NameError:name 'tup2' is not defined
tup1[0]:physics
tup2[1:5]:(2,3,4,5)
('physics','chemistry',2000,2022,1,2,3,4,5)
(1,2,3,4,5)
After deleting tup2:        # 第一行出错，说明 tup2 已经被删除无法输出
```

说明

① 当修改元组数据时，可以通过内置函数 list() 把元组转换成一个列表。

② 列表可用 append()、extend()、insert()、remove()、pop() 实现添加和删除功能，而元组没有这几个方法。

3.4.3 Python 字典函数及使用

（1）字典函数及使用

常用的字典函数如表 3-12 所示。

表 3-12　**字典函数**

函数名称	功能描述
dict()	创建一个空字典
del()	删除字典或字典项
len(dict)	计算字典元素个数，即键的总数
str(dict)	输出字典可打印的字符串表示
type(variable)	返回输入的变量类型，如果变量是字典就返回字典类型

【例 3-15】字典函数的使用。

```
dict1 = {'国籍':'中国','姓名':'马丽','年龄':18}
print(dict1)
print("删除前字典长度是：",len(dict1))
del dict1['国籍']
print(dict1)
print("删除后字典长度是：",len(dict1))
del dict1
```

运行结果:

```
{'国籍':'中国','姓名':'马丽','年龄':18}
删除前字典长度是: 3
{'姓名':'马丽','年龄':18}
删除后字典长度是: 2
```

(2) 字典方法及使用

常用的字典方法如表 3-13 所示。

表 3-13 **字典方法**

方法名称	功能描述
dict.clear()	删除字典内所有元素
dict.copy()	返回一个字典的浅复制
dict.get()	返回键的值
dict.keys()	以列表返回一个字典所有的键
dict.values()	以列表返回字典中的所有值
sorted(dict.keys())	返回排序后的字典键序列
sorted(dict.values())	返回排序后的字典值序列
dict.get(key, default=None)	返回指定键的值，如果值不在字典中返回 default 值
dict.has_key(key)	若键在字典内返回 True，否则返回 False
dict.items()	以列表返回可遍历的(键, 值)元组数组
dict.update(dict2)	把字典 dict2 的键/值对更新到 dict 里
pop(key[,default])	删除字典给定键 key 所对应的值
dict.popitem()	返回并删除字典中的最后一对键和值

sorted 函数格式如下:

```
sorted(iterable,[key],[reverse])
```

其中，iterable 是可迭代的对象。key 为可选项，用来指定一个带参数的函数，该函数会在每个元素排序前被调用，如 key=abs，则按绝对值大小排序。key 指定的函数将作用于每一个元素上，并根据 key 指定的函数返回的结果进行排序。reverse=True/False，表示倒序 / 正序，默认为正序。例如:

```
my_dict = {'lilee':22,'Marly':24,'Pache':18}
print(sorted(my_dict.values()))
print(sorted(my_dict.values(),reverse=Ture))
结果:
[18,22,24]
[24,22,18]
```

【例 3-16】字典方法的使用。

```
dict1 = {'Name':'Zara','Age':7}
print ('Height'in dict1)                                  #字符串Height在字典dict1中吗?
phonebook = {"Tom" : "137","lucyt":"135","Mary":"139"}    #创建字典 phonebook
d = dict(name = 'lucy',age = 22)                          #创建字典 d
```

```
print(phonebook)                    # 输出字典 phonebook
print(d)                            # 输出字典 d
d.update(phonebook)                 # 使用字典 phonebook 修改 d
print(d)                            # 输出字典 d
print(d.items())                    # 遍历输出字典 d
c = phonebook.copy()                # 复制字典 phonebook 给 c
print(c)
print(d.pop("age"))                 # 输出字典 d 的 age 值
print(len(phonebook))               # 输出字典 phonebook 的个数
```

运行结果:

```
101
1111
False
{'Tom':'137','lucyt':'135','Mary':'139'}
{'name':'lucy','age':22}
{'Tom':'137','lucyt':'135','Mary':'139'}
{'name':'lucy','age':22,'Tom':'137','lucyt':'135','Mary':'139'}
dict_items([('name','lucy'),('age',22),('Tom','137'),('lucyt','135'),('Mary','139')])
{'Tom':'137','lucyt':'135','Mary':'139'}
22
3
```

3.4.4 Python 集合的使用

(1) 集合操作及使用

集合包括交、并、差、对称差及包含操作，其描述如表 3-14 所示。

表 3-14 集合操作

操作符	功能说明
|	取并集，即：将两个集合合并到一起
&	取交集，即：取两个集合都存在的部分
-	取差集，即：取前面一个集合存在后一个集合不存在的部分
^	取对称差集，即：不同时出现在两个集合中的部分

例如:

```
x = set('spam')
y = set(['h','a','m'])
x & y                   # 交集结果: {'a','m'}
x | y                   # 并集结果: {'a','p','s','h','m'}
x - y                   # 差集结果: {'p','s'}
x ^ y                   # 对称差集结果: {'p','h','s'}
x in y                  # 测试 x 是否是 y 的成员
x not in y              # 测试 x 是否不是 y 的成员
```

【例 3-17】集合操作的使用。

```
ass1 = set('position')
ass2 = set('Python')
print(ass1&ass2)
print(ass1|ass2)
print(ass1-ass2)
print(ass1^ass2)
print('p' in ass1)
print('p' not in ass2)
ass1.update(ass2)
print(ass1)
```

运行结果：

```
{'t','o','p','n'}
{'t','h','y','p','n','i','s','o'}
{'s','i'}
{'h','i','y','s'}
True
False
{'i','s','t','n','y','h','o','p'}
```

（2）集合函数及使用

常用的集合函数如表 3-15 所示。

表 3-15　**集合函数**

函数名称	功能描述
ass1.add()	向集合中添加一个值，但必须添加一个不变化值（一个字符或一个元组）到集合中
ass1.remove()	从集合中删除一个值，移除一个不存在的元素时会发生错误
ass1. discard()	从集合中删除一个值，移除一个不存在的元素时不会发生错误
ass1.pop()	从集合中删除并且返回一个任意的值
ass1.clear()	删除集合中所有的值
ass1.set()	初始化一个空集
len(ass1)	计算集合项数
ass1.update(ass2)	将 ass2 传入到集合 ass1 中，并拆分排列

【例 3-18】集合函数的使用。

```
ass1 = {"c++","Python","Matlab"}
print(ass1)
ass1.add("Java"); print(ass1)
ass2 = {"one","two","three","four","five","six","seven"}
print(ass2)
ass2.remove("one");print(ass2)
ass2.discard("two");print(ass2)
ass2.pop()
print(ass2)
ass3 = set()
ass3.add(100);print(ass3)
```

运行结果：

```
{'Matlab','Python','c++'}
{'Matlab','Python','c++','Java'}
{'one','seven','three','two','four','five','six'}
{'seven','three','two','four','five','six'}
{'seven','three','four','five','six'}
{'three','four','five','six'}
{100}
```


3.4.5 其他常用函数及使用

其他函数如表 3-16 所示。

表 3-16 **其他函数**

函数名称	功能描述
divmod()	除数和余数运算结果结合起来，返回一个包含商和余数的元组
all()	判断列表、元组及字典的所有元素是否有一个为空，是返回 False，否则返回 True
any()	判断列表、元组及字典的所有元素是否空，是返回 True，否则返回 False
map()	根据提供的函数对指定序列做映射
dir()	返回模块里定义的所有模块、变量和函数

【例 3-19】其他函数的使用。

```
def square(x):                          # 计算平方数函数
    return x ** 2
map(square,[1,2,3,4,5])                 # 返回迭代器
print(list(map(square,[1,2,3,4,5])))    # 使用 list() 转换为列表
print(divmod(76,12))                    # 返回商和余数
print(type(10.78),type('Python'))
list1=['a','b','c','d']
print(all(list1))
list2=['a','b','','d']
print(all(list2))
print(any(list1))
print(any([0,'',False]))
```

运行结果：

```
[1,4,9,16,25]
(6,4)
<class 'float'> <class 'str'>
True
False
True
False
```

3.4.6 系统模块库

（1）系统提供的模块

Python 中的一个 .py 文件就是一个模块（Module）。使用模块的好处是可提高代码的可维护性，还可把函数进行分组，分别放在不同的模块中。单击“Python 3.10 Module Docs”即可选择模块运行，Python 内置了多种模块，如图 3-1 所示。可以通过“模块名 . 参数名”或者“模块名 . 函数名”来查询或者调用相应的功能。

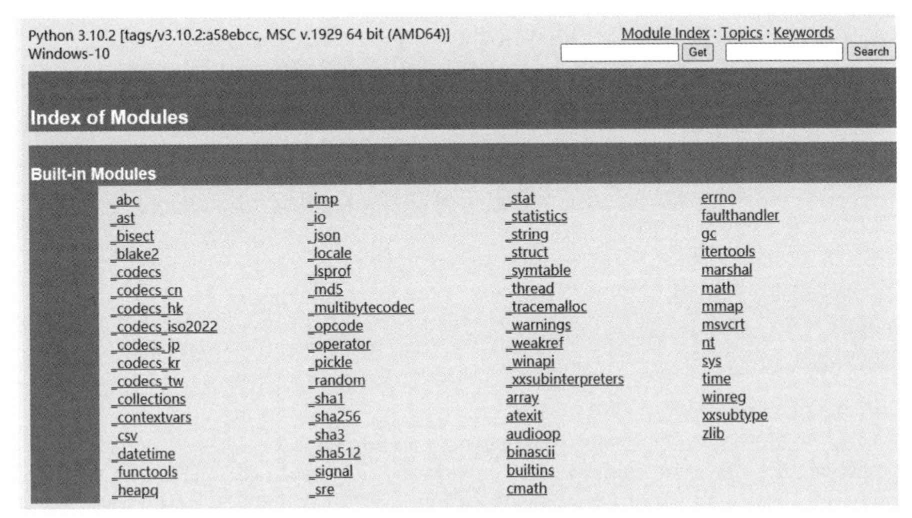

图 3-1 **系统提供的模块**

（2）Python 常用模块库

常用模块库如表 3-17 所示。

表 3-17 **常用模块库**

标准库	说明
builtins	内建函数默认加载
os	操作系统接口
sys	Python 自身的运行环境
functools	常用的工具
logging	记录日志，调试
multiprocessing	多进程
threading	多线程
copy	拷贝
time	时间
datetime	日期和时间
calendar	日历
random	生成随机数
re	正则表达式，用于验证和查找符合规则的文本

下面对 sys 模块和 os 模块进行介绍。

① sys 模块负责程序与 Python 解释器的交互，提供了一系列的函数和变量，用于操控运行环境。使用 import sys 后系统完成的操作包括：

sys.argv　　# 是一个列表，输出当前文件路径参数
sys.stdout　　# 表示标准输出
sys.stdin　　# 表示标准输入
sys.stderr　　# 表示错误输出
sys.stdin.readline()　　# 从标准输入读一行
sys.stdout.write("a")　　# 使用类在屏幕输出 a
sys.exit(exit_code)　　# 退出程序
sys.modules　　# 是一个字典，表示系统中所有可用的模块
sys.platform　　# 得到运行的操作系统环境
sys.path　　# 是一个 list，指明所有查找 module，package 的路径

例如：

```
import sys
print(sys.argv)
print(sys.modules)
输出结果：
['D:/tools/PyCharm/bin/test11.py']
{'sys':<module 'sys' (built-in)>,'builtins':<module 'builtins' (built-in)>,'_frozen_
importlib':<module '_frozen_importlib' (frozen)>,'_imp':<module '_imp' (built-in)>,'_
thread':<module '_thread' (built-in)>,'_warnings':<module '_warnings' (built-in)>,'_
weakref':<module '_weakref' (built-in)>,'_io':<module '_io' (built-in)>,'marshal':<module
'marshal' (built-in)>,'nt':<module 'nt' (built-in)>,'winreg':<module 'winreg' (built-
in)>,……………………………………..
……………………………………………………………………………………………………………………………
```

② os 模块负责程序与操作系统的交互，提供了访问操作系统底层的接口。使用 import os 后系统完成的操作包括：

os.environ　　# 一个目录下包含环境变量的映射关系
os.environ["HOME"]　　# 得到环境变量 HOME 的值
os.chdir(dir)　　# 改变当前目录 os.chdir('d:\\outlook')
os.getcwd()　　# 得到当前目录
os.getegid()　　# 得到获取当前进程组 id
os.getuid()　　# 得到有效用户 id
os.setegid　　# 设置当前进程的有效组 id
os.seteuid()　　# 设置用户 id
os.getgruops()　　# 得到用户组名称列表
os.getlogin()　　# 得到用户登录名称
os.getenv　　# 得到环境函数地址
os.putenv　　# 设置环境变量

例如：

```
import os
print(os.getlogin())
print(os.getcwd() )
```

```
输出结果：
jiangzr
D:\tools\PyCharm\bin
```

3.4.7 时间和日期函数及使用

Python 程序能用多种方式处理日期和时间，转换日期格式是一个常见的功能，它提供了 datetime（表示日期和时间的结合）、time（时间）和 calendar（日历）模块，此外还提供了用于格式化日期和时间的函数。时间间隔是以秒为单位的浮点小数。每个时间戳都以自从 1970 年 1 月 1 日午夜（历元）经过了多长时间来表示，获取日期或时间时，需要导入下列函数：

① import datetime　　　　# 引入日期和时间模块

② import time　　　　　　# 引入时间模块

③ import calendar　　　　# 引入日历模块

（1）datetime 函数及使用

datetime（时间 / 日期）函数如表 3-18 所示。

表 3-18　datetime（时间 / 日期）函数

函数名称	功能描述
datetime.today()	返回一个表示当前本地时间的 datetime 对象
datetime.now()	返回一个表示当前本地时间的 datetime 对象
datetime.date	提供 year、month、day 属性
datetime.datetime	提供 year、month、day、hour、minute、second 属性 将对象从字符串转换为 datetime 对象
datetime.strptime(date_string, format)	将格式字符串转换为 datetime 对象
datetime.timedelta	对象表示一个时间长度，两个日期或者时间的差值
datetime.strftime	用来获得当前时间，可以将时间格式化为字符串

【例 3-20】时间 / 日期函数的使用。

```
import datetime
t1 = datetime.datetime.now()
print ("当前的日期和时间是 {}" .format(t1))
print ("当前的年份是 {}" .format(t1.year),'年')
print ("当前的月份是 {}" .format(t1.month),'月')
print ("当前的日期是 {}" .format(t1.day),'日')
print ("当前小时数是 {}" .format(t1.hour),'时')
print ("当前分钟数是 {}" .format(t1.minute),'分')
print ("当前秒数是 {}" .format(t1.second),'秒')
print ("今天日期是：{}-{}-{}" .format(t1.year,t1.month,t1.day ) )
print ("当前时间是：{}:{}:{}" .format(t1.hour,t1.minute,t1.second ) )
```

运行结果：

```
当前的日期和时间是 2022-06-01 15:50:39.268173
当前的年份是 2022 年
当前的月份是 6 月
当前的日期是 1 日
```

```
当前小时数是 15 时
当前分钟数是 50 分
当前秒数是  39 秒
今天日期是：2022-6-1
当前时间是：15:50:39
```

（2）time 函数及使用

time（时间）函数如表 3-19 所示。

表 3-19　time（时间）函数

函数名称	功能描述
time.altzone	返回西欧夏令时启用地区时间
time.asctime([tupletime])	接收时间元组并返回一个可读的形式为时间日期的字符串
time.clock( )	以浮点数计算秒数返回当前 CPU 时间衡量不同程序的耗时
time.ctime([secs])	相当于 asctime(localtime(secs))，未给参数时相当于 asctime()
time.gmtime([secs])	接收时间戳（1970 纪元后经过的浮点秒数）并返回西欧天文时间元组 t（t.tm_isdst 始终为 0）
time.localtime([secs])	接收时间戳（1970 纪元后经过的浮点秒数）并返回当地时间元组 t（t.tm_isdst 可取 0 或 1，取决于当地当时是不是夏令时）
time.mktime(tupletime)	接收时间元组并返回时间戳（1970 纪元后经过的浮点秒数）
time.sleep(secs)	推迟调用线程的运行，secs 指秒数
time.strftime(fmt[,tupletime])	接收时间元组并返回可读字符串的当地时间，格式由 fmt 决定
time.strptime(str,fmt='%a %b %d %H:%M:%S %Y')	根据 fmt 的格式把一个时间字符串解析为时间元组
time.time( )	返回当前时间的时间戳（1970 纪元后经过的浮点秒数）
time.tzset()	根据环境变量 tz 重新初始化时间相关设置

（3）calender 函数及使用

calender 函数如表 3-20 所示。

表 3-20　calender 函数

函数名称	功能描述
calendar.calendar(year,w=2,i=1,c=6)	返回字符串格式年历。3 个月一行，间隔距离为 *c*，每日宽度间隔为 *w* 字符，每行长度为 21*w*+18+2*c*，*i* 是每星期行数
calendar.firstweekday( )	返回当前每周起始日期。默认情况下，首次载入 calendar 模块时返回 0，即星期一
calendar.isleap(year)	闰年返回 True，否则返回 False
calendar.leapdays(y1,y2)	返回在 y1、y2 两年之间的闰年总数
calendar.month(year,month,w=2,l=1)	返回字符串格式的年月日历。两行标题，一周一行，每日宽度间隔为 *w* 字符，每行的长度为 7*w*+6，*l* 是每星期的行数
calendar.monthcalendar(year,month)	返回整数的单层嵌套列表。每个子列表装载代表一个星期的整数。年月外的日期都设为 0；范围内的日期都由该月第几日表示，从 1 开始

【例 3-21】time 函数和 calender 函数的使用。

```
import time
import calendar
ticks=time.time()
print ("当前时间戳为 :",ticks)
localtime = time.localtime(time.time())
print("无格式获取本地时间 :",localtime)
localtime = time.asctime( time.localtime(time.time()) )
print ("有格式获取本地时间为 :",localtime)
print(time.strftime("%Y-%m-%d %H:%M:%S",time.localtime()))
print(time.strftime("%a %b %d %H:%M:%S %Y",time.localtime()))
cal = calendar.month(2022,9)
print("以下输出 2022 年 9 月份的日历 :")
print (cal)
```


运行结果:

```
当前时间戳为 :1651754254.3012755
无格式获取本地时间 :time.struct_time(tm_year=2022,tm_mon=5,tm_mday=5,tm_hour=20,tm_min=37,tm_sec=34,tm_wday=3,tm_yday=125,tm_isdst=0)
有格式获取本地时间为 :Thu May  5 20:37:34 2022
2022-05-05 20:37:34
Thu May 05 20:37:34 2022
以下输出 2022 年 9 月份的日历 :
   September 2022
Mo Tu We Th Fr Sa Su
          1  2  3  4
 5  6  7  8  9 10 11
12 13 14 15 16 17 18
19 20 21 22 23 24 25
26 27 28 29 30
```

【例 3-22】改变时间的输出方法。

```
import datetime
now =datetime.datetime.now()
time_date = now.strftime('%Y-%m-%d %H:%M:%S')
print('原始时间 :\t\t\t\t{}'.format(time_date))
add_info = datetime.timedelta(days=1,hours=2,minutes=3,seconds=4)
time_date1 = datetime.datetime.strptime(time_date,'%Y-%m-%d %H:%M:%S')
add_end=add_info+time_date1
print('加上 1 天 2 个小时 3 分钟 4 秒后 :\t{}'.format(add_end))
add_info1 = datetime.timedelta(days=-1,hours=-2,minutes=-3,seconds=-4)
dec_end = time_date1 + add_info1
print('减去 1 天 2 个小时 3 分钟 4 秒后 :\t{}'.format(dec_end))
```

运行结果:

```
原始时间 :                      2022-09-05 20:38:58
加上 1 天 2 个小时 3 分钟 4 秒后 :   2022-09-06 22:42:02
减去 1 天 2 个小时 3 分钟 4 秒后 :   2022-09-04 18:35:54
```

【例 3-23】输出指定日历的方法。

```
import calendar
# 输入指定年月
yy = int(input(" 输入年份 :"))
mm = int(input(" 输入月份 :"))
# 显示日历
print(calendar.month(yy,mm))
```

运行结果：

```
输入年份 :2023
输入月份 :1
  January 2023
Mo  Tu  We  Th  Fr  Sa  Su
                         1
2   3   4   5   6    7   8
9   10  11  12  13  14  15
16  17  18  19  20  21  22
23  24  25  26  27  28  29
30  31
```


3.4.8 匿名函数

匿名函数是一种通过单个语句生成函数的方式，其结果是返回值。其规则为：

① Python 使用 lambda 来创建匿名函数。lambda 只是一个表达式，函数体比 def 简单很多。它的主体是一个表达式，而不是一个代码块，仅仅能在 lambda 表达式中封装有限的逻辑进去。

② lambda 函数拥有自己的命名空间，且不能访问有参数列表之外或全局命名空间里的参数。

③ lambda 函数虽只能写一行，却不等同于 C 或 C++ 的内联函数，目的是调用函数时不占用栈内存，增加运行效率。

lambda 函数语法格式为：lambda [arg1 [,arg2,…，argn]]:expression。

例如：

```
def square1(n):
    return n**2
print(square1(10))
可写成：
Square1 = lambda n:n ** 2
print(square1(10))
将实参直接调用可写成：
print((lambda x:x**2)(10))
运行结果均是：100
```

若多个变量使用匿名函数时：

```
mul=lambda x,y,z:x*y*z
print(mul(2,5,8))
结果：
80
```

另一个例子，根据字符串中不同字母的数量，对一个字符串列表进行排序，将最多的字符串放在最后，则：

```
str = ['father','mather','sister','brother','uncle']
str.sort(key = lambda x:len(list(x)))
print(str)
结果:
['uncle','father','mather','sister','brother']
```

说明

> lambda 和 def 关键字声明的函数不同，匿名函数对象自身并没有一个显示的 __name__ 属性，这是 lambda 函数被称为匿名函数的一个原因。

lambda 函数首先减少了代码的冗余。另外，lambda 函数不用去命名一个函数也可快速实现函数功能，且 lambda 函数使代码的可读性更强，程序看起来更加简洁。

3.5 函数及调用规则

Python 函数是经过组织、可重复使用的、用来实现单一或相关联功能的代码段。用户自定义函数是根据自己需求功能定义的函数，用于提高应用模块效率和代码的重复利用率。无论哪种函数，其基本规则必须如下。

① 函数代码块以 def 关键词开头，后接函数标识符名称和圆括号 ()。任何传入参数和自变量必须放在圆括号中间。圆括号之间用于定义参数。

② 函数的第一行语句可以选择性地使用文档字符串，常用于存放函数说明。

③ 函数内容以冒号起始，并且缩进。

④ return [表达式] 为结束函数，返回一个值给调用方。不带 return 相当于返回 None。

3.5.1 自定义函数及使用

自定义函数的语法格式为:

```
def 函数名 ( 形参列表 ):
    " 函数 _ 文档说明字符串 "
    实现特定功能的语句代码
    return [ 返回值 ]
```

其中:

① 函数名是一个符合 Python 语法的标识符，函数名最好能够体现出该函数的功能，不建议使用 x、y、z 等简单字符。例如，解方程可命名为: def equation(a,b,c):。

② 形参列表：函数可以接收多个参数，多个参数之间用逗号分隔，没有形参时，必须加括号 ()，后面冒号不能省略。

③ 若定义一个没有任何功能的空函数，可以使用 pass 语句作为占位符。

④ return [返回值] 为函数的可选参数，用于设置该函数的返回值。若没有返回值可缺省该语句，不写或只写 return 即可。

例如：自定义函数计算两个数的和。

```
def add( a,b ):
    # 学习 Python 函数
    c=a+b
    return c
```

若在函数中输出，可写成：

```
def add( a,b ):
    # 学习 Python 函数
    c=a+b
    print(c)
```

3.5.2 函数调用

定义一个函数只给了函数一个名称。函数名其实就是指向一个函数对象的引用，可以把函数名赋给一个变量。函数指定了函数里包含的形参（形式参数）、代码块结构。当函数完成以后，不调用是不能执行的，可在本程序中调用或通过另一个函数调用执行，也可以直接从 Python 提示符下调用执行。调用时的参数为实际参数，简称为实参。

（1）有参函数的调用

例如：调用两次上面的 add() 函数。

```
def add( a,b ):
    # 学习 Python 函数
    c=a+b
    return c
print(add(3,2))          # 第 1 次调用
print(add(15,7))         # 第 2 次调用
```

若在函数中输出，可写成：

```
def add( a,b ):
    # 学习 Python 函数
    c=a+b
    print(c)
add(3,2)                 # 第 1 次调用
add(15,7)                # 第 2 次调用
调用二次后结果均为:
5 和 22
```

（2）无参函数的调用

当函数不需要参数时，直接调用即可。例如：

```
def beijing():
    # 学习 Python 无参数函数
    print('北京是中国的首都')
beijing()                # 调用
结果:
北京是中国的首都
```

（3）调用规则

函数调用时实参和形参结合，其个数和顺序是一一对应的。Python 在实际调用中，允许实参的个数少于形参个数，反之不行。若调用时实参小于形参，执行结果可使用默认值。例如：

```
def student( name,mathematics=90,Python=95 ):
    print('姓名:',name)
    print('数学:',mathematics )
    print('Python 语言:',Python)
student('葛明')          # 调用
```

```
结果:
姓名：葛明
数学： 90
Python 语言： 95
```

若形参和实参一致，则覆盖缺省值。例如：

```
def student( name,mathematics=90,Python=95 ):
    print(' 姓名：',name )
    print(' 数学：',mathematics )
    print('Python 语言：',Python)
student(' 葛明 ',100,100)
结果:
姓名： 葛明
数学： 100
Python 语言： 100
```

3.5.3 函数传递

在 Python 中，类型属于对象，变量的类型取决于对象的引用。例如：

```
a=[1,2,3]                    #a 是 List 类型
a= " 鲁滨逊 "                #a 是 String 类型
```

① 变量 *a* 没有类型，它仅仅是一个对象的引用（一个指针），可以是列表（list）类型对象，也可以是字符串（string）类型对象。

② Python 中一切都是对象，它分不可变对象和可变对象。其中，字符串（strings）、元组（tuples）和数字（numbers）是不可更改的对象，而列表（list）、字典（dict）等则是可以修改的对象。

③ 不可变类型：若 x=15，再赋值 a=10，改变了 a 的值，相当于新生成了 a。

④ 可变类型：若 list1=[1,2,3,4]，再赋值 list1 [2]=5，则是将列表 list1 的第 3 个值更改，list1 没有变，只是其内部的一部分值被修改了。

⑤ Python 函数的参数传递规则是：不可变类型类似 C++ 的值传递，如整数、字符串、元组，可变类型传递需要加“*”号。

【例 3-24】使用面积函数计算不同输入值的面积。

```
def area(width,height):
    return width * height
def print_welcome(name):
    print(" 欢迎 ",name)
print_welcome(" 张三峰 ")
w =eval(input(" 输入矩形的宽度 "))
h =eval(input(" 输入矩形的长度 "))
print(" 宽度 =",w," 长度 =",h," 矩形面积是 ： ",area(w,h))
```

运行结果：

```
欢迎 张三峰
输入矩形的宽度 15
输入矩形的长度 26
宽度 = 15  长度 = 26  矩形面积是 ：  390
```

【例 3-25】计算 $x^2+y/4$。

```
def fuck(x,y):
    x1=x**2
    y1=y/4
    result=x1+y1
    print(" 计算结果是 :",str(result))
fuck(3,5)
```

运行结果：

```
计算结果是 :10.25
```


【例 3-26】传递可变对象。

```
def changeme(mylist):
    print(" 修改传入的列表 ")
    mylist.append([1,2,3,4])
    print(" 函数内取值 :",mylist)
    return
# 调用 changeme 函数
mylist = [10,20,30]
changeme(mylist)
print(' 函数外取值: ',mylist)
```

由于实例中传入函数和在末尾添加新内容的对象用的是同一个引用，故运行结果如下：

```
修改传入的列表
函数内取值： [10,20,30,[1,2,3,4]]
函数外取值： [10,20,30,[1,2,3,4]]
```

3.5.4 函数参数与返回值

调用时函数参数可使用的类型包括：必备参数、关键字参数、默认参数、不定长参数和匿名函数。

（1）必备参数

必备参数须以正确的顺序传入函数，对有参函数调用时必须传入一个参数。

当调用 printme() 函数时，必须传入一个参数，不然会出现语法错误。

例如：下面代码执行出现错误。

```
def printme(str):
    print(str)
    return
printme()  # 调用
运行结果会出现的错误:
TypeError:printme() missing 1 required positional argument:'str'
```

（2）关键字参数

关键字参数和函数调用关系紧密，函数调用使用关键字参数来确定传入的参数值，它允许函数调用时参数顺序与声明时不一致，因为 Python 解释器能够用参数名匹配参数值。例如:

```
def printme( str ):
    print("打印任何传入的字符串")
    print (str)
    return
#调用 printme 函数
printme( str = "定义我的字符串")
结果:
打印任何传入的字符串
定义我的字符串
```

调用时也可不指定关键字参数，例如:

```
def printinfo(name,age):
# "打印任何传入的字符串"
    print("Name:",name)
    print("Age ",age)
    return
# 调用 printinfo 函数
printinfo(age=50,name="Lucy")
结果:
Name:  Lucy
Age  50
```

(3) 默认参数

调用函数时，默认参数的值若没有传入，则被认为是默认值。

例如：如果 age 没有被传入参数时，输出默认的 age。

```
def printinfo( name,age = 35 ):
# "打印任何传入的字符串"
    print ("Name:",name)
    print ("Age",age)
    return
#调用 printinfo 函数
printinfo( age=50,name="Lucy")
printinfo( name="lucy")
结果:
Name:  Lucy
Age  50
Name:  lucy
Age  35
```

(4) 不定长参数

若不能确定传递的参数个数，称为不定长度，可以用 * 和 ** 来实现。加了 * 的参数会以元组（tuple）的形式传入。例如:

```
def function(*args):
    print(args)
function(12,35,65)
结果:
(12,35,65)
```

加了两个星号 ** 的参数会以字典的形式传入。例如:

```
def function(**kwargs):
    print(kwargs)
function(a=12,b=35,c=65)
结果:
{'a':12,'b':35,'c':65}
```

说明

① 这里传入的参数键值是成对出现的。

② 当一个星号和两个星号同时出现时，一个星号必须在两个星号前面，方法是：

```
def function(*args, **kwargs):
    print(args)
    print(kwargs)
```

【例 3-27】未命名的变量参数的使用。

```
def fun(a,b,*args):
    print(a)
    print(b)
    print(args)
    print("="*9)
    ret = a + b
    ret1=args
    return ret,ret1
print(fun(1,2,3,4,5))
```

运行结果：

```
1
2
(3,4,5)
=========
(3,(3,4,5))
```

【例 3-28】列表和字典的可变参数使用。

```
def fun(a,b,*args,**kwargs):
    print(a)
    print(b)
    print(args)
    print(kwargs)
fun(1,2,3,4,name = "hello",age = 20)
```

运行结果：

```
1
2
(3,4)
{'name':'hello','age':20}
```

【例 3-29】使用元组和字典作为形式参数。

```
def fun(a,b,*args,**kwargs):
    print(a)
    print(b)
    print(args)
    print(kwargs)
tup = (11,22,33)
dic = {"name":"hello","age":20}
fun(1,2,*tup,**dic)
```

运行结果:

```
1
2
(11,22,33)
{'name':'hello','age':20}
```

（5）return 语句

return 语句是返回函数，不带参数值的 return 语句返回 None。若函数里出现 return，表示这个函数运行到这里结束了，后面不管有多少都不会再执行。例如：

```
def function():
    print("Apple")
    return "Banana"
    print("bb")
print(function())
结果:
Apple
Banana
```

Python 函数可以返回多个值，多个值以元组的方式返回。例如：

```
def fun(a,b):
    return a,b,a+b
print(fun(10,20))
结果:
10 20 30
```

【例 3-30】return 的使用。

```
def sum(arg1,arg2):
    # 返回 2 个参数的和
    total = arg1 + arg2
    print(" 函数返回值 : ",total)
    return total
    print(arg1)
total = sum(100,200)    # 调用 sum
```

运行结果:

```
函数返回值 :  300
```

（6）嵌套函数的使用

嵌套函数的语法格式为：

```
def 函数名 1( 参数列表  )
    def 函数名 1( 参数列表  )
    …
        return
    return
```

【例 3-31】嵌套函数的使用（1）。

```
def mul(factor):
    def mul2(number):
        return number * factor
```

```
    return mul2
print('输出结果为：',mul(3)(3))
```

运行结果：

```
输出结果为：9
```

【例 3-32】嵌套函数的使用（2）。

```
def py():
    print("Python")
    def mat():
        print("matlab")
    mat()
py()
```

运行结果：

```
Python
matlab
```

【例 3-33】嵌套函数的使用（3）。

```
def add1(x,y):
    return x + y
def add2(x):
    def add(y):
        return x * y
    return add
g = add2(2)
print(add1(2,3))
print(add2(2)(3))
print(g(3))
```

运行结果：

```
5
6
6
```

3.5.5 递归函数

在一个函数体内调用它自身，被称为函数递归。函数递归包含了一种隐式的循环，它会重复执行某段代码，但这种重复执行无须循环控制。函数内部可以调用其他函数，当然在函数内部也可以调用自己。调用函数自身要设置正确的返回条件，其特点如下：

① 函数内部的代码是相同的，只是针对参数不同，处理的结果不同。

② 当参数满足某一个条件时，函数不再执行，通常被称为递归的出口，否则会出现死循环。

说明

Python 默认递归深度为 100 层（Python 限制）。使用递归函数的优点是逻辑简单清晰，缺点是过深的调用会导致栈溢出，且占用内存比较大。

例如：已知有一个数列 1 4 9 22 …，即

fn(0)= 1

fn(1)= 4

…

fn(n)= 2fn(n － 1)+fn(n － 2)

其中，n 是大于等于 2 的整数，求 fn(10) 的值。

可以使用递归函数定义一个 fn(n) 函数，用于计算 fn(10) 的值。fn(10) 等于 2fn(9)+fn(8)，其中，fn(9) 又等于 2fn(8)+fn(7)，依此类推，最终会计算到 fn(2) 等于 2fn(1)+fn(0)，即 fn(2) 是可计算的，这样递归带来的隐式循环就能自动结束。顺着这个递推回去，最后就可以得到 fn(10) 的值。

对于递归的过程，当一个函数不断地调用它自身时，必须在某个时刻函数的返回值是确定的，即不再调用它自身；否则，这种递归就变成了无穷递归，类似于死循环。一般递归函数定义规则是：

```
def sum_number(num):
    print(num)
    # 递归的出口，当参数满足某个条件时，不再执行函数
    if num == 1:
        return
    # 自己调用自己
    sum_number(num - 1)
```

递归函数及调用详见第 4 章 4.6 节案例。

3.5.6 全局变量与局部变量

（1）全局变量与局部变量的使用

局部变量只能在其被声明的函数内部访问，而全局变量可以在整个程序范围内访问。Python 默认任何在函数内赋值的变量都是局部变量，在函数外赋值的变量为全局变量。例如：

```
total = 0                                # 这里 total 是全局变量
def sum( arg1,arg2 ):                    # 定义函数，arg1、arg2 均为局部变量
# 返回 2 个参数的和
    total = arg1 + arg2                  # 这里 tota 是局部变量
    print (" 函数内是局部变量 : ",total)
    return total
# 调用 sum 函数
sum( 10,20 )
print (" 函数外是全局变量 : ",total)
结果:
函数内是局部变量 :  30
函数外是全局变量 :  0
```

（2）命名空间和作用域

命名空间是变量名称的集合，定义在函数内部的变量拥有一个局部作用域，定义在函数外部的变量拥有全局作用域。命名空间是一个包含了变量名称（键）和它们各自相应的对象（值）的字典。Python 命名空间在变量赋值时就已经生成，程序在解析某个变量名称对应的值时，首先从其所在函数的局部命名空间进行查找，若没找到，再查找全局命名空间；若还是没找到，就到内置命名空间进行查找。即：对于一个变量是通过命名空间来查找使用的。同一个命名空间内变量名称和字典的键一样是独立的，不同命名空间内变量名称可重复使用。

一个 Python 表达式可以访问局部命名空间和全局命名空间里的变量。如果一个局部变量和一个全局变量重名，则局部变量起作用，且会覆盖全局变量。

若在函数内定义全局变量并赋值，必须使用 global 语句：

```
global  变量名
```

例如，命名一个全局命名变量 Money，在函数内使用变量 Money 并重新赋值，会出现 UnboundLocalError: local variable 'Money' referenced before assignment 的错误。此时需要添加 global Money 语句即可在函数内赋值。

【例 3-34】全局变量的使用。

```
Money = 2000
def AddMoney():
    global Money      # 若去掉该句，程序出错
    Money = Money + 22
# 调用
print(Money)
AddMoney()
print(Money)
```

运行结果：

```
2000
2022
```

【例 3-35】嵌套函数的使用。

```
x = 10
def outer():
    x = 1
    def inner():
        x = 2
        print("x1=",x)
    inner()
    print("x2=",x)
outer()
print("x3=",x)
```

运行结果：

```
x1= 2
x2= 1
x3= 10
```

（3）globals() 和 locals() 函数

globals() 和 locals() 函数可被用来返回全局命名空间和局部命名空间里的名字。如果在函数内部调用 locals()，返回的是所有能在该函数里访问的命名。如果在函数内部调用 globals()，返回的是所有在该函数里能访问的全局对象名字。两个函数的返回类型都是字典，所以它们的名字能用 keys() 函数摘取。

【例 3-36】global 关键字的使用。

```
num = 20
def outer():
    num = 10
    def inner():
        global num
```

```
        print(num)
        num = 100
        print(num)
    inner()
    print(num)
outer()
print(num)
```

运行结果：

```
20
100
10
100
```

说明

global 会跳过中间层直接将嵌套作用域内的局部变量变为全局变量。

（4）reload() 函数

当一个模块被导入到一个脚本，模块顶层部分的代码只会被执行一次。因此，如果想重新执行模块里顶层部分的代码，可以用 reload() 函数。该函数会重新导入之前导入过的模块。reload() 函数语法格式为：

```
reload(module_name)
module_name 要直接放模块的名字
```

① 调用 imp 标准库模块中的 reload 函数需要加导入语句：from imp import reload。

② reload 会重新加载已加载的模块，但原来已经使用的实例还是会使用旧的模块，而新生产的实例会使用新的模块。

③ reload 后还是用原来的内存地址。

例如：重新加载 os 模块和 hello 模块。

```
import os
from imp import reload
reload(os)
reload(hello)
```

3.6 练习题

3.6.1 问答

（1）在程序中加入函数的好处是什么？

（2）Python 使用什么语言创建一个函数？

（3）函数和函数调用有什么区别？

（4）函数会自动执行吗？若不能，在什么情况下执行？

（5）在函数内部可以通过什么关键字来定义全局变量？

（6）如果函数中没有 return 语句或者 return 语句不带任何返回值，那么该函数的返回值是什么？

（7）在 Python 中引入数学库和系统库的方法是什么？

（8）当调用函数时，若局部变量与全局变量重名，在函数内哪个变量起作用?

（9）如何强制函数中的一个变量为全局变量?

（10）若输出当前的时间和日期，需要引入哪个模块?

3.6.2 填空

（1）设字符串 str1=“Chinese city Shenzhen”，输出 str1*2 的结果是（　　）。

（2）已知字符 str2=‘@smbu.edu.cn’，则

① 输出 str2.find(‘u’) 的结果是（　　）。

② 输出 str2.count(‘u’) 的结果是（　　）。

（3）设列表 list1=[‘1’,’2’,’3’,’4’,’5’]，则输出 list1[1:4] 及 list1[3:] 的结果分别是（　　）（　　）。

（4）设列表 list2 = ['Python', 'Matlab', 'Csharp', 'Jave', 'operating', 'System']，则

① 计算列表的长度写法是（　　）。

② 输出 list2[0:4:2] 的结果是（　　）。

③ 输出 list2[-2] 的结果是（　　）。

④ 删除列表最后一个字符串的方法是（　　）。

（5）已知字典 dict1 = {'Name': ' 张三 ', 'Age': 20, 'Class': ' 国贸班 '}，输出所有键值的方法是（　　）。

（6）下列代码运行后的输出是（　　）。

```
list1=[1,2]
list2=list1
list1[0]=3
list1.append(list2)
print(list1,list2)
```

（7）表达式 'apple'.replace('a','yy') 的执行结果是（　　）。

（8）表达式 print([1,2,3,4]*3) 的执行结果是（　　）。

（9）已知 x=['11','2','4','5']，则执行 max(x) 和 min(x) 结果分别是（　　）（　　）。

（10）已知 x=[1,2,3,4,5]，则执行 x.pop() 结果是（　　）。

（11）已知 x=[1,2,3,'Python',' 语言 ']，则执行 len(x) 结果是（　　）。

（12）print(sorted({'a':9,'b':3,'c':15})) 的执行结果是（　　）。

（13）已知列表 list=[1,2,3,4,5]，删除列表中元素 3 的方法有（　　）和（　　）。

（14）已知 tup1=(1,2,3)，tup2=(2,3,4,5)，则 print(tup1+tup2) 的执行结果是（　　）。

（15）已知 set1={1,2,3}，tup2=(2,6,4,5)，set1.add(tup2)，则 print(set1) 和 print(len(set1)) 的执行结果分别是（　　）（　　）。

3.6.3 实践项目

（1）已知列表 x=['11','2','4','5']，求最大值。

（2）输出 x=['11','2','4','5']，执行最小值。

（3）删除列表 x=[1,2,3,4,5] 的最后一个元素并插入一个任意值。

（4）求 x=[1,2,3,4,5,6] 的长度，添加 2 个字符串再计算长度。

（5）将集合 {'a':9,'b':3,'c':15} 排序并输出结果。

（6）已知 lis = [1,2,3,4,1,2,5]，添加任意一个数放到列表最后。

（7）自动产生一个 10 到 20 之间的列表，计算列表的和。

（8）提供 5 种简单的食品（最少选择 5 种），并将其存储在一个列表中。

（9）请用集合实现删除一个列表 lis = [1,2,3,4,1,2,5] 里面的重复元素。

（10）已知集合 set1={'1','2','3','4','5'}，要求：

① 判断 3 是否在集合中；

② 将“Python”字符串添加到集合中并输出；

③ 删除集合中的‘4’这个元素并输出；

④ 删除集合的所有元素。

（11）按要求判断下列字符串：

```
str1 = "HELLO PYTHON"            # 全大写
str2 = "Hello PYTHON"            # 大小写混合
str3 = "Hello Python"            # 单词首字母大写
str4 = "hello Python"            # 全小写
```

（12）编写求圆的面积函数，输入半径值调用函数，输出结果。

（13）编写摄氏温度转华氏温度函数，输入摄氏温度，输出结果。

（14）编写一个函数 cacluate, 可以接收任意多个数，返回的是一个元组的平均值。

（15）已知一元二次方程：$ax^2+bx+c=0$，系数分别为 $a=1$, $b=1$, $c=-2$，编写函数 abc(a,b,c)，使用调用函数 abc(1,1,－2)，输出方程的解（无需判断，该方程有实数解）。

（16）已知一元二次方程：$ax^2+bx+c=0$，系数分别为 $a=1$, $b=1$, $c=-2$，编写函数 fun(*abc)，使用元组作为函数参数，输出方程的解（无需判断，该方程有实数解）。

（17）输入任意年份，输出该年 12 个月的日历。

（18）输出当前日期、时间和星期数。

（19）编程实现下列任务：

① 使用 range 函数自动生成 10 到 20 之间奇数的列表并输出；

② 输出该列表的最大值；

③ 输出该列表的数据个数；

④ 输出该列表的和以及平均值；

⑤ 删除列表的最大值再计算列表元素的总和。

（20）按照下列要求输出实现：

① 产生一个 50 到 25 之间每隔 5 取一个值的列表;

② 取第一到第三个元素并输出;

③ 取倒数第二个元素并输出;

④ 将列表变成元组并输出。

（21）使用 range() 函数产生一个数值列表 lis1，再自行定义一个字符列表 lis2，要求：

① 求 lis1 的元素个数;

② 求 lis1 的平均值;

③ 将 lis1 追加到 lis2 中;

④ 分别使用 del() 和 remove() 删除 list1 的第 2 个元素，并分别输出。

（22）已知元组 tup=(1,2, 4 ,6)，要求：

① 将 3、5 插入该元组，形成连续的 1 ～ 6;

② 判断 3、5 是否在该元组中;

③ 自定义一个元组，并将该元组连接到 tup 中;

④ 计算 tup 的长度。

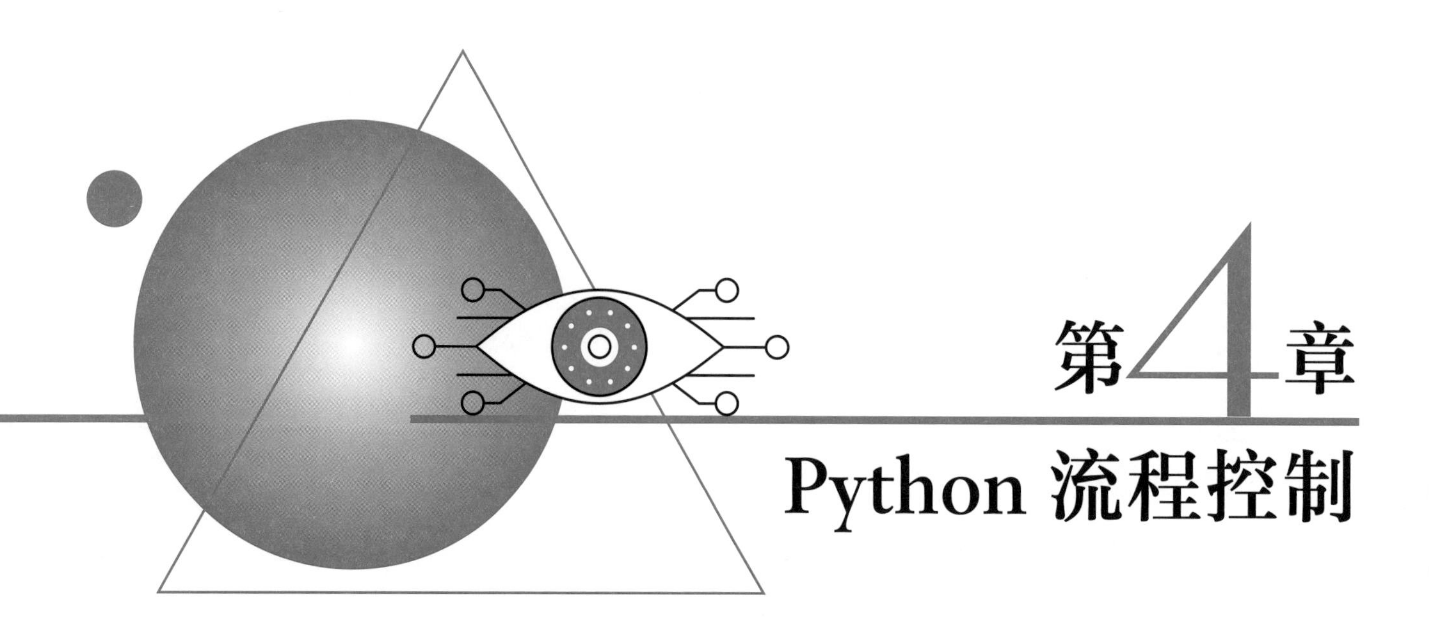

第4章 Python 流程控制

程序是语句序列集合，执行程序就是按预定的次序执行其中的语句，执行中的次序变迁称为控制流程。复杂算法可能涉及改变执行次序，因此，任何计算机程序算法结构都可以由顺序、选择和循环这三种基本结构组合而成，每种结构仅有一个入口和一个出口。本章将学习使用 if、while 和 for 语句来检查条件，并在条件满足时选择执行不同代码段，使用循环结构让程序的各个部分可重用 *N* 次，且可对创建的数据集合高效遍历访问。

4.1 程序算法及描述

程序是用来解决实际应用问题的，用于解决问题的多个步骤或过程称为算法。程序是按照一定算法结构编写的。根据不同需求有多种算法，同一需求也有不同算法。例如，人工智能机器人 AlphaGo（“阿尔法狗”）成为第一个战胜围棋世界冠军的机器人，它会根据不同的对手选择不同的招数，这是按照棋谱给出的规则编程实现的，棋谱给出的行棋规则就是围棋的算法。

4.1.1 算法

（1）算法的描述

算法是对操作对象的加工、处理，得到期望的结果。算法是一种循序渐进解决问题的过程，特指一种在有限步骤内解决问题而建立的可重复应用的计算过程。

一个算法有一个或多个输出，按照算法步骤分解为基本的可执行操作，使之在有限时间内完成。根据掌握的数学方法，使用自然语言描述算法，依据逻辑判断设计计算机能识别的算法，达到解决实际应用问题的目的。例如：

① 求 1 + 2 + 3 +…+100。

使用等差数列求前 n 项和算法公式：

Sn=(a1+an)*n/2　　　　(a1=1,an=100,n=100)

② 已知圆的半径 r，求圆的面积 S 和体积 V。

S=r*r*3.14159

V=3.14159*r*r*r*4/3

③ 已知一元二次方程 $ax^2+bx+c=0$ 的系数 a，b，c，求 $x=\dfrac{-b\pm\sqrt{b^2-4ac}}{2a}$。

这些都属于简单算法。

编程计算前 n 项和的方法可根据公式或用原始的方法，即：

第一步（S1）：1+2=3

第二步（S2）：3+3=6

第三步（S3）：6+4=10

……

要写 99 步，通过自动循环求出结果，即：

S1:s=0;

S2:I=1;

S3: 使 s+I 之和再放入变量 s 中;

S4: 使 I+1 放入 I;

S5: 如 I 的值小于等于 100，返回 S3;

S6: 如 I 的值大于 100，输出结果并结束。

（2）算法的应用

【例 4-1】设某个班级有 50 个学生，要求输出 Python 语言课程 80 分以上的和不及格的同学成绩。用 I 表示第 I 个学生，用 n 表示第 I 个学生的学号，用 g 表示第 I 个学生成绩，写出算法步骤。

算法如下：

```
S1:I=1
S2: 判断，若 g>=80 或 g<60 则打印 n 和 g 的值，否则不打印；
S3:I=I+1;
S4: 判断，若 I<=50 返回 S2，继续执行，否则算法结束。
```

本算法利用 I 做循环变量，判断每个学生的成绩，直至 50 人结束。

【例 4-2】写出 $\text{sum}=1+\dfrac{1}{2}-\dfrac{1}{3}+\dfrac{1}{4}-\cdots+\dfrac{1}{100}$ 的算法步骤。

用 sign 表示符号，deno 表示分母，算法如下：

```
S1:sign= －1;
S2:sum=1;
S3:deno=2;
S4:sign=(－1)×sign；
S5:temp=sign×（1/deno）；
S6:sum=sum+temp；
S7:deno=deno+1;
S8: 若 deno<=100 返回 S4，否则结束。
```

【例 4-3】输入一元二次方程的系数，写出求解算法步骤。

```
S1:a=?,b=?,c=?；
S2:q=b*b-4*a*c；
```

```
S3: 若 q>0，则执行 S4、S5、S6;
S4: x1=(-b+√q )/(2*a) ;
S5: x2==(-b-√q )/(2*a) ;
S6: 输出 x1,x2，跳到 S8;
S7: 若 q<0，则输出 " 无实数解 " ;
S8: 结束。
```

【例 4-4】输入一个大于 2 的正整数，判断是否为素数，写出算法步骤。

```
S1: 输入 N 的值;
S2: I=2（I 作为除数);
S3: 求 R=N%I，R 为余数，如果 R=0，说明 N 不是素数，算法结束，否则执行 S4;
S4: I=I+1;
S5: 若 I <= √N 返回 S2，否则打印 N 是素数。
```

【例 4-5】从输入的年份起，直到 2500 年结束，顺序输出闰年或非闰年。

算法分析：能被 4 整除，不能被 100 整除（能被 400 整除的除外）的年份为闰年。

设 y 为被检测的年份，算法如下：

```
S1: 输入年份值赋给 y ;
S2: 判断，若 y 不能被 4 整除，则输出 " 不是闰年 "，转到 S6;
S3: 判断，若 y 能被 4 整除，又不能被 100 整除，则输出 " 是闰年 "，转到 S6;
S4: 判断，若 y 能被 100 整除，又能被 400 整除，则输出 " 是闰年 "，转到 S6;
S5: 判断，若 y 能被 100 整除，但不能被 400 整除，则输出 " 不是闰年 "，转到 S6;
S6: y=y+1;
S7: 若 y<2500，转 S2，否则结束。
```

（3）算法的特征

① 有穷性：算法应包含有限个操作步骤，对应于循环，必须要有出口，不能是无限循环。

② 确定性：算法中的每一步骤都应是确定的，限定的条件也必须确定。

③ 有零个或多个输入：执行算法时，需从外界取得必要的信息，可从键盘输入，也可在程序中设定。

④ 有一个或多个输出：算法的目的是求解，根据输出进行验证，即验证结果的正确性。

⑤ 有效性：算法中的每一步骤都应当是有效的，不能出现类似被 0 除的错误。

4.1.2 程序算法流程图

（1）框图描述

框图说明如表 4-1 所示。

表 4-1 **框图描述**

图形	框图描述
圆角矩形	程序开始和结束框
箭头	程序执行的流向
菱形	条件选择框
平行四边形	输入数据、输出结果框
矩形	数据处理框，包括计算、定义数据等

（2）程序结构流程

Python 程序结构流程有顺序、选择和循环三种，三种基本结构的共同特点是只有一个入口和一个出口，结构内的每一部分都要被执行，且结构内不存在无限循环，如图 4-1 所示。

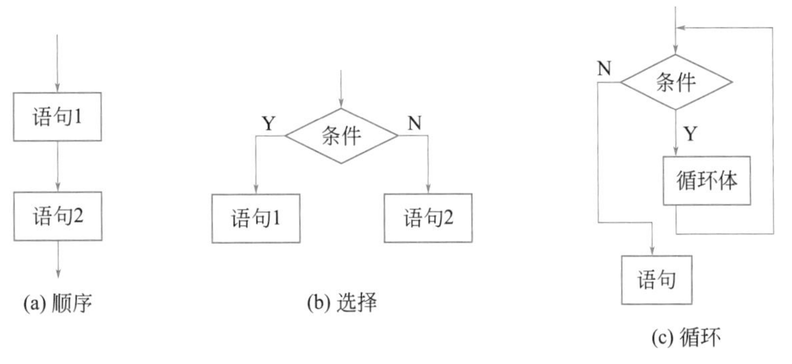

图 4-1　程序结构

【例 4-6】输入两个整数，若它们的平方和大于 100，输出平方和百位以上的数字，否则输出两个整数的和。

程序流程图如图 4-2 所示。

算法分析:

S1: 输入两个数赋给 a 和 b；

S2: 计算 $c=a^2+b^2$;

S3: 判断，$c>100$？

S4: 是，输出 $c/100$;

S5: 否，输出 $a+b$；

S6: 结束。

【例 4-7】输入一元二次方程 $ax^2+bx+c=0$ 的 3 个系数，计算判别式，若判别式大于等于 0，求方程的解，输出 $x1$ 和 $x2$ 的值，否则输出该方程无实数解。

程序流程图如图 4-3 所示。

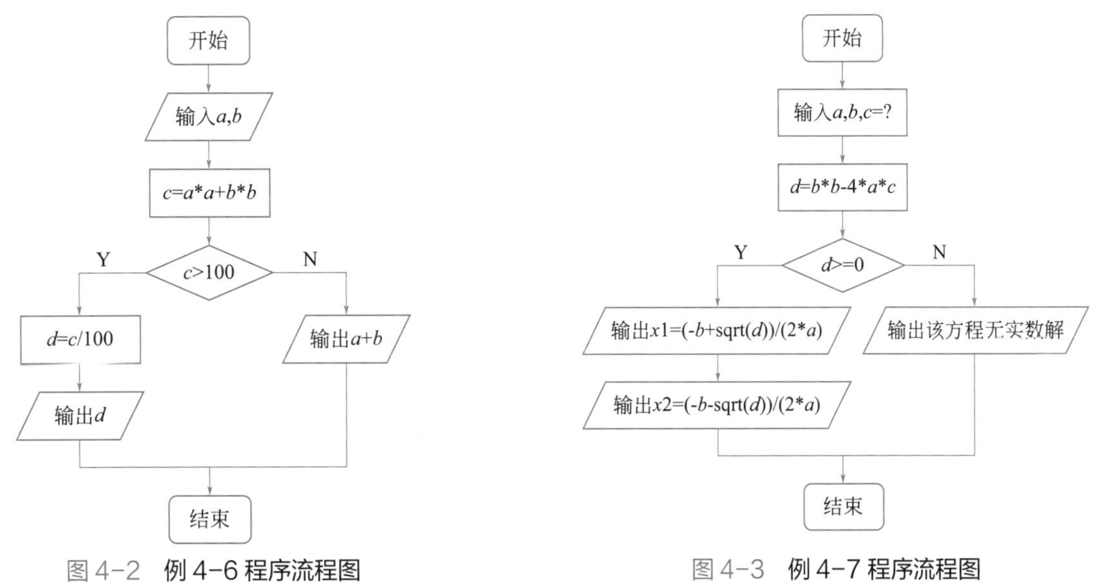

图 4-2　例 4-6 程序流程图

图 4-3　例 4-7 程序流程图

【例 4-8】针对下列符号函数绘制流程图。

$$y=\begin{cases}0 & x=0\\1 & x>0\\-1 & x<0\end{cases}$$

流程图如图 4-4 所示。

【例 4-9】对输入的两个正整数 M、N，使用辗转相除法求 M、N 的最大公约数，画出流程图。

算法分析：对输入的任意 M、N 值，首先进行判断，若 M 小于 N，要交换，保证 M 是大数；然后求 M 除以 N 的余数，若为零，则 N 就是最大公约数，若不为零，将余数作为除数，上次的除数作为被除数，反复循环。流程图如图 4-5 所示。

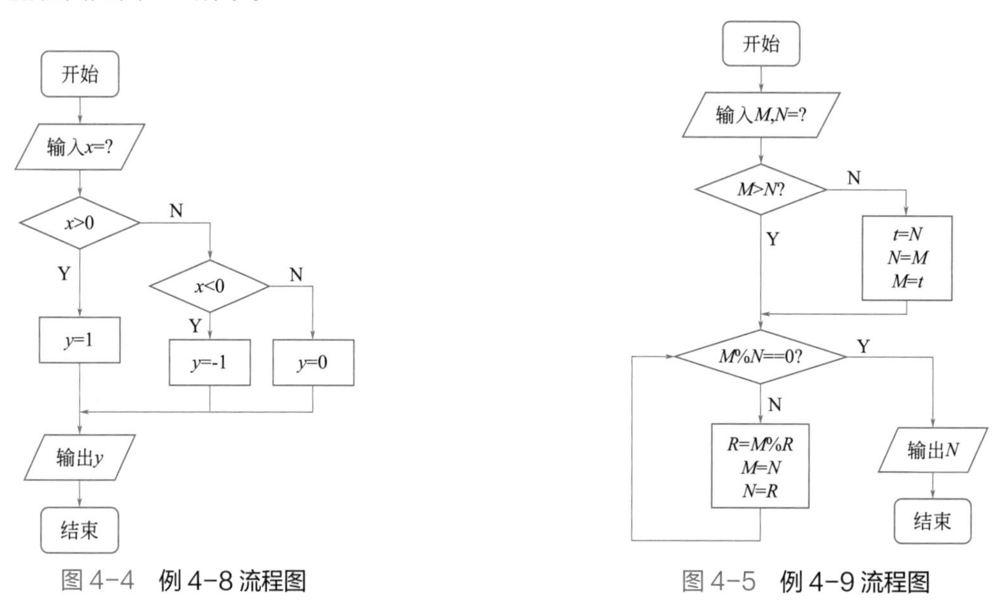

图 4-4　例 4-8 流程图　　图 4-5　例 4-9 流程图

【例 4-10】绘制猜数字小游戏流程。

算法分析：首先使得计算机产生一个 0 ～ 99 之间的随机整数，再让用户猜这个数。若输入的比随机数大，提示“猜大了，应减少”；反之，提示“猜小了，应增大”；若正好合适，提示“猜对了！”。流程图如图 4-6 所示。

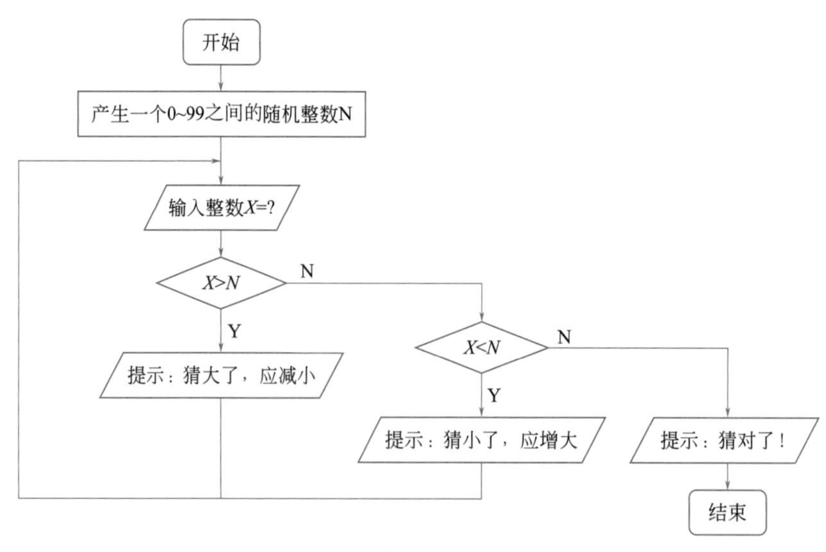

图 4-6　例 4-10 流程图

4.2 顺序结构及使用

计算机按照程序代码从前向后依次执行所有的操作步骤，不分支、不重复的过程称为顺序结构。它是一种最简单、最基本的结构，一般仅具有输入、计算和输出的过程，流程如图 4-1（a）所示。

【例 4-11】针对超市购物输入单价及数量，写出计算总价程序。

```
per_price = float(input('请输入单价：'))
number= float(input('请输入斤数：'))
sum_price = per_price * number
print('蔬菜的价格是：',sum_price)
```

运行结果：

```
请输入单价：30
请输入斤数：3.5
蔬菜的价格是：105.0
```

4.3 选择结构及使用

Python 提供了 if…else 和 match…case 作为条件选择结构。其中，if…else 可嵌套使用完成多条件选择，match…case 是实现多匹配条件的选择语句。

4.3.1 if…else 结构的使用

（1）单条件结构 1

单条件结构 1 语法格式为：

```
if 条件语句：
    执行语句……
```

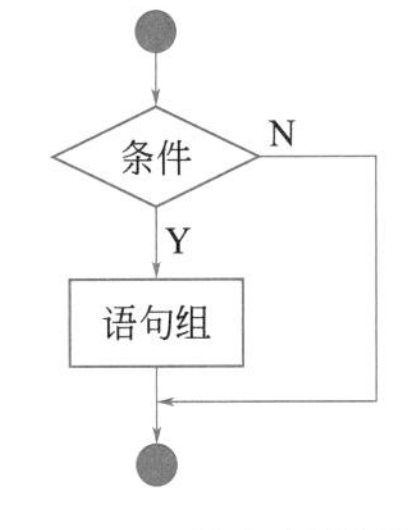

图 4-7 **单条件结构 1**

流程图如图 4-7 所示。

例如：输入 Python 课程成绩，判断是否需要补考。

```
score=eval(input("请输入 Python 课程的成绩"))
if score<60:
    print("未通过，需要参加补考")
```

（2）单条件结构 2

单条件结构 2 语法格式为：

```
if 判断条件：
    执行语句……
else：
    执行语句……
```

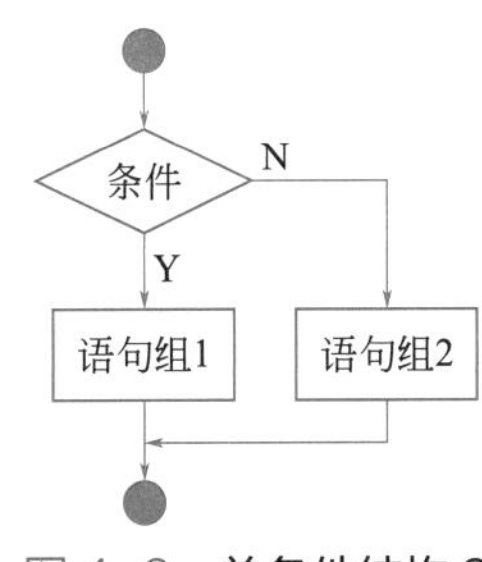

图 4-8 **单条件结构 2**

流程图如图 4-8 所示。

例如：输入一个任意整数，判断奇数和偶数。

```
number=eval(input(" 请输入任意一个整数 "))
if number%2==0:
    print(" 该数是偶数 ")
else:
    print(" 该数是奇数 ")
```

【例 4-12】输入语文、数学和英语成绩，若其中两门成绩大于 90 分，则可得到一朵小红花。按照要求绘制流程图并编程实现。

流程图如图 4-9 所示。

```
Chinese=eval(input(" 请输入学生的语文成绩 "))
Maths=eval(input(" 请输入学生的数学成绩 "))
English=eval(input(" 请输入学生的英语成绩 "))
if(Chinese >= 90 and Maths >= 90) or
    (Chinese >= 90 and English >= 90) or
    (Maths >= 90 and English >= 90):
    print(" 该学生得到一朵小红花 ")
else:
    print(" 下次考试需要努力 ")
```

运行结果：

```
请输入学生的语文成绩 92
请输入学生的数学成绩 76
请输入学生的英语成绩 95
该学生得到一朵小红花
```

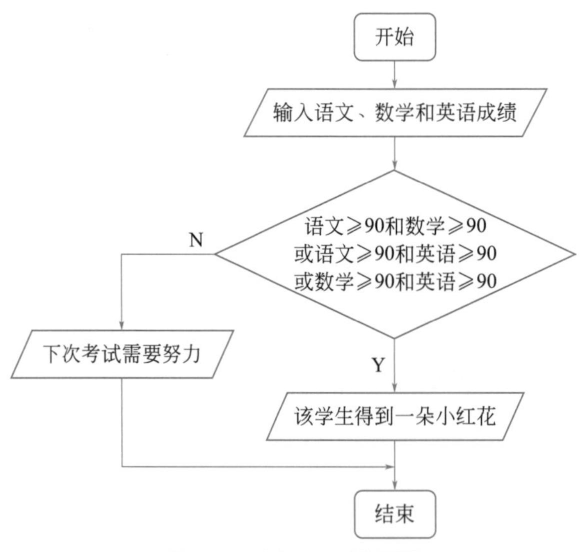

图 4-9 例 4-12 流程图

【例 4-13】输入任意三个整数赋给 a、b、c，输出最大值，按照要求绘制流程图并编程实现。

流程图如图 4-10 所示。

```
a=eval(input(" 请输入 a=? "))
b=eval(input(" 请输入 b=? "))
c=eval(input(" 请输入 c=? "))
```

```
Max = a
if Max < b:
    Max = b
if Max < c:
    Max = c
print(" 最大数 Max=",Max)
```

运行结果:

```
请输入 a=? 65
请输入 b=? 10
请输入 c=? 110
最大数 Max= 110
```

【例 4-14】输入任意三个整数赋给 a、b、c，输出排序结果。按照要求绘制流程图并编程实现。流程图如图 4-11 所示。

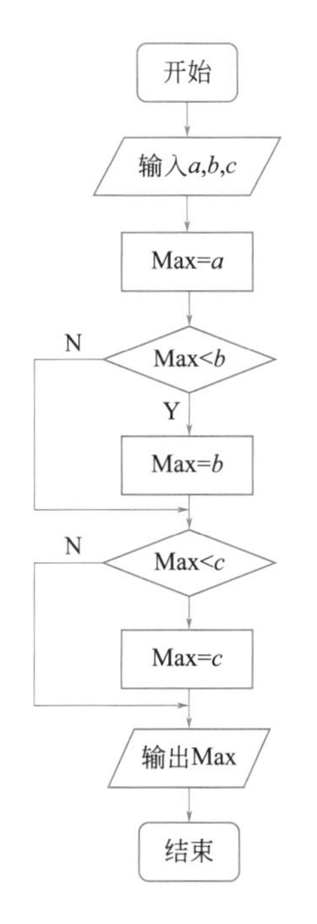

图 4-10　例 4-13 流程图

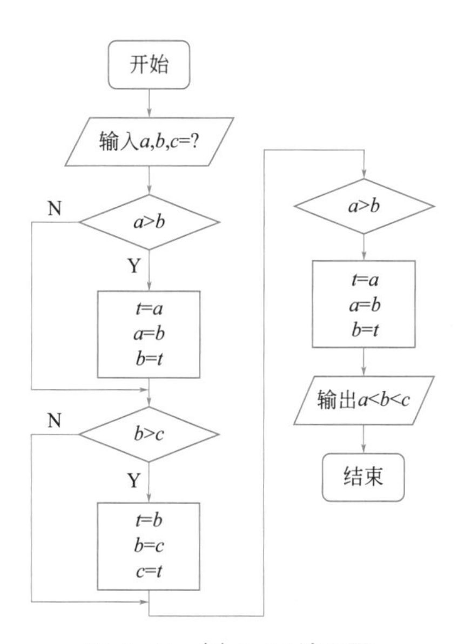

图 4-11　例 4-14 流程图

方法一:

```
print(" 请输入三个数 :\n");
a=eval(input(" 请输入 a=?"))
b=eval(input(" 请输入 b=?"))
c=eval(input(" 请输入 c=?"))
if(a>b):                    # 若第 1 个数大于第 2 个数
    t=a;a=b;b=t             # 则 2 个数交换
if(b>c):                    # 第 2 个数大于第 3 个数
    t=b;b=c;c=t             # 则 2 个数交换
if(a>b):                    # 再将剩下 2 个数比较
    t=a;a=b;b=t             #2 个数交换
print("\n 按从小到大的顺序排序结果如下 :\n")
print(a,"<",b,"<",c)
```

运行结果：

```
请输入 a=?12
请输入 b=?-1
请输入 c=?59
按从小到大的顺序排序结果如下：
-1 < 12 < 59
```

当输入多个数时，可以使用 map() 函数和 split() 拆分字符串的函数来简化程序。map() 函数的形参是接收两个参数，一个是函数，一个是序列，map() 将传入的函数依次作用到序列的每个元素，并把结果作为新的列表（list）返回。split() 拆分字符串，通过指定分隔符对字符串进行切片，并返回分割后的字符串列表。

split() 和 map() 函数用法见第 3 章 3.2.3 小节。

方法二：

```
print(" 请输入三个数 :\n");
a,b,c = map(float,input('Please Input a,b,c=?').split())
if(a>b):                    # 若第 1 个数大于第 2 个数
    t=a;a=b;b=t             # 则 2 个数交换
if(b>c):                    # 第 2 个数大于第 3 个数
    t=b;b=c;c=t             # 则 2 个数交换
if(a>b):                    # 再将剩下 2 个数比较
    t=a;a=b;b=t             #2 个数交换
print("\n 按从小到大的顺序排序结果如下 :\n")
print(a,"<",b,"<",c)
```

运行结果：

```
Please Input a,b,c=?12 5 82
按从小到大的顺序排序结果如下：
5.0  < 12.0 < 82.0
```

注意

使用 split ( ) 函数切片方法输入多个数据时，用空格隔开，不要使用逗号。

【例 4-15】根据【例 4-7】流程图描述，输入任意整数 a,b,c，求一元二次方程 $ax^2+bx+c=0$ 的解。若判别式大于 0，输出二个实数根；若小于 0，输出虚数根；若等于 0，输出一个实数根。

```
import math
a= input(' 请输入方程的系数 a,=?')
b= input(' 请输入方程的系数 b,=?')
c= input(' 请输入方程的系数 c,=?')
q=b*b-4*a*c
if q>0:
    x1=(-b+math.sqrt(q))/(2*a)
    x2=(-b-math.sqrt(q))/(2*a)
elif q<0:
    x1=complex(-1/(2*a),math.sqrt(abs(q))/(2*a))
    x2=complex(-1/(2*a),-math.sqrt(abs(q))/(2*a))
else:
    x=-b/(2*a)
```

```
    print ('x=',x)
if q>0 or q<0:
    print('x1=',x1)
    print('x2=',x2)
```

运行结果：

```
请输入整数：a,b,c=?1 -1 -6
x1= 3.0
x2= -2.0
请输入整数：a,b,c=?1 2 1
x= -1.0
请输入整数：a,b,c=?1 2 3
x1= (-0.5+1.4142135623730951j)
x2= (-0.5-1.4142135623730951j)
```

4.3.2 if…else 结构的嵌套

多选择结构也称条件结构的嵌套，语法格式为：

```
if 判断条件 1:
    执行语句 1……
elif 判断条件 2:
    执行语句 2……
elif 判断条件 3:
    执行语句 3……
else:
    执行语句 4……
```

流程图如图 4-12 所示。

注意

① if 后的条件判断语句可加括号也可不加，但后面的冒号不可省略；
② if 条件后的执行子句必须缩进对齐形成条件模块；
③ 多条件 elif 判断子句必须和 if 对齐，所有执行子句必须缩进对齐；
④ 多个 if 是按照顺序进行嵌套，不能交叉嵌套，如图 4-13 所示。

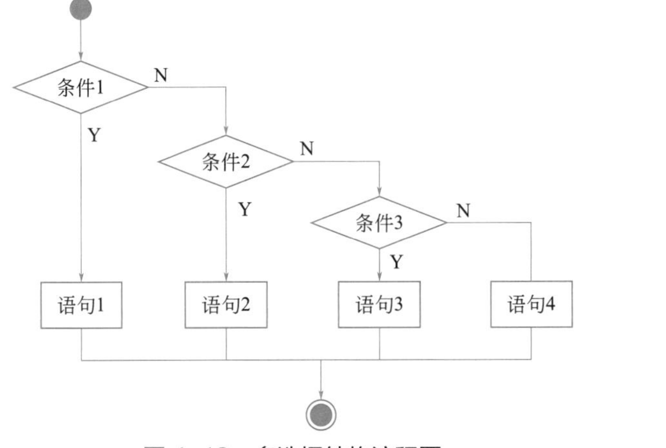

图 4-12 多选择结构流程图

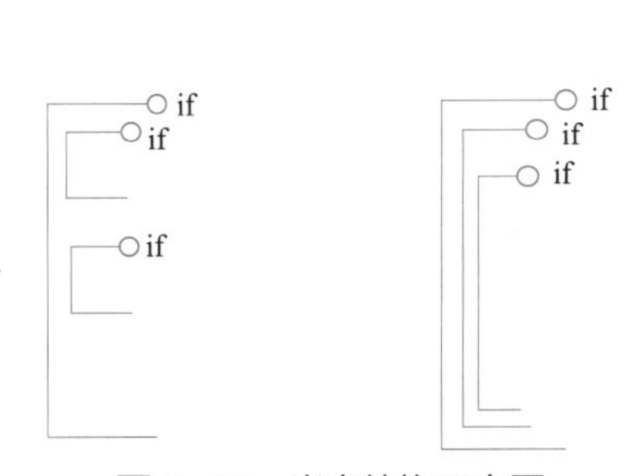

图 4-13 嵌套结构示意图

【例 4-16】输入 Pyhton 的考试成绩，按照 A ～ E 级别输出。
流程图如图 4-14 所示。

```
score = input(" 请输入你的成绩: \n")
score = eval(score)
if score >= 90:
    print(" 你的成绩为 A")
elif  90 > score >= 80:
    print(" 你的成绩为 B")
elif  80 > score >= 70:
    print(" 你的成绩为 C")
elif  70 > score >= 60:
    print(" 你的成绩为 D")
else:
    print(" 你的成绩为 E")
```

运行结果：

```
请输入你的成绩：
83
你的成绩为 B
```

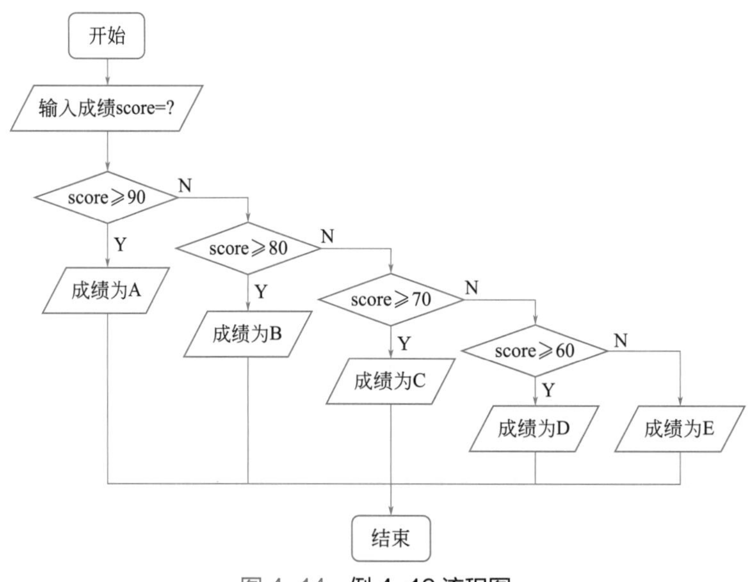

图 4-14　例 4-16 流程图

【例 4-17】根据输入 x 的值，确定输出 y 的值。

$$y=\begin{cases}x & x<1\\ 2x-1 & 1\leqslant x<10\\ 3x-11 & x\geqslant 10\end{cases}$$

```
x=input(" 请输入 x= ？ ")
x=eval(x)
if (x < 1):
    y=x
elif (10>x>=1 ):
```

```
    y=2*x-1
else:
    y=3*x-11
print("x={}, y={}".format(x,y))
```

运行结果:

```
请输入 x=? 8
x=8, y=15
```

【例 4-18】根据年龄判断属于哪个年龄阶段: 1 ～ 17 岁属于少年, 18 ～ 35 岁属于青年, 36 ～ 59 岁属于中年, 60 ～ 69 岁跨入老年, 70 ～ 79 岁进入古稀之年, 80 岁后属于耄耋老人。

```
old = input('请输入你的年龄: \n')
if old.isdecimal():                          # 判断是否是数字
    old = int(old)
    if 1 <= old < 17:
        print('儿童! ')
    elif 18 <= old < 36:
        print('青年! ')
    elif 36 <=old < 60:
        print('中年! ')
    elif 60 <=old < 70:
        print('您已经跨入老年行列! ')
    elif 70 <=old < 80:
        print('您现在进入古稀之年! ')
    else:
        print('您已经属于耄耋老人啦')
else:
    print('请输入数字! ')
```

运行结果:

```
请输入你的年龄:
62
您已经跨入老年行列!
```

4.3.3 match…case 结构的使用

Python 的匹配结构语句是从 3.10 版本才支持的语句, 之前的版本不能识别。它类似于 C 语言的 switch…case 开关语句, 也是用于多选择语句。match…case 的语法格式为:

```
match 表达式 :
    case 常量 1:
        语句 1
    case 常量 2:
        语句 2
        …
    case 常量 N:
        语句 N
    case default:
```

流程图如图 4-15 所示。

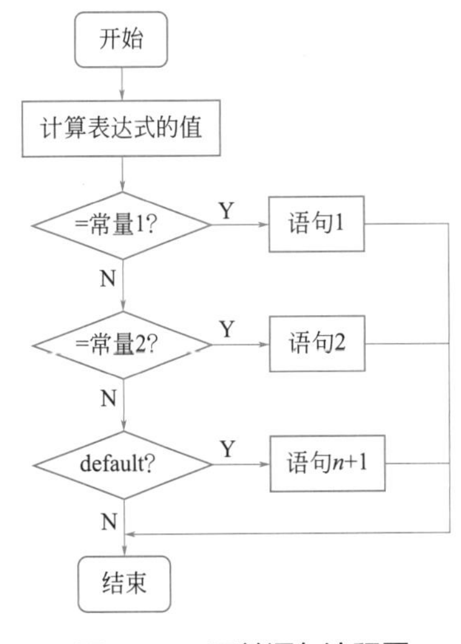

图 4-15 开关语句流程图

【例 4-19】按照不同学历享受不同待遇。

```
student=input(" 输入你的学历:  ")
match student:
    case' 博士 ':
        print(" 享受博士待遇 ")
    case' 硕士 ':
        print(" 享受硕士待遇 ")
    case" 本科 ":
        print(" 享受本科生待遇 ")
    case" 大专 ":
        print(" 享受大专生待遇 ")
    case _:
        print(" 学历未达标 ..")
```

运行结果:

```
输入你的学历:  硕士
享受硕士待遇
```


【例 4-20】判断当天是否工作日。

```
import datetime
day1=datetime.date.today()
print(' 今天的日期是: ',day1)
day=datetime.date.weekday(day1)+1
print(' 今天是星期 ',day)
match day:
    case 1 | 2 | 3 | 4 | 5:
        print(" 今天是工作日 ")
    case 6 | 7:
        print(" 今天是周末啦 ")
```

运行结果:

```
今天的日期是: 2022-09-28
今天是星期 3
今天是工作日
```

4.4 简单循环结构及使用

Python 提供了 while 循环和 for 循环语句，没有 C 语言中的 do..while 循环，它添加了 while…else 和 for…else 的灵活用法，其使用功能如表 4-2 所示。

表 4-2 循环语句

循环类型	描述
while 条件:	在给定的判断条件为真时执行循环体，否则退出循环体
for 循环变量 in range（序列）:	循环变量在序列中时，重复执行循环体语句
while 条件 else:	当条件为真时执行循环体语句，为假时执行 else 语句
for 条件 else:	当条件为真时执行循环体语句，为假时执行 else 语句
while 条件 while 条件… 或 for 条件 for 条件…	While 和 for 可自身循环嵌套，也可以相互嵌套

4.4.1 while 循环的使用

Python 编程中，while 语句在条件满足情况下，反复执行循环体中的某段程序，以处理需要重复的任务。其语法格式为：

```
while ( 条件判断语句 ):
    循环体语句
```

流程图如图 4-1（c）所示。

例如：下面程序进行了无限循环，必须使用菜单的 stop 来中断循环。

```
flag = 1
while (flag):
    print (" 永远为真值！进入无限循环，必须强制停止 ")
```

注意

① while 后的条件判断语句可加括号也可不加，但后面的冒号不可省略；
② while 的循环体子句必须缩进对齐，形成循环模块；
③ while 常用于循环次数不确定的循环，循环体对条件必须有改变，避免进入无限循环。

【例 4-21】编程实现：$s=1+2+3+\cdots+100$。

```
a=1;s=0
while(a<=100):
    s=s+a
    a+=1
print("1+2+3+···+100={} ".format(s))
```

运行结果：

```
1+2+3+···+100=5050
```

【例 4-22】编程实现：输出 0 ～ 9 的偶数。

```
count = 0
while (count < 9):
    print ("The count is:",count)
    count = count + 2
print ("Good bye!")
```

运行结果：

```
The count is:0
The count is:2
The count is:4
The count is:6
The count is:8
Good bye!
```

【例 4-23】输入两个数正整数，使用辗转相除法求其最大公约数。

```
X=input(" 请输入第一个数 x=？ ")
Y=input(" 请输入第二个数 y=？ ")
x=eval(X)
y=eval(Y)
if(x < y):
    t=x;  x=y;  y=t
while(x % y):
    r = x % y
    x = y
    y = r
print("x 和 y 的最大公约数是 {}".format(y))
```

运行结果：

```
请输入第一个数 x=？ 76
请输入第二个数 y=？ 24
x 和 y 的最大公约数是 4
```


4.4.2 while…else 结构的使用

在 Python 中，while…else 结构的功能为：当循环条件为真时，执行 while 语句；当循环条件为假时，执行 else 语句。

【例 4-24】使用循环判断，当数字大于 5 时，退出。

```
count = 0
while count < 5:
    print (count," 小于 5")
    count = count + 1
else:
    print(count," 大于等于 5")
```

运行结果：

```
0 小于 5
1 小于 5
2 小于 5
3 小于 5
4 小于 5
5 大于等于 5
```

【例 4-25】判断从 2000 年份起，直到 2500 年结束（不含 2500 年），输出闰年或非闰年的年份。

```
Year=2000
while(Year<2500):
    if ((Year%4==0 and Year%100!=0) or(Year%400==0)):
        print(Year," 年是闰年 ")
    else:
        print(Year," 年是非闰年 ")
    Year=Year+1
```

运行结果：

```
2000 年是闰年
2001 年是非闰年
2002 年是非闰年
2003 年是非闰年
2004 年是闰年
............
............
............
2498 年是非闰年
2499 年是非闰年
```

4.4.3 for 循环的使用

在 Python 中，for 循环可以遍历任何序列的项目，如列表、元组或字符串均是序列，它的每个元素可根据下标量得到。序列可通过 range()、len()、max()、min()、sum() 函数计算。其语法格式为：

```
for 循环变量 in 序列 :
    循环语句
```

【例 4-26】编程实现：s=1+2+3+…+100。

```
s=0
for a in range(1,101):
    s=s+a
print("1+2+3+···+100={} ".format(s))
```

运行结果：

```
1+2+3+···+100=5050
```

说明

该程序也可使用 s=sum(range(1,101)) 替代。

【例 4-27】编程实现输出：0 ～ 9 的偶数。

```
for count in range(0,10,2):
    print ("The count is:",count)
print ("Good bye!")
```

运行结果：

```
The count is:0
The count is:2
The count is:4
The count is:6
The count is:8
Good bye!
```

【例 4-28】循环输出给定的字符和字符串。

```
for letter in 'Python':
    print('当前字母 :',letter)
fruits = ['banana','apple','mango']
for fruit in fruits:
    print('当前水果 :',fruit)
print("Good bye!")
```

运行结果:

```
当前字母 :P
当前字母 :y
当前字母 :t
当前字母 :h
当前字母 :o
当前字母 :n
当前水果 :banana
当前水果 :apple
当前水果 :mango
Good bye!
```

【例 4-29】一只猴子摘了若干个桃子，它每天吃掉现有总量的一半再多加 1 个，到第 10 天发现还有 1 个桃子，问猴子第一天共摘了多少个桃子?

算法分析:

① 第 10 天是 1 个桃子，根据规律递推：第 9 天为 4 个，第 8 天为 10 个，……

② 需要倒退 9 天，后一天是前一天个数 +1 再乘以 2。

```
second=1
for day in range(10,1,-1):
    first=(second + 1) * 2;
    second = first
print("第一天摘的桃子个数 ={}".format(first))
```

运行结果:

```
第一天摘的桃子个数 =1534
```

【例 4-30】输入 n 的值，求级数 $S=1+\frac{1}{1+2}+\frac{1}{1+2+3}+\cdots+\frac{1}{1+2+3+\cdots+n}$ 的和。

该表达式为求级数问题，使用循环方法计算的重点是找出表达式的规律，算法分析如下:

① i 表示分母的项数和数字值，通式：$i=i+1$。

② 分母通式：den=den+i。

③ 当前项数通式：item=1.0/den。

④ 求和 S 的通式：$S=S$+item。

```
den=0
S=0.0
n=eval(input("请输入 n =? "))
for i in range(1,n + 1):                    # 到表达式最后一项
```

```
    den += i                                    # 求分母通式
    item = 1.0/den                              # 求当前项
    S += item                                   # 求和的通式
print("S = {}".format(S))
```

运行结果：

```
请输入 n =? 11
S = 1.8333333333333333
```

【例 4-31】编写 100 ～ 999 之间水仙花程序。

算法分析：

水仙花即三位数的立方和等于原数。例如，153 是水仙花：$1^3+5^3+3^3=1+125+27=153$。

已知 N 为百位数，找到百位数的个位、十位、百位算法如下：

百位 =N/100

十位 =N/10%10

个位 =N%10

```
for n in range(100,1000):
    i=int(n / 100)
    j=int((n - i * 100) / 10)
    k=int(n % 10)
    if(i *100 + j * 10 + k == i * i * i + j * j * j + k * k * k):
        print("flower={}".format(n))
```

运行结果：

```
flower=153
flower=370
flower=371
flower=407
```

【例 4-32】统计一个数字列表中的正数、负数和零的个数。

```
Positive=0
Negative=0
zeros=0
list=[1,3,5,7,0,-1,9,-4,-5,8]
for x in list:
    if x>0:
        Positive+=1
    elif x<0:
        Negative+=1
    else:
        zeros+=1
print(" 正数个数是 {}, 负数个数是 {}, 零个数是 {}".format(Positive,Negative,zeros))
```

运行结果：

```
正数个数是 6, 负数个数是 3, 零个数是 1
```

【例 4-33】一辆卡车违犯交通规则，撞人后逃跑。现场有三人目击事件，但都没有记住车号，只记下车号的一些特征。甲说：牌照的前两位数字是相同的。乙说：牌照的后两位数字是相同的，但与前两位不同。丙是位数学家，他说：四位的车号刚好是一个整数的平方。请根据以上线索求出车号，按要求编程实现。

问题分析：

按照题目的要求找出一个前两位数 (*i*) 相同、后两位数 (*j*) 相同，且 *i* 和 *j* 又不同的整数，则 4 位数的范围是：1100 ～ 9988。由此可求出范围的平方根，进而判断 *m* 值。

```
0<i<=9
0<=j<=9
i!=j
1100*i+11*j =m*m
```

```
import math
m1=int(math.sqrt(1100))
m2=int(math.sqrt(9988))
for i in range(1,10):                  #i：车号前二位的取值
    for j in range(10):                #j：车号后二位的取值
        if i != j:                     # 判断两位数字是否相异
            k = i * 1000 + i * 100 + j * 10 + j;
            for m in range(m1,m2):     # 判断是否为整数的平方 * /
                if m * m == k:
                    print(" 肇事车牌号是：",k)
```


运行结果：

```
肇事车牌号是：7744
```

【例 4-34】写一段代码，实现两个字典的相加，不同的 key 对应的值保留，相同的 key 对应的值相加后保留，如果是字符串就拼接后输出。

```
dicta = {'bus':1,'car':'bus','diy':3,'file':'hello'}
dictb = {'bus':4,'dir':5,'edit':6,'me':7}
dictc={}
for ia in dicta.keys():
    if ia in dictb.keys():
        dictc[ia]=dicta[ia]+dictb[ia]
    else:
        dictc[ia]=dicta[ia]
for ib in dictb.keys():
    if ib not in dicta.keys():
        dictc[ib]=dictb[ib]
print(dictc)
```

运行结果：

```
{'bus':5,'car':'bus','diy':3,'file':'hello','dir':5,'edit':6,'me':7}
```

4.4.4 for…else 结构的使用

在 Python 中，for…else 结构语句，在条件不满足时，执行 else 后面语句，使得从循环中跳出，和 while…else 使用一样。

【例 4-35】使用 for…else 循环完成用户登录验证，若用户名或密码 3 次出现错误退出登录。

提示：在 3 次登录执行过程中，若输入用户名和密码正确，使用 break 中断退出循环，当 3 次循环结束执行 else 语句。

```
user = "admin"
passwd = "admin"
for i in range(3):                        # 循环 3 次
    username = input(" 请输入用户名 :")
    password = input(" 请输入密码 :")
    if user == username and passwd == password:
        print(" 欢迎登录 ")
        break                             # 中断，退出。当执行 break 退出，后面 else 语句不会执行
    else:
        print(" 无效的用户名或密码，请重新输入 !")
else:
    print(" 用户或者密码输入超过 3 次，退出登录系统 ")
```

运行结果：

```
请输入用户名 :user
请输入密码 :admin
无效的用户名或密码，请重新输入！
请输入用户名 :ad
请输入密码 :ad
无效的用户名或密码，请重新输入！
请输入用户名 :admin
请输入密码 :admin
欢迎登录
```

4.4.5 continue、break 与 pass 语句

continue 与 break 用在循环控制语句中，用于更改语句执行的顺序。

（1）break 语句

break 语句用来终止循环语句，当循环条件为真，序列还没被完全递归结束时，停止执行循环语句。break 语句可用在 while 和 for 循环中。若使用嵌套循环，break 语句将停止执行最深层的循环，并开始执行下一行代码。

break 语法格式为：

```
for 循环变量 in 序列 :                或          while ( 条件 ):
    语句块 1                                        语句块 1
    break                                           break
    语句块 2                                        语句块 2
```

说明

无论是 for 或 while 循环中，语句块 2 均不被执行。

【例 4-36】求 1 ～ 200 之间能被 19 整除的最大数。

流程图如图 4-16 所示。

```
for i in range(200,1,-1):
    if (i%19 == 0):
        break
print("1~200 之间能被 19 整除的最大数是 {}".format(i))
```

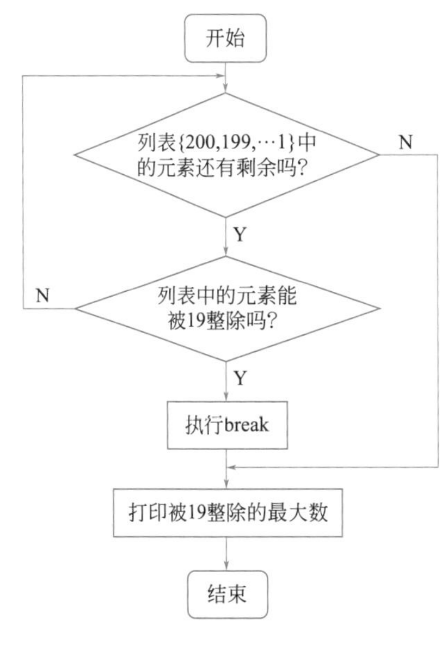

图 4-16　例 4-36 流程图

运行结果：

```
1~200 之间能被 19 整除的最大数是 190
```

【例 4-37】输出列表中序列值，当变量值等于- 1 时退出列表。

```
list1=[12,56,8,90,-1,5,65,-7]
for var in list1:
    print('当前变量值:',var)
    if var== -1:  # 当变量 var 等于 -1 时退出循环
        break
print("Good bye!")
```

运行结果：

```
当前变量值:12
当前变量值:56
当前变量值:8
当前变量值:90
当前变量值:-1
Good bye!
```

【例 4-38】给定字符串，当字符串遇到“h”时中断输出。

```
for letter in 'Python':
    if letter == 'h':
        break
    print ('当前字母:',letter)
print("Good Bye")
```

运行结果：

```
当前字母:P
当前字母:y
当前字母:t
Good Bye
```

（2）continue 语句

continue 语句跳出本次循环，而 break 是跳出整个循环。continue 语句用来告诉 Python 跳过当前循环的剩余语句，然后继续进行下一轮循环。它可用在 while 和 for 循环中。

continue 语法格式为:

```
for 循环变量 in 序列:                  或          while (条件):
    语句块 1                                           语句块 1
    continue                                           continue
    语句块 2                                           语句块 2
```

说明

上面两种格式中 continue 后的语句块 2 均不被执行。

【例 4-39】输出删除 5 之外的 0 ～ 9 之间的奇数序列。

```
for var in range(1,11,2):
    if var == 5:  # 当变量 var 等于 5 时重新循环
        continue
    print('当前变量值 :',var)
print("Good bye!")
```

运行结果:

```
当前变量值 :1
当前变量值 :3
当前变量值 :7
当前变量值 :9
Good bye!
```

【例 4-40】给定字符串序列，删除字符串中字母“h”的字符序列并输出。

```
for letter in 'Python':
    if letter == 'h':
        continue
    print ('当前字母 :',letter)
print("Good Bye")
```

运行结果:

```
当前字母 :P
当前字母 :y
当前字母 :t
当前字母 :o
当前字母 :n
Good Bye
```

说明

continue 语句是隐含一个删除的效果，它的存在是为了删除满足循环条件下某些不需要的成分。

【例 4-41】输出 0 ～ 9 之间删除 2、5 和 8 的序列。

```
var = 10
while var > 0:
    var = var -1
    if var == 2 or var ==5 or var==8:
        continue
    print ('当前值 :',var)
print ("Good bye!")
```

运行结果:

```
当前值 :9
当前值 :7
```

```
当前值 :6
当前值 :4
当前值 :3
当前值 :1
当前值 :0
Good bye!
```

（3）pass 语句

在 Python 中，pass 是空语句，是为了保持程序结构的完整性。pass 不做任何事情，一般用作占位。pass 语句在 Python 中常用于编写未成熟的函数，语法格式为：

```
def sample(n_samples):
    pass
```

pass 只占据一个位置，若函数的内容未确定时，可用 pass 填充使程序正常运行。

【例 4-42】给定字符串，当字符串中遇到“h”，记录一下不做处理。

```
for letter in 'Python':
    if letter == 'h':
        pass
        print(" 这是 pass 块 ")
    print(" 当前字母 :",letter)
print ("Good bye!")
```

运行结果：

```
当前字母 :P
当前字母 :y
当前字母 :t
这是 pass 块
当前字母 :h
当前字母 :o
当前字母 :n
Good bye!
```

4.5 嵌套循环结构及使用

嵌套循环是将一个循环结构声明在另一个循环结构中，其中嵌在里面的循环称内循环，内循环遍历一遍，相当于外循环只执行 1 次。即：假设外循环执行 *m* 次，内循环执行 *n* 次，则内循环执行 *n* 次，外循环仅执行 1 次，因此总循环执行 *mn* 次。

4.5.1 嵌套循环结构

Python 语言允许在一个循环体中嵌入另一个循环，它和选择嵌套相似，不能交叉嵌套，形式如图 4-17 所示。

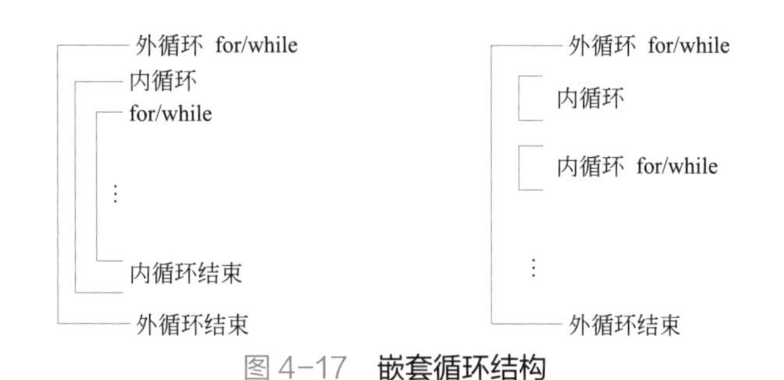

图 4-17　嵌套循环结构

for 循环嵌套语法为：

```
for 循环变量 in 序列 :
    for 循环变量 in 序列 :
        循环体语句
        …
    循环体语句
```

while 循环嵌套语法为：

```
while 条件表达式 :
    while 条件表达式 :
        循环体语句
        …
    循环体语句
```

说明

在 while 循环中可以嵌套 for 循环。反之，也可以在 for 循环中嵌套 while 循环。注意，循环体模块的缩进要一致。

4.5.2　嵌套循环案例及分析

【例 4-43】输出 10 ～ 20 之间的质数。

```
for num in range(10,20):        # 从 10 ~ 20 的数字
    for i in range(2,num):      # 根据因子迭代
        if num%i == 0:          # 确定第一个因子
            j=int(num/i)        # 计算第二个因子
            print("{}={}*{}".format(num,i,j))
            break               # 跳出当前循环
    else:                       # 循环的 else 部分
        print (num,' 是一个质数 ')
```

运行结果：

```
10=2*5
11 是一个质数
12=2*6
13 是一个质数
14=2*7
15=3*5
16=2*8
```

```
17 是一个质数
18=2*9
19 是一个质数
```

【例 4-44】使用 while 循环输出乘法口诀。

方法一:

```
i = 1
while i:
    j = 1
    while j:
        print (i,"*",j," = ",i * j,end=' ')
        if i == j:
            print("\n")
            break
        j += 1
    i += 1
    if i >= 10:
        break
```

方法二:

```
for i in range(1,10):
    for j in range(1,i+1):
        print(j,"*",i,"=",j*i,end=" ")
        if j == i:
            print("\n")
```

运行结果:

```
1 * 1=1

2 * 1=2 2 * 2=4

3 * 1=3 3 * 2=6 3 * 3=9

4 * 1=4 4 * 2=8 4 * 3=12 4 * 4=16

5 * 1=5 5 * 2=10 5 * 3=15 5 * 4=20 5 * 5=25

6 * 1=6 6 * 2=12 6 * 3=18 6 * 4=24 6 * 5=30 6 * 6=36

7 * 1=7 7 * 2=14 7 * 3=21 7 * 4=28 7 * 5=35 7 * 6=42 7 * 7=49

8 * 1=8 8 * 2=16 8 * 3=24 8 * 4=32 8 * 5=40 8 * 6=48 8 * 7=56 8 * 8=64

9 * 1=9 9 * 2=18 9 * 3=27 9 * 4=36 9 * 5=45 9 * 6=54 9 * 7=63 9 * 8=72 9 * 9=81
```

【例 4-45】每只公鸡 5 元钱，每只母鸡 3 元钱，每 3 只小鸡 1 元钱，用 100 元钱，买 100 只鸡，问公鸡、母鸡和小鸡各买几只?

算法分析:

用变量 Rooster、Hen、Chick 表示公鸡、母鸡和小鸡的只数，Rooster 最多买 20 只，Hen 最多买 33 只，Chick 最多买 100 只。当满足三种鸡的数量和为 100 且购买公鸡、母鸡和小鸡的钱数是 100，即可输出结果。

```
for Rooster in range(1,20):
    for Hen in range(1,33):
        for Chick in range(1,100):
            if ((5 * Rooster+3*Hen+Chick/3 ==100) and (Rooster+Hen+Chick == 100)):
                print("Rooster  ={}".format(Rooster),"Hen={}".format(Hen),"Chick={}".
format(Chick))
```

运行结果:

```
Rooster =4 Hen=18 Chick=78
Rooster =8 Hen=11 Chick=81
Rooster =12 Hen=4 Chick=84
```

【例 4-46】编写猜 1 ～ 100 之间数字游戏的程序。

```
import random
s = int(random.uniform(1,100))
m = int(input(" 输入 1~100 之间的整数 :"))
while m != s:
    m = int(input(" 不对，重新输入 1~100 之间的整数 :"))
    if m > s:
        print(" 猜大了，变小猜 ")
    elif m < s:
        print(" 猜小了，加大猜 ")
    else:
        print(" 恭喜你答对了！ ")
        break
```

运行结果:

```
输入 1~100 之间的整数 :50
不对，重新输入 1~100 之间的整数 :60
猜小了，加大猜
不对，重新输入 1~100 之间的整数 :65
猜大了，变小猜
不对，重新输入 1~100 之间的整数 :64
猜大了，变小猜
不对，重新输入 1~100 之间的整数 :63
恭喜你答对了！
```

【例 4-47】若一个口袋中放有 12 个球，其中有 3 个红球、3 个白球和 6 个黑球。问：从中任取 8 个球，共有多少种不同的颜色搭配？每种搭配中各种颜色球有多少？

算法分析：

任取的红球个数为 red，白球个数为 white，则黑球个数为 8–red–white。据题意，红球和白球个数的取值范围是 0 ～ 3，在红球和白球个数确定的条件下，黑球个数取值应为：8–red–white ≤ 6。

```
count=0
print(" 红球      白球      黑球 ")
print("---------------------")
for red in range(0,4):                    # 任取红球的个数 0~3
    for white in range(0,4):              # 任取白球的个数 0~3
        if(8 - red - white) <= 6:         # 满足黑球数
            print("red={}".format(red),"white={}".format(white),"black={}".format(8-red-
white))
            count+=1;
print(" 抽取次数 ={}".format(count)," 种方法 ")
```

运行结果：

```
红球      白球      黑球
---------------------
red=0 white=2 black=6
red=0 white=3 black=5
red=1 white=1 black=6
red=1 white=2 black=5
red=1 white=3 black=4
red=2 white=0 black=6
red=2 white=1 black=5
red=2 white=2 black=4
red=2 white=3 black=3
red=3 white=0 black=5
red=3 white=1 black=4
red=3 white=2 black=3
red=3 white=3 black=2
抽取次数 =13 种方法
```

【例 4-48】已知售货机饮料列表为 [" 牛奶 ", " 咖啡 ", " 橘子汁 ", " 芒果汁 "," 可口可乐 "," 矿泉水 "]，编程循环输出：序号从 1 开始计数，用户输入选择相应序号，输出选择的饮料名称，然后再次循环要求用户输入序号。如果用户输入的不是数字，则提示请输入饮料数字；如果用户输入的商品序号超出售货范围，则提示超出数字范围，并重新输入；如果用户输入 Q 或者 q，则退出程序。

```
flag=True
while flag:
    print(" 选择你购买的饮料 ")
    li = [" 牛奶 "," 咖啡 "," 橘子汁 "," 芒果汁 "," 可口可乐 "," 矿泉水 "]
    for i in li:
        print("{}\t\t{}".format(li.index(i)+1,i))
    choice=input(" 请输入选择的饮料序号 / 输入 Q 或者 q 退出选择：")
    if choice.isdigit():
        choice=int(choice)
        if choice >0 and choice <=len(li):
            print(" 你选择的饮料是："+li[choice-1])
        else:
            print(' 超出了选择范围，请重新选择饮料的序号 ')
    elif choice.upper()=='Q':
        break
    else:
        print(' 请输入饮料的数字即可！ ')
```

运行结果：

```
选择你购买的饮料
1        牛奶
2        咖啡
3        橘子汁
4        芒果汁
5        可口可乐
6        矿泉水
请输入选择的饮料序号 / 输入 Q 或者 q 退出选择：5
你选择的饮料是：可口可乐
选择你购买的饮料
1        牛奶
2        咖啡
3        橘子汁
4        芒果汁
5        可口可乐
6        矿泉水
请输入选择的饮料序号 / 输入 Q 或者 q 退出选择：8
超出了选择范围，请重新选择饮料的序号
选择你购买的饮料
1        牛奶
2        咖啡
3        橘子汁
4        芒果汁
5        可口可乐
6        矿泉水
请输入选择的饮料序号 / 输入 Q 或者 q 退出选择：
```

【例 4-49】编程实现：输出等腰直角三角形，如图 4-18 所示。

算法分析：

① 等腰直角三角形的列数和行数一致；

② 第一行的星号个数 = 行数，每增加 1 行，星号个数减小 1，即：星号个数 = 行数-行变量。因此，使用第一个外循环控制行数，第二个内循环控制星号个数即可。

```
*  *  *  *  *
*  *  *  *
*  *  *
*  *
*
```

图 4-18　等腰直角三角形

```
rows = int(input(' 输入行数: '))
i = j = k = 1                          # i 图形行数，j 空格的个数，k* 的个数
print (" 等腰直角三角形 ")
for i in range(0,rows):                # 控制行变量
    for k in range(0,rows - i):        # 控制星号数
        print (" *   ",end="")         # 不换行加入 end=""
        k += 1
    i += 1
    print ("\n")
```

运行结果：

```
输入行数：5
等腰直角三角形
*   *   *   *   *
*   *   *   *
*   *   *
*   *
*
```

【例 4-50】编程实现：输出等腰三角形，如图 4-19 所示。

算法分析：

① 设行数是 H，每行的星号个数是行数的二倍减一，即：星号个数 $n = 2H - 1$。

② 空格个数为 m，每增加 1 行空格个数 - 1，即：m= 行数 - 行变量。因此，使用外循环控制行变量，两个内循环分别控制空格个数和星号个数。

```
    *
   ***
  *****
 *******
*********
```

图 4-19　等腰三角形

```
H=input(" 请输入三角形的高度 H=?")
H=eval(H)
for j in range(1,H + 1):
    m=H - j           # 空格数
    n=2 * j -1        # 星号数
    for k in range(1,m + 1):
        print(" ",end="")
    for i in range(1,n + 1):
        print("*",end="")
    print("  ")
```

运行结果：

```
请输入三角形的高度 H=?6
     *
    ***
   *****
  *******
 *********
***********
```

【例 4-51】编程实现：输出任意高度的空心正方形，如图 4-20 所示。

```
print (" 空心正方形 ")
rows = eval(input(" 请输入空心正方 n=?"))
print("\n")
for i in range(0,rows):
    for k in range(0,rows):
        if i != 0 and i != rows - 1:
            if k == 0 or k == rows - 1:
                print (" * ",end="")
            else:
                print ("   ",end="")
        else:
```

```
            print (" * ",end="")
        k += 1
    i += 1
    print ("\n")
```

运行结果：

```
空心正方形
请输入空心正方 n=?5
*  *  *  *  *
*           *
*           *
*           *
*  *  *  *  *
```

【例 4-52】编程实现：从键盘输入高度 h 值，输出 $2h-1$ 行用 * 号组成的菱形。例如：输入 $h=4$，输出的图形如图 4-21 所示。

图 4-20　空心正方形

图 4-21　菱形

变量分析：

① h 为上三角形的高度，行数为 h，下三角形高度也是 h，菱形总行数为 $2h-1$。

② 对于第 j 行（j 是行变量），需要计算 m（空格个数）和 n（星号个数）。

③ 当 $j \leqslant h$ 时，为上三角，则空格个数 $m=h-j$，星号个数 $n=2j-1$。

④ 当 $h<j \leqslant 2h-1$ 时，为下三角，空格个数 $m=j-h$，星号个数为总宽度 − 空格个数，即：$n=2h-1-2(j-1)=4h-1-2j$。

算法分析：

① 控制打印行：从 $j=1$ 到 $j \leqslant 2h-1$。

② 若 $j \leqslant h$，为上三角，空格个数 $m= h-j$，星号个数 $n=2j-1$。

③ 否则，为下三角，空格个数 $m= j-h$，星号个数 $n=4*h-1-2j$。

④ 重复打印 m 个空格，重复打印 n 个 *，之后换行。

```
H=eval(input(" 请输入菱形块上三角高度 h=？ "))
for j in range(1,2*h):           # 行控制
    if j<=h:
        m=h-j
        n=2*j-1
    else:
        m=j-h
        n=4*h-1-2*j
```

```
    for k in range(1,m+1):       # 打印空格
        print("     ",end="")
    for k in range(1,n + 1):     # 控制星号
        print("*    ",end="")
    print("\n")
```

运行结果:

```
请输入菱形块上三角高度 h=? 4
         *
      *  *  *
   *  *  *  *  *
*  *  *  *  *  *  *
   *  *  *  *  *
      *  *  *
         *
```

4

4.6 递归的使用

【例 4-53】编程实现：递归求 $S=1+2+3+\cdots+n$。

```
def sum_n (num):
    if num == 1:                    # 设置 1 为出口
        return 1
    temp = sum_n (num - 1)          # 假设 sum_n 能够正确地处理 1,2,···,num - 1
    return num + temp               # 两个数字的相加
num=eval(input(" 输入一个数 n=?"))
result = sum_n (num)
print("1+2+3+...+n=",result)
```

运行结果:

```
输入一个数 n=?10
1+2+3+...+n= 55
```

【例 4-54】已经知有一个数列：1 4 9 22 … n，使用递归计算第 n 项的值。

```
def fx(num):
    if num == 0:                                   # 设置 1 为出口
        return 1
    elif num == 1:
        return 4
    else:
        return 2 * fx(num - 1) + fx(num - 2)       # 两个数字的相加
num = eval(input(" 输入一个数 n=?"))
result = fx(num)
print(" 第 n 项的值为: ",result)
```

运行结果:

```
输入一个数 n=?5
第 n 项的值为: 128
```

【例 4-55】使用递归函数输出斐波那契数列，要求每 5 个数换行对齐输出。

```
def recur_fibo(n):
    if n <= 1:
        return n
    else:
        return (recur_fibo(n - 1) + recur_fibo(n - 2))
nterms = int(input(" 您要输出几项？ "))
for i in range(nterms):
    print('%6d'%recur_fibo(i),end='')
    if i%5==0:
        print('')
```

运行结果：

```
您要输出几项？ 20
     0
     1     1     2     3     5
     8    13    21    34    55
    89   144   233   377   610
   987  1597  2584  4181
```

【例 4-56】有 5 个人坐在一起，第 5 个人说他比第 4 个人大 2 岁，第 4 个人说他比第 3 个人大 2 岁，第 3 个人说他比第 2 个人大 2 岁，第 2 个人说他比第 1 个人大 2 岁，最后第 1 个人说他是 10 岁。请问第 5 个人多大？使用递归编程实现。

```
def age(n):
    if n==1:
        return 10
    return 2+age(n-1)
print(' 第 5 个人 ',age(5),' 岁 ')
```

运行结果：

```
第 5 个人 18 岁
```

【例 4-57】利用递归函数调用方式，将所输入的 5 个字符，以相反顺序打印出来。

```
def rec(string):
    if len(string)!=1:
        rec(string[1:])
    print(string[0],end='')
rec(input(' 输入一个字符串 :'))
```

运行结果：

```
输入一个字符串 :Python
nohtyP
```

4.7 练习题

4.7.1 选择

（1）下列 Python 语句中正确的是（　）。

A．min = x if x < y else y　　B．max = x > y ? x : y

C．if(x>y)print(x)　　D．while True==1 :pass

（2）以下叙述正确的是（　）。

A．continue 语句的作用是结束整个循环的执行

B．只能在循环体内使用 break 语句

C．在循环体内使用 break 或 continue 语句的作用相同

D．从多层循环嵌套中退出时只能用使用 goto 语句

（3）for i in range(6) 这个语句中 i 的取值是（　）。

A．[1,2,3,4,5,6]　　B．[1,2,3,4,5]　　C．[0,1,2,3,4]　　D．[0,1,2,3,4,5]

（4）下面的语句中，会无限循环下去的是（　）。

A．
```
for a in range(10):
    time.sleep(10)
```

B．
```
while 1<10:
    time.sleep(10)
```

C．
```
while True:
    break
```

D．
```
a = [3,-1,',']
for I in a[:]:
    if not a :
```

（5）下面的代码中，会输出 1,2,3 三个数字的是（　）。

A．
```
for i in range(3):
    print(i)
```

B．
```
aList = [1,1,2]
for i in aList:
    print(i+1)
```

C．
```
i = 1
while i<3:
    print(i)
    i+=1
```

D．
```
for i in range(3):
    print(i+1)
```

（6）列表推导式 [i+6 for i in range(0,3)] 返回的结果是（　）。

A．[1,2,3]　　B．[0,1,2]　　C．[6,7,8]　　D．[7,8,9]

（7）有一个列表 L=[4,6,8,10,12,5,7,9]，列表推导式 [x for x in L if x%2==0] 返回的结果是（　）。

A．[4,8,12,7]　　B．[6,10,5,9]　　C．[4,6,8,10,12]　　D．[5,7,9]

（8）while 循环结束的条件是（　）。

```
n=0;p=0
while p!=10 and n<5:
    p=int(input())
    n+=1
```

A．[p=10]　　B．[n=1]　　C．[p==10]　　D．[p 为除 10 之外的数]

(9) 下列程序的运行结果是（ ）。

```
for i in range(30,1,-1):
    if(i%7 == 0):
        break
print(i,end=",")
```

A．30　　B．7,14,21,28　　C．28,21,14,7,　　D．28,

(10) 下列程序的运行结果是（ ）。

```
s=0
x1=[10,20,30,40,50]
for i in range(5):
    s+=x1[i]
    print(s,end=",")
```

A．150　　B．100

C．10,30,60,100,150,　　D．10,30,60,100,

4.7.2 填空

(1)（ ）语句可以和 else 进行组合。

(2)（ ）（ ）不能单独和 if 分支配合使用。

(3) 每个流程结构语句后面必须要有（ ）。

(4) Python 中的流程控制语句有（ ）（ ）和（ ）。

(5) 当循环（ ）结束时才会执行 else 部分。

(6) 表达式 [x for x in [1,2,3,4,5] if x<3] 的值为（ ）。

(7) 下列程序的运行结果是（ ）。

```
L1=[1,2,3,6,87,3]
L2=['aa','bb','cc','dd','ee','ff']
d={}
for index in range(len(L1)):
    d[L1[index]]=L2[index]
print(d)
```

(8) 下列程序的执行顺序次数是（ ）。

```
k=100
while(k>10)
    print(k)
    k=k//2
```

(9) 判断偶数的语句是（ ）。

(10) 判断闰年的条件表达式是（ ）。

4.7.3 阅读程序写结果

程序一:

```
sum=0
for i in range(1,10):
    if(i%2 !=0):
        sum+=i
print(sum)
```

程序二:

```
sum=0
count=1
while count<10
    if count%2==0:
        sum=sum-count
    else:
        sum=sum+count
    count+=1
print(sum)
```

程序三:

```
lis = [1,2,3,4,1,2,5]
lis1 = []
for i in lis:
    if i not in lis1:
        lis1.append(i)
lis = lis1
print(lis)
```

程序四:

```
a = [[1,0,0], [0,1,0], [0,0,1]]
s = 0
for c in a:
    for j in range(3):
        s += c[j]
print(s)
```

程序五:

```
x = 1
for i in range(0,50):
    if x >= 10:
        break
    if x % 2 == 0:
        x += 5
        continue
```

```
    x-=3
print("x={}".format(x),"i={}".format(i))
```

程序六:

```
l1=[1,2,3,6,87,3]
l2=['a','b','c,'d','e','f']
c={}
for index in range(len(l1)):
    c[index]=l2[index]
print(c)
```

程序七:

```
k=100
while(k>1)
    print(k)
    k=k//2
print(k)
```

程序八:

```
lis = [1,2,3,4,1,2,5]
lis1 = []
for i in lis:
    if i not in lis1:
        lis1.append(i)
lis = lis1
print(lis)
```

程序九:

```
s="abc"
dic={}
for j in s:
    if s.count(j)>=1:
        dic[j]=s.count(j)
print(dic)
```

程序十:

```
dicta – {'a':1,'b':2,'3':'Python'}
dictb = {'b':3,'d':5,'e':'Language'}
dictc={}
for ia in dicta.keys():
    if ia in dictb.keys():
        dictc[ia]=dicta[ia]+dictb[ia]
```

```
        else:
            dictc[ia]=dicta[ia]
    for ib in dictb.keys():
        if ib not in dicta.keys():
            dictc[ib]=dictb[ib]
    print(dictc)
```

4.7.4 实践项目

（1）使用 match…case 结构，从键盘输入一个 1 ～ 7 的数字，格式化输出对应数字的星期字符串名称。例如：输入 3，返回“您输入的是星期三”。

（2）输入任意多个数，输出所有输入参数的个数、最大值、最小值和平均值。

（3）一个人赶着鸭子去几个村子卖，每经过一个村子卖去所赶鸭子的一半还多一只。这样他经过了 7 个村子后还剩两只鸭子。编程计算：他出发时共赶着多少只鸭子?

（4）数字加密游戏：编写程序，从键盘任意输入一个 4 位数，将该数字中的每位数与 7 相乘，然后取乘积的个位数对该数字进行替换，最后得到一个新的 4 位数。

（5）编程统计在一个队列中正数、负数和零的个数，如 [1, 3, 5, 7, 0, –1, –9, –4, –5, 8]。

（6）编程实现：输出空心等边三角形。

（7）篮球比赛是高分的比赛，领先优势可能很快被反超。作为观众，希望能在球赛即将结束时，就提早知道领先是否不可超越。体育作家 Bill James 发明了一种算法，用于判断领先是否“安全”。

算法如下：

① 获取领先的分数，减去 3 分。

② 如果目前是领先队控球，加 0.5；否则减 0.5（数字小于 0 则变成 0）。

③ 经过平方计算，如果得到的结果比当前比赛剩余时间秒数大，则领先是“安全”的。

（8）图书批发商店的某本书零售价是 46.5 元。如果客户一次性购买 100 本以上（包括 100 本），则每本的价格打 9 折；如果客户一次性购买 500 本以上（包括 500 本），则每本的价格打 8 折并返回 1000 元给客户。请编程计算购买 8 本、150 本、600 本的应付金额是多少？要求购买书的数量从键盘输入。

（9）编程计算：有 1020 个西瓜，第一天卖掉总数的一半后又多卖出两个，以后每天卖剩下的一半多两个，几天以后能卖完?

（10）编程计算：一张纸的厚度大约是 0.08mm，对折多少次之后能达到或超过珠穆朗玛峰的高度(8848.86m)?

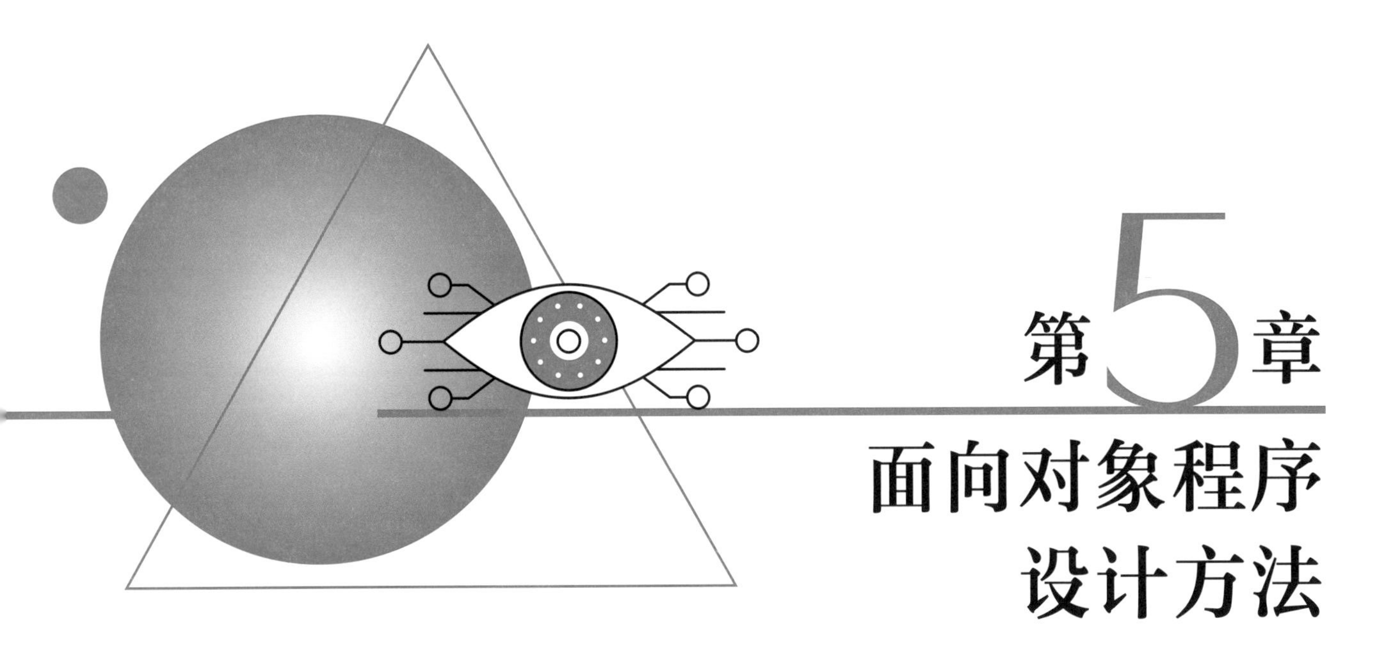

第5章 面向对象程序设计方法

面向对象程序设计是模拟人类解决现实问题的方法，将描述问题与解决方案在结构上保持一致，把客观世界存在的实体抽象为对象。面向对象程序设计以对象为核心，认为所有程序都是由对象组成的，对象间通过消息传递相互通信，模拟现实世界中不同实体间的相互关系。本章将学习面向对象的类、封装、继承和多态的编程方法，把更复杂的行为分解为多个简单的对象模块归纳到类中。本章最后讲解了编写处理常见错误的程序，以避免执行过程中的异常中断。

5.1　面向对象技术简介

面向对象技术使得编程更加容易，因为面向对象可从现实存在的事物出发，通过适当的抽象，使工程问题更加模块化，以实现更低的耦合和更高的内聚。在设计模式上，面向对象可以更好地实现开 - 闭原则，增加代码阅读性。

5.1.1　面向对象的概念

Python 是完全面向对象的语言。面向对象的本质是把数据和处理数据的过程当成一个整体，通过类定义的数据结构实例，将本身已有的静态特征（状态）和动态特征（操作）进行描述。即：它把状态和操作封装于对象体之中，并提供一种访问机制，使对象的“私有数据”仅能由这个对象的操作来执行，用户只能通过允许公开的操作提出要求，查询和修改对象的状态。

在 Python 中的一切都视为对象，变量是对象的一种引用，对象变量包括类变量和实例变量。类变量属于类所有，使用时通过类名引用；实例变量属于实例所有，引用时加 self. 变量名即可。如果在实例中对类变量赋值，会复制一份为实例变量来覆盖类变量，各实例自行修改类变量时，引用到的值都会改变。

例如：建立一个 School 类，实现类变量及修改后的输出。

```
class School:
    # 下面定义了 2 个类变量
    name = " 深圳北理莫斯科大学网址: "
    addr = "http://smbu.edu.cn"
    # 下面定义了一个 say 实例方法
    def say(self,content):
        print(content)
print(School.name)          # 调用未修改的类变量
print(School.addr)          # 调用未修改的类变量
# 修改类变量的值
School.name = " 开设了 Python 课程 "
School.addr = "http://smbu.edu.cn/Python"
print(School.name)         # 调用修改后的类变量
print(School.addr)         # 调用修改后的类变量
结果:
深圳北理莫斯科大学网址:
http://smbu.edu.cn
开设了 Python 课程
http://smbu.edu.cn/Python
```

说明

类变量为所有实例化对象共有，通过类名修改类变量的值，会影响所有的实例化对象。

5.1.2 面向对象特征

面向对象具有抽象特征，它把现实世界中的某一类东西，提取出来，用程序代码表示。抽象出来的一般叫作类或者接口，使用时按照类 / 接口名加入参数即可，无需关心内部的细节。面向对象编程具有三大特征，即：封装、继承和多态。

（1）封装

属性和方法放到类内部，通过对象访问属性或者方法，隐藏功能的实现细节，也可以设置访问权限。其意义是：

① 将属性和方法放到一起作为一个整体，然后通过实例化对象来处理；

② 隐藏内部实现细节，只需要与实现对象及其属性和方法交互；

③ 对类的属性和方法增加访问权限控制。

（2）继承

子类需要复用父类里面的属性或者方法，且子类也可以提供自己的属性和方法。其意义是：

① 主要体现是实现代码的重用，相同的代码不需要重复编写；

② 子类可以在父类功能上进行重写，扩展类的功能。

当已经创建了一个类，需要创建一个与之相似的类，添加 / 删除 / 修改其中的几个方法，可以从原来的类中派生出一个新的类，把原来的类称为父类或基类，而派生出的类称为子类或派生类。子类继承了父类的所有数据和方法。

(3) 多态

多态指在父类中定义的属性和方法被子类继承之后，可以具有不同的数据类型或表现出不同的行为，这使得同一个属性或方法在父类及其各个子类中具有不同的含义。使用时，根据参数列表的不同，区分不同的方法调用。

多态的实现如下：

① 定义一个父类；

② 定义多个子类，并重写父类的方法；

③ 传递子类对象给调用者，不同子类对象能产生不同的执行效果。

5.2 类的概念及使用

具有相同特征的对象称为类。每个类包含多个对象，它是对现实世界的抽象。

5.2.1 类的描述

类是用来描述具有相同属性和方法对象的集合。它定义了该集合中每个对象所共有的属性和方法。对象是类的实例。类以共同特性和操作定义实体，类也是用于组合各个对象所共有操作和属性的一种机制。例如：

人类：从性别分类有男人、女人，从职业分类有工人、农民、军人、医务人员、教师、学生等，从年龄分类有少年、青年、中年和老年等。从外观看，均有一个鼻子和两个眼睛；从行为上描述，都有呼吸，都能摄取食物以补充能量，都能对外界刺激做出反应……

交通类：汽车、火车、飞机、轮船、自行车等。外观共性是都有轮子，行为是均可承载重量，都是交通工具。

5.2.2 类和对象的区别

类是对具有共同属性和行为对象的抽象，也属于是对象的模板（template）；对象是类的一个实例（instance），或对象是具有具体属性和行为的实体。它们的关系如图5-1所示。

对教师类的实例化是对每个对象（教师）个人信息的实例化，包括姓名、性别、出生年月、职称、授课、工资等。对交通类对象（汽车）信息的实例化，包括品牌、颜色、型号、重量、体积及油耗等各种参数。

类和对象的描述如图5-2所示。

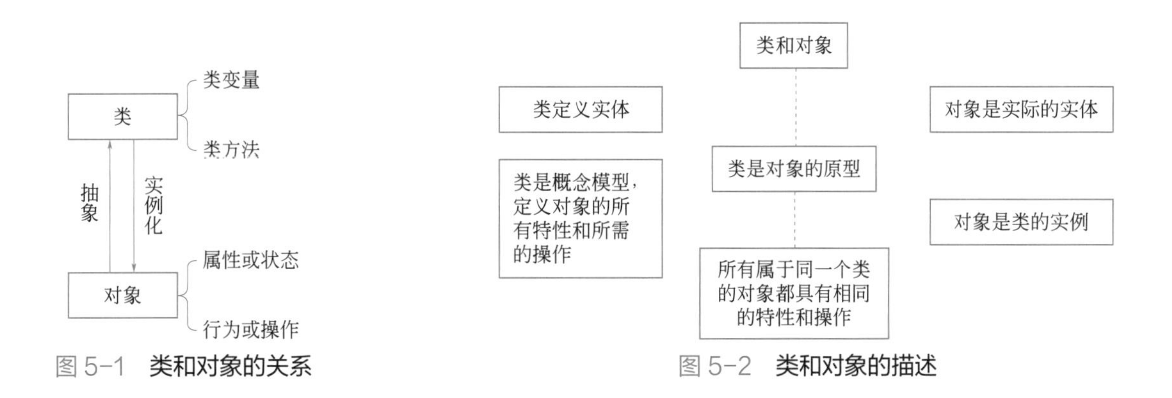

图5-1 类和对象的关系

图5-2 类和对象的描述

类包括类变量和类方法（方法也称为函数），它们用于处理类及实例对象的相关数据。其中，以双下划线“__”开头和结尾命名的类变量和方法都被称为类的特殊成员。例如，类的 __init__() 方法是对象的“构造函数”，负责在对象初始化时进行一系列的构建操作，包括创建对象、连接数据库、连接 FTP 服务器、进行 API 验证等操作。

对象具有属性和方法。属性是对象的特征，包含对象变量的信息（数字、字符串等）；方法是完成某个特定任务的代码块，也被称为对象函数，包括传递参数和返回值。在类的声明中，属性是用变量来表示的，该变量称为实例变量，它在类的内部进行声明。

5.2.3 对象属性和方法

（1）Python 对象属性

① 使用 @property 装饰器操作类属性。装饰器可以实现获取、设置、删除隐藏的属性，通过装饰器可以对属性的取值和赋值加以控制，提高代码的稳定性。

② 使用类或实例直接操作类属性。例如：obj.name、obj.age=18。

③ 使用 Python 内置函数操作属性。

（2）类的方法（函数）

在类中，定义的方法可以分为四大类：公有方法、私有方法、静态方法、类方法。公有方法、私有方法一般指属于对象的实例方法，私有方法的名字以双下划线 __ 开始，它不能在类外部被使用或直接访问。

在类的内部，使用 def 关键字来定义一个方法。与一般函数定义不同，类方法必须包含参数 self，且为第一个参数，self 代表的是类的实例。self 的名字也可以使用 this 替代，但最好还是按照约定用 self 命名。类的私有方法一般使用大写字母开头，模块名一般用小写加下划线的方式命名。一般在类中定义的变量为全局变量，定义在方法中的变量为局部变量，只作用于当前实例的类。

（3）类中的私有变量

双下划线私有变量只能在类的内部访问，在类中调用时加上类方法：@classmethod。

例如：

```
class Object1:
    def __init__(self,name):
        self.name=name
    def prin(self):
        print(self.name)
    __age = 20      # 私有变量只能在类的内部访问
    @classmethod    # 调用类方法
    def pri(cls):
        print(cls.__age)
        # 然后再使用
a = Object1('张三')
a.prin()
Object1.pri()         # 通过这样直接调用类中的私有变量
结果：
张三
20
```

5.2.4 类的使用

（1）类定义的结构

类定义的语法为：

```
class  类名 ( 基类 ):
    使用构造函数初始化类变量
    def 函数名1(self, 参数类别 ):
        初始化
    def 函数名2(self, 参数类别 ):
        初始化
…
实例化变量
调用
输出
```

例如：

```
import time
class Person:                    # 定义一个类名为 Person
    def __init__(self,name):     # 构造函数初始化类变量 name
        self.name=name           # 初始化变量，方便继承
    def runx(self):              # 定义运行函数，从上面继承变量
        print (self.name)
        # 打印出 idx 的值，或者做一些别的处理
        time.sleep(1)
a=Person(' 张三 ')               # 实例化变量
a.runx()                         # 调用
```

（2）标准输出流 stdout() 的使用

sys 模块下的 sys.stdout 对象称为标准输出流，它可以将一个文本信息输出到屏幕上。使用该方法输出时，需要导入 sys 模块。例如：

```
import sys
a="Apple"
sys.stdout.write(a)
结果：
Apple
```

说明

① stdout 与 print 函数不同，它不会自动追加换行符，也不会自动插入分隔符。例如：

```
sys.stdout.write( 'hello' +' \n' )
```

等价于 print('hello')

② 只接收字符串类型的参数，如果要输出数字，需要使用 str() 函数转换。例如：

```
sys.stdout.write(str(123.456)+' \n' )
```

③ 可使用 sys.stdout.write() 函数，输出的方法为：

```
import sys
a=" Apple"
sys.stdout.write(a+' \n' )
sys.stdout.write( '文本居中输出' .center(30, '=' ))
sys.stdout.write( '\n' +str(123.456)+' \n' )
sys.stdout.write(str(123.456)+' \n' )
```

结果：

```
Apple
============ 文本居中输出 ============
123.456
```

（3）__init__() 函数的使用

在类中，__init__() 函数是类的构造函数，为系统做初始化。例如：

```
class Person:                          # 创建 Person 类
    def __init__(self,name):           # 初始化类变量
        self.name = name
        self.sex='男'
        self.age = 18
obj = Person('张三')                   # 通过类对象 obj 自动执行类中的 __init__ 方法
print('姓名:',obj.name,'性别:',obj.sex,'年龄:',obj.age)    # 输出
结果:
姓名: 张三  性别: 男  年龄: 18
```

上述写法也可写成：

```
class Person:
    def __init__(self,name,sex,age):
        self.name = name
        self.sex = sex
        self.age = age
    def g1(self):                      # 定义类方法
        return "姓名:{}, 性别:{}, 年龄: {}".format(self.name,self.sex,self.age)
p1 = Person("张三","男",18)
print(p1.g1())
结果:
姓名:张三,性别:男,年龄: 18
```


说明

两种使用方法均实现了构造函数的初始化。

（4）类的调用方法

① 实例化方法调用。

实例化方法调用是通过实例对象进行调用的方法。例如：

```
class dd:
    def __init__(self,name,url):                       # 建立 dd 类
        self.name=name                                 # 初始化类变量
        self.url=url
    def runx(self):                                    # 建立类方法
        print(self.name)
        print(self.url)
a = dd('深圳北理莫斯科大学:','http://www.smbu.edu.cn')  # 实例化对象
a.runx()                                               # 实例调用
结果:
深圳北理莫斯科大学:
http://www.smbu.edu.cn
```

② 静态方法调用。

静态方法调用是不需要实例化就可以由类执行的方法。例如：

```
class School:
    def runx():
        print('http://www.smbu.edu.cn')
```

```
School.runx()                              # 静态方法直接使用类名调用类方法
结果:
http://www.smbu.edu.cn
这里直接调用了类的变量，只在类中运行而不在实例中运行。
```

③ 类方法调用。

类方法调用是将类本身作为对象进行操作的方法。例如:

```
class Url:
    def __init__(self,url):
        self.url=url
    def addr(self):
        print('http://www.smbu.edu.cn')
Url.addr('')                               # 通过类名调用方法
结果:
http://www.smbu.edu.cn
# 这里是调用类方法，与调用实例方法一样。
```

(5) 类变量的使用

在类中赋值可以使用类名或类对象名重新赋值，其输出结果及顺序如下:

```
class Test:                              # 创建类
    action = '我在类中'                  # 在类中直接赋值
print ("1",Test.action)                  # 输出类初始值
t = Test()                               # 建立类对象调用
print("2",t.action)                      # 使用类对象输出类对象值
Test.action = '类值变化了'               # 引用类名重新赋值覆盖了原类对象值
print("3",Test.action)                   # 使用类名输出类对象值
print("4",t.action)                      # 使用类对象输出类对象值
t.action = '又重新赋值啦'                # 引用类对象重新赋值
print("5",Test.action)                   # 使用类名输出类对象值
print("6",t.action)                      # 使用类对象输出类对象值
结果:
1 我在类中
2 我在类中
3 类值变化了
4 类值变化了
5 类值变化了
6 又重新赋值啦
```

(6) 使用 self 参数来维护对象的状态

【例 5-1】使用类方法编写简单计算器。

```
class calculate((object)
    def __init__(self,x,y)               # 初始化变量
        self.x=x
        self.y=y
        self.result=0                    # 保存结果的变量
    def add(self,x,y)                    # 加法运算方法
        self.result=x+y
    def sub(self,x,y)                    # 减法运算方法
        self.result=x-y
    def mul(self,x,y)                    # 乘法运算方法
        self.result=x*y
    def div(self,x,y)                    # 除法运算方法
        self.result=x/y
s=calulate()                             # 类实例化
s.add(3,4)                               # 实例调用
```

```
print(s.result)
s.sub(3,4)
print(s.result)
s.mul(3,4)
print(s.result)
s.div(3,4)
print(s.result)
```

运行结果:

```
7
-1
12
0.75
```

（7） __del__(self) 与 __str__(self) 的使用

__str__ 用于 class 类中，在主函数 print 一个实例时会运行该函数；__del__ 也用于 class 类中，在该实例被删除时运行。例如：

```
class Cat:
    def __init__(self,new_name):
        self.name = new_name
        print('%s 来了 ' % self.name)
    def __del__(self):
        print('%s 走了 ' % self.name)
    def __str__(self):
        return ' 我是 %s' % self.name
if __name__=='__main__':
    hua=Cat(' 小花花 ')
    print(hua)                          #print 自动执行 __str__ 方法
    meng=Cat(' 小萌萌 ')
    print(meng)
    del(hua)                            # 删除自动执行 __del__ 方法
print(' 测试程序完成啦 ')
结果:
小花花  来了
我是  小花花
小萌萌  来了
我是  小萌萌
小花花  走了
测试程序完成啦
小萌萌  走了
```

（8） 嵌套类的格式

嵌套类的语法格式为:

```
开始: class 样例类名 (object):
          pass
      class 外部类名 (object):
          class 内部类名 (object):
              pass
      class 子类名 ( 父类名 ):
          """ 已显式从另父类继承 ."""
结束: class 样例类名
          pass
      class 外部类
          class 内部类名
              pass
```

例如：

```
class C:
    class A:                                        #A 类嵌套在 C 类中
        def __init__(self):
            self.a = '我是 A 类变量'                  # 初始化 A 类变量
            print (self.a)
    class B(A):                                     #B 类嵌套在 C 类中且继承 A 类
        def __init__(self):
            self.b = '我是 B 类变量'                  # 初始化 B 类变量
            self.a = '在 B 类中给 A 类变量赋值'
            print (self.b,self.a)
    c1=A()                                          # 调用 A 类
    c2=B()                                          # 调用 B 类
    print(c1.a,c2.a,c2.b)                           # 输出 A、B 类中的变量
c3=C()                                              # 调用 C 类
c4=c3.A() ; c5=c3.B()                               # 使用 C 类调用 A、B 类的输出方法
print(c5.a,c5.b)                                    # 输出嵌套类方法
结果：
我是 A 类变量
我是 B 类变量 在 B 类中给 A 类变量赋值
我是 A 类变量 在 B 类中给 A 类变量赋值 我是 B 类变量
我是 A 类变量
我是 B 类变量 在 B 类中给 A 类变量赋值
在 B 类中给 A 类变量赋值 我是 B 类变量
```

（9）类使用的案例

【例 5-2】类的使用。

```
class House:
    purpose = '存储地址：'
    region ='属于中国西部地区'
w1 = House()
print(w1.purpose,w1.region)
w2 = House()
w2.region = '属于中国东部地区'
print(w2.purpose,w2.region)
```

运行结果：

存储地址：属于中国西部地区
存储地址：属于中国东部地区

【例 5-3】self 参数的使用（1）。

```
class People(object):
    def __init__(self,name,age,gender,money):          # 初始化方法
        self.name = name
        self.age = age
        self.gender = gender
        self.money = money
    def play(self):                                     # 创建类方法
        print("使用 Python 编写代码中")
p1 = People('用户 1',30,'女',10000)                     # 实例对象
print("用户名：%s, 年龄：%d, 性别：%s, 工资：%d" % (p1.name,p1.age,p1.gender,p1.money)) # 输出
p1.play()
```

运行结果：

```
用户名：用户 1，年龄：30，性别：女，工资：10000
使用 Python 编写代码中
```

【例 5-4】self 参数的使用（2）。

```
class People(object):                                     # 创建一个 People 类
    def __init__(self,name,age,gender):
        self.name = name
        self.age = age
        self.gender = gender
    def gohome(self):                                     # 类中方法 1
        print("{},{},{} 放学回家 ".format(self.name,self.age,self.gender))
    def travel(self):                                     # 类中方法 2
        print("{},{},{} 和家人开车去旅游 " .format(self.name,self.age,self.gender))
    def work(self):                                       # 类中方法 3
        print("{}.{},{} 大学毕业准备去工作 ".format(self.name,self.age,self.gender))
Liuming = People(" 刘明 ",18," 男 ")                      # 实例对象
zhangfan = People(" 张帆 ",22," 男 ")
Lisisi = People(" 李思思 ",10," 女 ")
Liuming.travel()                                          # 调用
zhangfan.work()
Lisisi.gohome()
```

运行结果：

```
刘明 ,18, 男 , 和家人开车去旅游
张帆 ,22, 男 , 大学毕业准备去工作
李思思 ,10, 女 , 放学回家
```

【例 5-5】使用 append 添加属性。

```
class Dog:
    def __init__(self,name):
        self.name = name
        self.tricks = []                                  # 为 Dog 创建一个空列表
    def add_trick(self,trick):
        self.tricks.append(trick)
d = Dog(' 泰迪 ')
e = Dog(' 松狮 ')
d.add_trick(' 在翻跟头 ')
e.add_trick(' 在玩球 ')
print(d.name,d.tricks)
print(e.name,e.tricks)
```

运行结果：

```
泰迪 [' 在翻跟头 ']
松狮 [' 在玩球 ']
```

【例 5-6】类变量与实例变量的使用。

```
class A:                                                  # 定义 A 类
    object_a = 1                                          # 定义类变量
    def __init__(self,x,y):                               # x，y 是实例变量
```

```
        self.x = x
        self.y = y
if __name__ == '__main__':
print(A.object_a)                          # 输出类变量
    a = A(2,3)
    print(a.x,a.y,a.object_a)              # 输出实例变量和类变量
A.object_a = 10                            # 在实例中对类变量重新赋值
    print(a.object_a,A.object_a)           # 输出修改后的值
```

运行结果：

```
    1
2 3 1
10 10
```

5.3 类的封装、继承和多态

封装机制保证了类内部数据结构的完整性，使得用户无法看到类中的数据结构，避免了外部对内部数据的影响，提高了程序的可维护性。

继承是一种层次模型，对象的新类可从现有类派生，这个过程称为类继承。新类继承原类的属性。新类被称为原类的派生类（子类），原类被称为新类的基类（父类），它是允许类重用的一种方法。

多态允许不同类的对象响应相同的消息。多态使得程序更具灵活性、抽象性，它较好地解决了应用程序中函数、变量的同名问题。

5.3.1 封装

封装使得用户只能借助类方法来访问数据，避免用户对类中属性或方法的不合理操作，且对类进行封装，还可提高代码的复用性。

例如：计算三角形面积，对外界来说不需要知道中间的计算过程，把这些对外界无关紧要的内容封装了起来，只需要输入名字，如“三角形”、三条边长度，即可得到面积。例如：

```
import math
class triangle:
    def __init__(self,name,a,b,c):
        self.name=name          # 名称
        self.__a=a              #a,b,c 为三角形边长
        self.__b=b
        self.__c=c
    @property
    def area (self):            # 对外提供的接口，封装了内部实现
        s=(self.__a+self.__b+self.__c)/2
        return math.sqrt(s*(s-self.__a)*(s-self.__b)*(s-self.__c))
S1=triangle(" 三角形 ",3,4,5)    # 加入三角形三条边
print(S1.name,S1.area)          # 通过接口使用 area，得到三角形面积
结果:
三角形 6.0
```

说明

@property 是 Python 的一种装饰器，是用来修饰方法。使用 @property 装饰器来创建只读属性，@property 装饰器会将方法转换为相同名称的只读属性，与所定义的属性配合使用，这样可以防止属性被修改。

【例 5-7】在 School 类中，对输入学校名称长度小于 4 和地址开头不包含 http:// 进行检验，将这些判断封装到类方法中。

```
class School:
    def webset(self,name):
        if len(name) < 4:
            raise ValueError('名称长度必须大于4！ ')
        self.__name = name
    def getname(self):
        return self.__name                  #定义私有属性，封装属性 name
    name = property(getname,webset)
    def setadd(self,add):
        if add.startswith("http://"):
            self.__add = add
        else:
            raise ValueError('地址必须以 http:// 开头')
    def getadd(self):
        return self.__add                   #定义私有属性，封装 add
    add = property(getadd,setadd)
    def __display(self):                    # 定义私有方法
        print(self.__name,self.__add)
sch= School()
sch.name =input("输入学校的名称:")
sch.add=input("输入学校的网址:")
print(sch.name)
print(sch.add)
```

运行结果：

① 输入错误时长度名称小于 4 的结果：

```
输入学校的名称：北京
Traceback (most recent call last):
File "F:\tools\PythonProject\test1.py",line 22,in <module>
  sch.name =input("输入学校的名称:")
File "F:\tools\PythonProject\test1.py",line 4,in university
  raise ValueError('名称长度必须大于4！ ')
ValueError:名称长度必须大于4！
```

② 输入网址未用 "http://" 开头的结果：

```
输入学校的名称：北京大学
输入学校的网址:beijing
Traceback (most recent call last):
File "F:\tools\PythonProject\test1.py",line 23,in <module>
  sch.add=input("输入学校的网址:")
File "F:\tools\PythonProject\test1.py",line 14,in website
  raise ValueError('地址必须以 http:// 开头')
ValueError:地址必须以 http:// 开头
```

③ 输入正确显示结果：

```
输入学校的名称：深圳北理莫斯科大学
输入学校的网址:http://www.smbu.edu.cn
深圳北理莫斯科大学
http://www.smbu.edu.cn
```

说明

① 将输入学校名称长度小于 4 或地址未用“http://”开头的判断封装到了类方法中。

② School 类中将 name 和 add 属性都隐藏起来，通过 webset ( ) 方法，判断 name 的长度，调用 startswith() 方法（见第 3 章 3.2.1 小节），控制用户输入的地址必须以“http://”开头，否则程序将会抛出异常。

③ 对 webset() 和 setadd() 方法进行适当的设计，可以避免用户对类中属性的不合理操作，从而提高了类的可维护性和安全性。

5.3.2 继承

（1）继承的描述

继承：即一个派生类（derived class）继承基类（base class）的字段和方法。继承也允许把一个派生类的对象作为一个基类对象对待。如图 5-3 所示，Dog 类的对象派生自 Animal 类，Student 类的对象派生自 Person 类，它们都继承 Object 类。

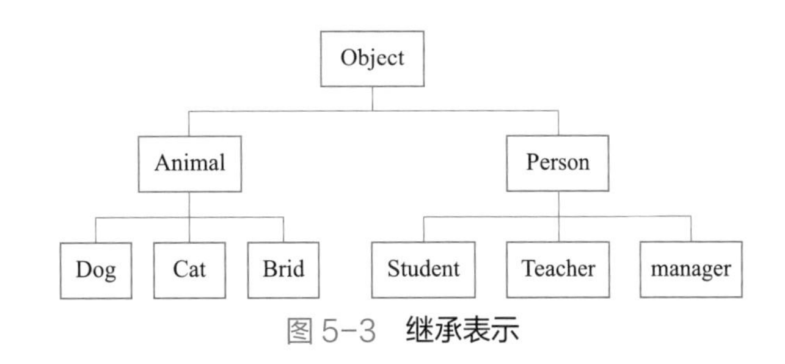

图 5-3 继承表示

Python 完全支持继承，重载 / 派生 / 多继承有益于增强源代码的复用性。

（2）继承的特点

① 在继承中基类的构造（__init__() 方法）不会被自动调用，它需要在其派生类的构造中专门调用。

② 在调用基类的方法时，需要加上基类的类名前缀，且需要带上 self 参数变量。在类中调用普通函数时，并不需要带上 self 参数。

③ Python 总是首先查找对应类型的方法，如果系统不能在派生类中找到对应的方法，才开始到基类中逐个查找。即系统顺序是：先在本类中查找调用的方法，找不到再去基类中找。

④ 如果一个类不继承其他类，就显式地从 object（基类）继承。嵌套类也一样。

（3）继承类定义

继承类语法格式为：

```
class 继承类名 ( 基类名 ):
    < 语句 1>
    …
    < 语句 N>
```

其中，基类名必须定义于包含派生类定义的作用域中，也允许用其他任意表达式代替基类名称所在的位置。当基类定义在另一个模块中时，方法是：

```
class  派生类名称 ( 方法名 . 基类名 ):
```

派生类定义的执行过程与基类相同。当构造类对象时，基类会被记住。此信息将被用来解析属性引用：如果请求的属性在类中找不到，搜索将转往基类中进行查找。如果基类本身也派生自其他某个类，则此规则将被递归地应用。

派生类是创建该类的一个新实例。派生类可能会重写其基类的方法，所以调用同一基类中定义的另一基类方法，最终可能会调用覆盖它的派生类方法。在派生类中的重载方法是使用父类的同名方法扩展内容。

直接调用基类的方法是：

```
基类名 . 方法名 (self, 数值序列 )
```

仅当此基类在全局作用域中以基类的名称被访问时，方可使用此方式。

(4) 继承的使用

Python 中常使用 super 继承父类的函数，它是一个内置函数，用于调用父类中的方法，语法格式为：

```
super( 类型 [,self])
```

self 会首先调用自己的方法或者属性，当自身没有目标属性或方法时，再去父类中寻找。super 会直接去父类中寻找目标属性或方法，多用来处理多重继承问题中直接用类名调用父类方法时的查找顺序问题。

例如：

```
class Father(object):
    def __init__(self,profession):
        profession=' 教师 '
        print(profession)
class Son(Father):
    def __init__(self):
        print(' 儿子职业是: ')
        super().__init__(self)
a=Son()
结果:
儿子职业是:
教师
```

【例 5-8】继承函数的使用。

```
class Animal(object):
    def run(self):
        print(' 动物正在跑呢 ...')
class Dog(Animal):
    print(' 这个狗正在跑呢 ...')
class Cat(Animal):
    print(' 这个猫正在跑呢 ...')
dog = Dog()
dog.run()
cat = Cat()
cat.run()
```

运行结果：

```
这个狗正在跑呢 ...
这个猫正在跑呢 ...
动物正在跑呢 ...
动物正在跑呢 ...
```

说明

继承的好处是子类获得了父类的全部功能。由于 Animial 实现了 run() 方法，因此，Dog 和 Cat 自动拥有了 run() 方法。

【例 5-9】对【例 5-8】进行修改，当子类和父类都存在相同的 run() 方法时，子类的 run() 覆盖父类的 run()，在代码运行的时候，总是会调用子类的 run()。

```
class Animal(object):
    def run(self):
        print('动物正在跑呢...')
class Dog(Animal):
    def run(self):
        print('狗在快速追赶呢...')
    print('这个狗正在跑呢...')
class Cat(Animal):
    def run(self):
        print('猫在快速逃跑呢...')
    print('这个猫正在跑呢...')
dog = Dog()
dog.run()
cat = Cat()
cat.run()
```

运行结果：

```
这个狗正在跑呢...
这个猫正在跑呢...
狗在快速追赶呢...
猫在快速逃跑呢...
```

【例 5-10】使用父类与子类的继承。

```
class Person(object):
    def __init__(self,name,gender):
        self.name = name
        self.gender = gender
        print(self.name,self.gender)
class Student(Person):
    def __init__(self,name,gender,score):
        super(Student,self).__init__(name,gender)
        self.score = score
        print(self.name,self.gender,self.score)
stu=Student('张三，','男，',85)
```

运行结果：

```
张三，男，
张三，男，85
```

说明

Student 类需要有 name 和 gender 属性，若 Person 类中有该属性可直接继承即可。另外，需要新增 score 属性，继承类时，一定要使用“super(子类名，self).__init__(子类需要继承父类的参数)”去初始化父类；否则，继承父类的子类将没有 name 和 gender。

当调用父类时，即 super(子类名，self)，将返回当前类继承的父类。然后再调用 __init__ 方法。此时，__init__ 方法已经不需再传入 self 参数，在 super 时已经传入。

(5) 父类与子类的类型

子类类型可以向上转型看作父类类型（子类是父类），父类类型不可以向下转型看作子类类型，因为子类类型多了一些自己的属性和方法。

【例 5-11】父类和子类的使用。

```
class Person(object):
    def __init__(self,name,gender):
        self.name = name
        self.gender = gender
class Student(Person):
    def __init__(self,name,gender,score):
        super(Student,self).__init__(name,gender)
        self.score = score
class Teacher(Person):
    def __init__(self,name,gender,course):
        super(Teacher,self).__init__(name,gender)
        self.course = course
t = Teacher(' 姜增如 ',' 女 ','Python 语言 ')
s = Student(' 玛丽 ',' 女 ',98)
p = Person(' 陶木 ',' 男 ')
print(' 姓名 :{}, 性别 :{}, 教授课程 :{}, 正在上课 '.format(t.name,t.gender,t.course))
print(' 姓名 :{}, 性别 :{}, 成绩 :{}, 放学回家了 '.format (s.name,s.gender,s.score))
print(' 姓名 :{}, 性别 :{} '.format(p.name,p.gender))
print (isinstance(t,Person))      # True
print(isinstance(t,Student))      # False
print(isinstance(t,Teacher))      # True
print(isinstance(t,object))       # True
print(isinstance(p,Student))      # False
print(isinstance(p,Teacher))      # False
```

运行结果：

```
姓名：姜增如，性别：女，教授课程：Python 语言，正在上课
姓名：玛丽，性别：女，成绩：98，放学回家了
姓名：陶木，性别：男
True
False
True
True
False
False
```

（6）方法重写

方法的重写一般用于在继承父类基础上，添加了新的属性。其特点为：

① 如果从父类继承的方法不能满足子类的需求，可以对其进行改写，这个过程叫方法的覆盖（override），也称为方法的重写。

② 如果在子类定义的方法中，其名称、返回类型及参数列表正好与父类中的相匹配，则子类的方法重写了父类的方法。

③ 方法重写在不同类中是实现多态的必要条件，即：子类重写父类的方法，使子类具有不同的方法实现。Python 可从一个父类派生出多个子类，可以使子类之间有不同的行为，这种行为称之为多态。子类与父类拥有同一个方法，子类的方法优先级高于父类，即子类覆盖父类。

【例 5-12】方法重写的使用。

```
class Person(object):
    def __init__(self,name,sex):
        self.name = name
        self.sex = sex
    def whoAmI(self):
        return '我是外国人，我的名字是：%s，是 %s 生' % (self.name,self.sex)
class Student(Person):
    def __init__(self,name,sex,score):
        super(Student,self).__init__(name,sex)
        self.score = score
    def whoAmI(self):
        return'我是一个学生，我的名字是：%s，是 %s 生，Python 成绩是 %d' % (self.name,self.sex,self.
score)
p = Person('杰克','男')
s = Student('玛利亚','女',88)
print(p.whoAmI())
print(s.whoAmI())
```

运行结果：

```
我是外国人，我的名字是：杰克，是男生
我是一个学生，我的名字是：玛利亚，是女生，Python 成绩是 88
```

说明

方法调用将作用在对象的实际类型上。对于 Student() 类，它实际上拥有自己的 whoAmI() 方法以及从 Person() 继承的 whoAmI() 方法，但调用 s.whoAmI() 总是先查找它自身的定义，如果没有定义，则顺着继承链向上查找，直到在某个父类中找到为止。这种方法调用就称之为多态。

【例 5-13】继承与方法的重写。

```
class A():
    def __init__(self):
        print('这是 A 类的初始化属性')
    def fun1(self):
        print('这是 A 类的方法')
class B(A):
    def __init__(self):
        print('这是 B 类的初始化属性')
```

```
        super().__init__()       # super() 函数引入 A 的初始化属性
    def fun2(self):
        print(' 这是 B 类的方法 ')
b = B()
b.fun1()                         #B 继承 A 的 fun1 方法
b.fun2()
print("B 继承 A 类吗？ ",issubclass(B,A))
```

运行结果：

```
这是 B 类的初始化属性
这是 A 类的初始化属性
这是 A 类的方法
这是 B 类的方法
B 继承 A 类吗？ True
```

5.3.3 Python 多重继承

（1）多继承的规则

Python 支持多继承，一个类的方法和属性可定义在当前类，也可定义在基类。当调用类方法或类属性时，就需要对当前类和基类进行搜索，以确定方法或属性的位置，而搜索的顺序就称为方法解析顺序（Method Resolution Order，MRO）。单继承 MRO 很简单，就是从当前类开始，逐个搜索它的父类；而对于多继承，MRO 相对会复杂一些，它的规则顺序是：

① 子类永远在父类的前面；

② 如果有多个父类，会根据它们在列表中的顺序去检查；

③ 如果对下一个类存在两种不同的合法选择，那么选择第一个父类。

（2）多继承语法及使用

多继承语法格式为：

```
class 父类名
    def __init__(self):
        …
class 子类名 ( 父类名 1, 父类名 2, 父类名 3):
    def __init__(self):
        super(B,self).__init__()
```

多继承的说明：

① 使用 super() 可以逐一调用所有的父类方法，并且只执行一次。调用顺序遵循 MRO 类属性的顺序，其写法包括：

```
super( 子类名 ,self). 父类方法 ( 参数列表 )
super( 子类名 ,self).__init__()          # 执行父类的 __init__ 方法
super(). 父类方法 ( 参数列表 )            # 执行父类的实例方法
super().__init__()                       # 执行父类的 __init__ 方法
```

② 如果多个父类中有同名的属性和方法，则默认使用第一个父类的属性和方法。

③ 指定执行父类的方法，无论何时，self 都表示子类的对象。在调用父类方法时，通过传递 self 参数，来控制方法和属性的访问修改。

④ 当父类方法不能满足子类的需求时，可以对方法进行重写或覆盖父类的方法。

【例 5-14】多继承中 MRO 的使用。

```
class A:
    def __init__(self):
        print("在A类中输出！")
class B(A):
    def __init__(self):
        super(B,self).__init__()
        print("在B类中输出！")
class C(A):
    def __init__(self):
        super(C,self).__init__()
        print("在C类中输出！")
class D(B,C):
    def __init__(self):
        super(D,self).__init__()
        print("在D类中输出！")
print(D())
```

运行结果：

```
在A类中输出！
在C类中输出！
在B类中输出！
在D类中输出！
<__main__.D object at 0x000001F02BA9BDC0>
```

上述代码中：

① 实例化 D 以后，运行 __init__ 方法，然后运行 super 方法，由于 super 方法的特性，传入参数 D 时，super 函数会通过 MRO 寻找到下一个索引值作为 D 的父类是 B。

② 类 D 中的 super 方法会执行类 B 中的 __init__，可以看到类 B 中也有一个 super，通过 D 的 MRO 列表，可以看到类 B 的下一个索引值是类 C。

③ 在类 B 中的 super 方法会执行类 C 中的 __init__，类 C 中也有 super，类 C 的下一个索引值是类 A。

④ 类 C 中的 super 方法会执行类 A 中的 __init__，类 A 中没有 super 方法，程序执行类 A 中的 print，再执行类 C 中的 print，再执行类 B 中的 print，最后执行类 D 中的 print。因此，程序输出结果为 A、C、B、D 中的输出顺序。

⑤ 子类永远在父类的前面，若有多个父类，会根据它们在列表中的顺序去检查。上述程序中的 D 实例化，D 继承了 B、C，根据上述三条规则，D 的父类就是 B，B 的父类是 A，但由于子类永远在父类前面，因为 C 的父类也是 A，因此，正确的 MRO 顺序是 D、B、C、A 对象（对象是所有类的父类）。

（3）重写与覆盖

多个父类有同名属性和方法，子类的方法属性 MRO 决定了属性和方法的查找顺序。子类重写父类的属性和方法时，如子类和父类的方法名和属性名相同，则默认使用子类的，使子类重写父类的同名方法和属性。使用重写的目的是：当子类发现父类的大部分功能都能满足需求，但是有一些功能不满足需求时，则子类可以重写父类方法。重写之后，如果发现仍然需要父类方法，则可以强制调用父类方法。

【例 5-15】覆盖与重写的使用。

```
class Animal():
    def eat(self):
        print('吃')
```

```
    def drink(self):
        print('喝')
    def run(self):
        print('跑')
    def sleep(self):
        print('睡')
class Cat(Animal):
    def shout(self):
        print('喵')
class Hellokitty(Cat):
    def speak(self):
        print('可以说外语')
    def shout(self):
        print('喊叫出多种音乐')
kt = Hellokitty()
kt.shout()
```

运行结果：

喊叫出多种音乐

说明

① 如果子类中重写了父类的方法，在运行时，只会调用在子类中重写的方法。

② 多重继承的目的是从两种继承树中分别选择并继承出子类，以便组合功能使用。如果继承了多个父类，且父类都有同名方法，则默认只执行第一个父类的同名方法且只执行一次。

【例 5-16】多继承的使用顺序。

```
class A(object):
    def __init__(self,a):
        print ('这里初始化A类');self.a = a
class B(A):
    def __init__(self,a):
        super(B,self).__init__(a); print('这里初始化B类 ')
class C(A):
    def __init__(self,a):
        super(C,self).__init__(a);print ('这里初始化C类')
class D(B,C):
    def __init__(self,a):
        super(D,self).__init__(a);print('这里初始化D类')
x=A("输出A类的内容");print(x.a)
y=B("输出B类的内容");print(y.a)
z=C("输出C类的内容");print(z.a)
k=D("输出D类的内容");print(k.a)
```

运行结果：

这里初始化 A 类
输出 A 类的内容
这里初始化 A 类
这里初始化 B 类
输出 B 类的内容

```
这里初始化 A 类
这里初始化 C 类
输出 C 类的内容
这里初始化 A 类
这里初始化 C 类
这里初始化 B 类
这里初始化 D 类
输出 D 类的内容
```

上述代码中，D 同时继承自 B 和 C，B 和 C 又继承自 A，因此 D 拥有了 A、B 和 C 的全部功能。如果没有多重继承，就需要在 D 里写进 A、B、C 的所有功能。

5.3.4 多态

（1）多态的概念

多态是一种使用对象的方式，子类重写父类方法，调用不同子类对象的相同父类方法，可以产生不同的执行结果。即：不同对象调用同一方法，实现的功能不一样。优点为：调用灵活，有了多态，更容易编写出通用的代码程序，以适应需求的不断变化，增加程序的复用性。例如：Python 中的“+”运算方法，在数字相加时，1+2=3，‘a’ + ‘b’ = ‘ab’，就是字符串的拼接；在列表上，[1] + [2] = [1, 2]，就是列表拼接。

说明

> 如同加号一样，方法名，用在不同对象上，实现的功能完全不一样，这就是多态。

（2）多态的使用

【例 5-17】多态的使用。

```
class Dog(object):
    def work(self):             # 父类提供统一的方法，哪怕是空方法
        pass
class ArmyDog(Dog):             # 继承 Dog
    def work(self):             # 子类重写方法，并且处理自己的行为
        print('追击敌人')
class DrugDog(Dog):
    def work(self):
        print('追查毒品')
class Person(object):
    def work_with_dog(self,dog):
        dog.work()              # 根据对象不同产生不同的运行效果
dog = Dog()                     # 子类对象可以当作父类来使用
print(isinstance(dog,Dog))      # True
ad = ArmyDog()
print(isinstance(ad,Dog))       # True
dd = DrugDog()
print(isinstance(dd,Dog))       # True
p = Person()
p.work_with_dog(dog)
p.work_with_dog(ad)             # 同一个方法，只要是 Dog 的子类就可以传递
p.work_with_dog(dd)             # 传递不同对象，最终 work_with_dog 产生了不同的执行效果
```

运行结果：

```
True
True
True
追击敌人
追查毒品
```

说明

① Person 类中只需要调用 Dog 对象 work() 方法，而不关心具体是什么 Dog。
② work() 方法是在 Dog 父类中定义的，子类重写并处理不同方式的实现。
③ 在程序执行时，传入不同的 Dog 对象作为实参，就会产生不同的执行效果。

5.4 文件操作

Python 的文件基本操作概括为：打开文件、关闭文件、读取文件、写文件等操作。

5.4.1 打开文件

打开文件语法格式为：

```
FileObject = open(name [,mode][,buffering])
```

其中：

① name 变量表示要访问的文件名称字符串值。

② mode 决定了打开文件的模式：只读、写入、追加等。所有可取值如表 5-1 所示。默认文件访问模式为只读（r）。

③ buffering: 若该值为 0，则不寄存；该值为 1，访问文件时会寄存行；若该值为大于 1 的整数，表明该值为寄存区缓冲大小；若取负值，寄存区的缓冲大小则为系统默认。若该文件无法打开，会抛出系统错误信息。

例如：对打开的文件写入中文。

```
FileObject = open(" 文件名 ","w+");
```

说明

① 使用 open() 方法一定要保证关闭文件对象，即调用 close() 方法。
② 如果读写的文件中有中文，必须加入 encoding= ‘utf-8’。

表 5-1 mode 取值及含义

模式	功能描述
t	文本模式（默认）
x	写模式，新建一个文件，如果该文件已存在，则会报错
b	二进制模式

续表

模式	功能描述
+	打开一个文件进行更新（可读可写）
r	以只读方式打开文件。 文件的指针将会放在文件的开头。 这是默认模式
rb	以二进制格式打开一个文件用于只读。 文件指针将会放在文件的开头。 这是默认模式。一般用于非文本文件，如图片等
r+	打开一个文件用于读写。 文件指针将会放在文件的开头
rb+	以二进制格式打开一个文件用于读写。 文件指针将会放在文件的开头。 用于非文本文件，如图片等
w	打开一个文件只用于写入。 如果该文件已存在，则打开文件，并从开头开始编辑，即原有内容会被删除；如果该文件不存在，创建新文件
wb	写入二进制格式并打开一个文件。 若文件存在，则打开从头编辑，原有内容会被删除；若文件不存在，创建新文件。 一般用于非文本文件，如图片等
w+	打开一个文件用于读写。 若文件存在，则打开文件从开头编辑，原有内容会被删除；若文件不存在，创建新文件
wb+	用于读写二进制格式文件。 若文件存在，则打开从头开始编辑，原有内容会被删除；若文件不存在，创建新文件。 一般用于非文本文件，如图片等
a	用于追加文件。 若文件存在，文件指针将放在文件结尾，将新的内容写入到已有内容之后；若文件不存在，创建新文件进行写入
ab	用于追加二进制格式文件。 若文件存在，文件指针将会放在文件的结尾，新的内容将会追加到已有内容之后；若文件不存在，创建新文件进行写入
a+	打开一个文件用于读写。 若该文件已存在，文件指针将会放在文件的结尾，打开时会是追加模式；若文件不存在，创建新文件用于读写
ab+	用于追加二进制格式文件。 若文件存在，文件指针将会放在文件的结尾；若文件不存在，创建新文件用于读写。

5.4.2 文件操作函数和方法

（1）常用文件操作函数

常用文件操作函数如表 5-2 所示。

表 5-2　常用文件操作函数

函数名称	功能描述
FileObject.read(size)	读取 size 指定的字节数
FileObject.readline()	读取指针所在行
FileObject.readlines()	读取文件列表，每项是以 \n 结尾的字符串
FileObject.write(“字符串”)	把文本或二进制数据写入文件中
FileObject.writelines()	针对列表操作，把字符串列表写入文件中
FileObject.tell()	输出文件当前位置
FileObject.seek(os.SEEK_SET)	输出当前指针
FileObject.seek(n)	*n*=0，回到文件的开头；*n*=1，回到当前位置；*n*=2，回到末尾

（2）常用文件操作方法

常用文件操作方法如表 5-3 所示。

表 5-3　常用文件操作方法

方法名称	功能描述
file.close()	关闭文件。关闭后文件不能再进行读写操作
file.flush()	刷新文件内部缓冲，直接把内部缓冲区的数据立刻写入文件
file.fileno()	返回一个整型的文件描述符，用于如 os 模块的 read() 底层操作
file.isatty()	如果文件连接到一个终端设备，返回 True，否则返回 False
file.next()	返回文件下一行
file.read([size])	从文件读取指定的字节数，如果未给定或为负，则读取所有
file.readline([size])	读取整行，包括 "\n" 字符
file.readlines([sizeint])	读取所有行并返回列表，若 sizeint>0，则设置一次读多少字节
file.seek(offset[, whence])	设置文件当前位置
file.tell()	返回文件当前位置
file.truncate([size])	截取文件。截取的字节通过 size 指定，默认为当前文件位置
file.write(str)	将字符串写入文件，返回的是写入的字符长度
file.writelines(sequence)	向文件写入一个序列字符串，若需要换行，则要自行加入每行的换行符

（3）文件夹操作的 os 常用方法

使用 os 模块需要添加 import os 语句，它对文件及文件夹的常用方法如表 5-4 所示。

表 5-4　常用 os 文件操作方法

os 文件操作方法	功能描述
os.getcwd()	得到当前工作路径
os.listdir()	返回指定目录下的所有文件和目录名
os.remove()	删除一个文件

续表

os 文件操作方法	功能描述
os.removedirs(r"c:\Python")	删除多个目录
os.path.isfile()	检验给出的路径是否是一个文件
os.path.isdir()	检验给出的路径是否是一个目录
os.path.isabs()	判断是否是绝对路径
os.path.exists()	检验给出的路径是否存在
os.mkdir("file")/os.rmdir("file")	创建文件夹 / 删除文件夹
os.rename（old，new）	重命名
os.exit()	终止当前进程
os.path.getsize（filename）	获取文件大小
os.stat(file)	获取文件属性

（4）文件及文件夹的 shutil 模块

shutil 模块是对 os 模块的补充，主要针对文件的拷贝、删除、移动、压缩和解压操作，使用时导入 import shutil 即可。它的常用方法如表 5-5 所示。

表 5-5　常用文件 shutil 操作方法

方法名称	功能描述
shutil.copyfile(" 源文件 "," 新文件 ")	复制文件
shutil.copy(' 源文件 '，' 目标地址 ')	复制文件，返回复制后的路径
shutil.move(" 源地址 "," 目标地址 ")	移动文件或文件夹
shutil.copytree(" 源文件夹 "," 新文件夹 ")	复制文件夹
shutil.rmtree(" 文件目录 ")	移除整个文件夹，无论是否为空
shutil.copyfileobj(open(' 源文件 ','r'),open(' 目标文件 ','w'))	文件复制到另一个文件中
shutil.make_archive(' 目标文件路径 ',' 归档文件后缀 ',' 需归档文件夹 ')	归档操作，返回归档文件最终路径
shutil.unpack_archive(' 归档文件路径 '，' 解包目标文件夹 ')	解包操作，若文件夹不存在会新建文件夹

【例 5-18】读写文件的使用。

```
import os
op = open("test.py","w+");
print(" 文件名 : ",op.name)
op.write("www.smbu.edu.cn\n I began to learn to write documents \nwelcome!");
print(" 文件当前位置是: ",op.tell())
op.seek(os.SEEK_SET)  # 输出当前指针
context = op.read()   # 设置指针回到文件最初
print(" 读取写入的字符串是 \n",context)
print(" 是否已关闭 : ",op.closed)
print(" 访问模式 : ",op.mode)
op.close();
print(" 是否已关闭 : ",op.closed)
```

运行结果：

```
文件名： test.py
文件当前位置是：63
读取写入的字符串是
www.smbu.edu.cn
I began to learn to write documents
welcome!
是否已关闭： False
访问模式： w+
是否已关闭： True
```

【例 5-19】文件的读写方式选择。

```
op = open("test1.py","w+");
print(" 文件名 : ",op.name)
op.write(" 深圳北理莫斯科大学 \n 网址地址 :\nwww.smbu.edu.cn");
position = op.seek(0);          # 指针移动到开始位置
str = op.read(60);              # 指定读取的字节数
print(str)
position = op.seek(0)           # 注意移动指针
str1 = op.readline()            # 读 1 行
print(str1)
position = op.seek(0)
str2 = op.readlines()           # 读所有行
print(str2)
```

运行结果：

```
文件名： test1.py
深圳北理莫斯科大学
网址地址：
www.smbu.edu.cn
深圳北理莫斯科大学
[' 深圳北理莫斯科大学 \n',' 网址地址 :\n','www.smbu.edu.cn']
```

【例 5-20】使用两种读文件方式读取文件。

```
f = open("test2.txt",'r',encoding='utf8')    # 返回一个文件对象
position = f.seek(0)                         # 注意移动指针
line = f.readline()                          # 读第一行
print(line)
while line:                                  # 读所有行
    print(line,end = '')
    line = f.readline()
f.close()
```

运行结果（已经存在 test2.txt 文本文件）：

```
深圳北理莫斯科大学是一所中外合作大学，由深圳、北京理工大学和莫斯科大学联合创办。
深圳北理莫斯科大学是一所中外合作大学，由深圳、北京理工大学和莫斯科大学联合创办。
```

【例 5-21】在原有 test2.txt 文件中追加数据。

```
op= open('test2.txt','a',encoding='utf8')
op.write(",欢迎进入深圳北理莫斯科大学学习")
strs = ['，本学期学习的计算机语言包括：','Python、','C++']
op.writelines(strs)             # 写入字符列表内容
op.close()
op = open("test2.txt","r+",encoding='utf8');
str3 = op.readlines()           # 读所有文件
print(str3)
op.close()
```

运行结果：

['深圳北理莫斯科大学是一所中外合作大学，由深圳、北京理工大学和莫斯科大学联合创办。欢迎进入深圳北理莫斯科大学学习，本学期学习的计算机语言包括：'Python、C++']

【例 5-22】使用 shutil 及 os 模块的文件及文件夹操作。

```
import shutil
import os
shutil.copyfile("test2.txt","test3.txt")      # 复制 test2.txt 到 test3.txt
os.rename( "test3.txt","test5.txt" )          # 重命名文件 test3.txt 到 test4.txt
os.path.exists("test2.txt")                   # 判断 text2.txt 文件是否存在
os.remove("test2.txt")                        # 删除一个已经存在的文件 test2.txt
os.mkdir("dirtest")                           # 创建目录 test
os.chdir("/newdir2")                          # 将当前目录改为 "newdir2"
os.getcwd()                                   # 显示当前目录
os.rmdir( "/test"  )                          # 删除文件夹 test
```

5.5 异常处理机制

在 Python 中，将异常作为对象可随时对其进行操作，所有异常类都是从 Exception 继承的，且在 Exceptions 模块中定义。

5.5.1 异常处理

（1）异常的描述

异常是一个事件，该事件会在程序执行过程中发生，影响程序的正常执行。一般情况下，在 Python 无法正常处理程序时就会发生一个异常。异常也是 Python 对象，表示一个错误。当程序运行时发生异常时，需要捕获处理，避免程序终止执行。

（2）内置异常类的层次结构

BaseException 是所有内置异常的基类。程序运行时，系统自动将所有异常名称放在内建命名空间中，不必导入异常模块即可使用。异常类的层次结构如图 5-4 所示。其中，非系统退出的异常都是从 Exception 类派生出来的，即所有用户定义的异常从此类派生。

（3）Python 标准异常方法

常用异常如表 5-6 所示。

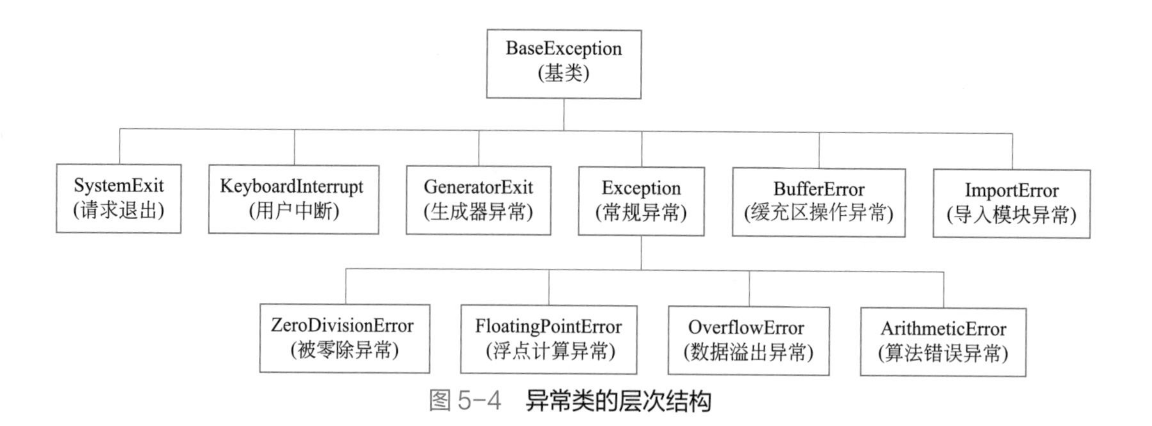

图 5-4　**异常类的层次结构**

表 5-6　**常用异常**

异常名称	功能描述
IOError	输入 / 输出操作失败
OSError	操作系统错误
WindowsError	系统调用失败
ImportError	导入模块 / 对象失败
LookupError	无效数据查询的基类
IndexError	序列中没有此索引 (index)
KeyError	映射中没有这个键
MemoryError	内存溢出错误 (对于 Python 解释器不是致命的)
NameError	未声明 / 初始化对象 (没有属性)
UnboundLocalError	访问未初始化的本地变量
ReferenceError	弱引用 (Weak reference) 试图访问已经垃圾回收了的对象
RuntimeError	一般的运行时错误
NotImplementedError	尚未实现的方法
BaseException	所有异常的基类
SystemExit	解释器请求退出
KeyboardInterrupt	用户中断执行 (通常是输入 Ctrl C)
Exception	常规错误的基类
StopIteration	迭代器没有更多的值
GeneratorExit	生成器 (generator) 发生异常来通知退出
StandardError	所有的内建标准异常的基类
ArithmeticError	所有数值计算错误的基类
FloatingPointError	浮点计算错误
OverflowError	数值运算超出最大限制
ZeroDivisionError	除 (或取模) 零 (所有数据类型)
AssertionError	断言语句失败

续表

异常名称	功能描述
AttributeError	对象没有这个属性
EOFError	没有内建输入，到达 EOF 标记
EnvironmentError	操作系统错误的基类
SyntaxError	Python 语法错误
IndentationError	缩进错误
TabError	Tab 和空格混用
SystemError	一般的解释器系统错误
TypeError	对类型无效的操作
ValueError	传入无效的参数
UnicodeError	Unicode 相关的错误
UnicodeDecodeError	Unicode 解码时的错误
UnicodeEncodeError	Unicode 编码时的错误
UnicodeTranslateError	Unicode 转换时的错误
Warning	警告的基类
DeprecationWarning	关于被弃用的特征的警告
FutureWarning	关于构造将来语义会有改变的警告
OverflowWarning	旧的关于自动提升为长整型 (long) 的警告
PendingDeprecationWarning	关于特性将会被废弃的警告
RuntimeWarning	可疑的运行时行为 (runtime behavior) 的警告
SyntaxWarning	可疑的语法的警告
UserWarning	用户代码生成的警告

5.5.2 异常处理结构

（1）标准异常处理结构

标准异常处理结构的语法格式为：

```
try:
被监控可能引发异常的语句块
except BaseException[as e]:
    处理所有系统错误
except Exception1:
    处理 Exception1 语句块
except Exception2:
    处理 Exception2 语句块
finally
    语句块
```

该结构被称为（try…except…finally）。其中，try 块包含着可能引发异常的代码；except 块用来捕捉和处理发生的异常，如果 try 块中没有抛出异常，则不执行 except 块的内容；finally 块无论是否发生异常都会被执行。

【例 5-23】简单异常处理。

```
s = 'Hello girl!'
try:
    print(s[100])
except IndexError:      # 捕捉检索错误
    print ('出现错误')
print ('继续运行')
```

说明

若不加 try，执行到第 2 句时出现“IndexError: string index out of range”错误，程序异常中断；加入 try 语句块后，发生异常则查找 except 语句，找到会自动调用异常处理器，except 将异常处理完毕，程序继续运行。若 except 后面为空，表示捕获任何类型的异常。

【例 5-24】添加 finally 异常处理。

```
s = 'Hello girl!'
try:
    print(s[100])
finally:
    print ('出现错误')
print ('继续运行')
```

运行结果：

```
出现错误
Traceback (most recent call last):
  File "F:\tools\PythonProject\test1.py",line 3,in <module>
    print(s[100])
IndexError:string index out of range
```

说明

无论异常发生与否，finally 中的语句都要执行。但是，由于没有 except 处理器，finally 执行完毕后，程序便中断了。如果 try 语句中没有异常，3 个 print 输出都会执行。

（2）多异常处理结构

多异常处理结构的语法格式为：

```
try:
被监控可能引发异常的语句块
except Exception1:
    处理 Exception1 语句块
except Exception2:
    处理 Exception2 语句块
…
except BaseException[as e]:
    处理所有系统错误
finally
    语句块
```

说明

① 当开始一个 try 语句后发生异常，程序跳到第一个匹配该异常的 except 子句，异常处理完毕，控制流就通过整个 try 语句，除非在处理异常时又引发新的异常。

② 当 try 后的语句里发生了异常，却没有匹配的 except 子句时，异常将被递交到上层的 try，或者到程序的最上层（这样将结束程序，并打印默认的出错信息）。

③ 在 try 子句若没有发生异常，不执行 except 语句块，控制流通过整个 try 语句。

④ 不要在 try 里写 return 返回值，否则 except 不能被执行。

【例 5-25】0 作为除数的异常处理。

```
try:
    1 / 0
except Exception as e:
    ''' 异常的父类，可以捕获所有的异常 '''
    print("0 不能做除数 ")
else:
    ''' 保护不抛出异常的代码 '''
    print(" 没有异常 ")
finally:
    print(" 最后总是要执行的语句 ")
```

运行结果：

```
0 不能做除数
最后总是要执行的语句
```

（3）其他异常

① raise 主动触发异常。

语法格式为：

```
raise [Exception [,args [,traceback]]]
```

其中，Exception 是异常的类型，如 ValueError；args 参数是一个异常参数值，该参数是可选的，如果不提供，异常的参数是″None″；traceback 参数是跟踪异常对象，也是可选的（很少使用）。

【例 5-26】raise 的异常处理使用。

```
def not_zero(num):
    try:
        if num == 0:
            raise ValueError(' 参数错误 ')
        return num
    except Exception as e:
        print(e)
not_zero(0)
```

运行结果：

```
参数错误
```

② with…as…管理器异常。

【例 5-27】处理管理器出现的异常。

```
with open("test1.py",'r') as f:
f.read()
print (2/0)
print(' 继续执行 ')
```

运行结果：

```
Traceback (most recent call last):
  File "F:\tools\PythonProject\test1.py",line 3,in <module>
    print (2/0)
ZeroDivisionError:division by zero
```

说明

① 由于 with as 自动关闭 open 打开的文件，只要在 with 中打开文件都会自动关闭，使用文件对象操作，完毕后要调用 close 方法关闭。

② with…as…语句提供了一个非常方便的替代方法，即 open 打开文件后将返回文件流对象赋值给 f，使得 with 语句块执行后会自动关闭文件。

③ 若 with 语句块中发生异常，程序会调用默认的异常处理器处理，但文件还是会正常关闭，此时会抛出异常使最后的 print 不执行。

5.6 包和模块

为了将 Python 代码进行组织管理，使用包和模块将相似功能的代码整合到一起，方便统一管理，以提升代码可读性和代码质量，方便在项目中进行协同开发。

5.6.1 包和模块的含义

（1）包（package）

包是含有多个 Python 文件 / 模块的文件夹，并且文件夹中必须有一个名称为 __init__.py 的特殊声明文件，用于标识当前文件夹是一个包（模块包）。包可将大量功能相关的 Python 模块包含起来统一组织、管理，使得其他模块通过 import 关键字引入，重复使用封装的模块和代码。

包是一个分层次的文件目录结构，它定义了一个由模块及子包，及子包下的子包等组成的应用环境。

例如，在工作目录 workspace/ 文件夹中，创建了文件 test.py 工具模块；在 demo/ 文件夹中，又创建了一个文件夹 modules/，在里面包含 __init__.py、User1.py、User2.py 三个模块文件，则 modules 就形成了程序包。其目录结构如下：

```
test.py
    demo
       |--modules
          |-- __init__.py
          |-- User1.py
          |-- User2.py
```

当 test.py 文件中没有被解释器导入 modules 时，被称作包；一旦被导入 modules 后，都称作模块。

（2）模块（module）

Python 将 .py 的文件均看成模块，其内部可封装变量、函数、类对象，这些模块可被其他程序使用 import 关键字引入重复使用。当导入多个模块时，Python 解释器会先查询内置模块，若自定义模块名与内置模块名重名时，会被内置模块所覆盖。自行创建模块时要注意命名，不能和 Python 自带的模块名称冲突。例如，系统自带了 sys 模块，自定义模块不可命名 sys.py，否则自定义模块不能被导入。

5.6.2 包和模块引入

包和模块的引入语法格式为：

```
import 包 / 模块
或
from 包 / 模块 import 具体对象
```

说明

① import 引入的包或模块会自动导入到当前文件夹中，通过系统环境变量 PYTHONPATH 及系统的 sys.path 路径，可查询是否存在该名称的包或模块，如不存在，就会出现错误信息。引入模块后，即可使用模块中的数据、函数、变量。其中，from xx import 语法方式是包和模块的相对引入，执行路径是相对于引入的最外层文件夹。

② 模块中包含局部变量和全局变量。被其他模块引入时，仅能使用当前模块中的全局变量。

【例 5-28】包与模块的使用。如在 package_1 文件夹下存在：user1.py、user2.py、__init__.py 和 test.py 4 个模块文件。

```
① user1.py 内容为：
def user1():
    print (" 我在 user1 中 ")
② user2.py 内容为：
def user2():
    print (" 我在 user2 中 ")
③ __init__.py 内容为：
if __name__ == '__main__':
    print( ' 作为主程序运行 ')
else:
    print (' 包 package_1 的初始化 ')
④ test.py 内容为：（调用 package_1 包）
from package_1.user1 import user1
from package_1.user2 import user2
user1()
user2()
结果：
包 package_1 的初始化
我在 user1 中
我在 user2 中
```

5.6.3 Main 函数的作用

Python 程序是从上而下逐行运行的。在 .py 文件中，除了 def 定义函数外的代码都会被认为是 “main”

方法中的内容。__name__ == '__main__' 语句是 Python 的 main 函数入口，用于判断下面的模块是否直接调用执行。若需要写测试函数，可在文件中写上 if __name__ == "__main__"，再调用测试函数。

代码在执行主程序前总是检查 if __name__ == '__main__'，这样当模块被导入时主程序就不会被执行。__name__ 这个属性目的是判断函数名字，若当前执行为 main，引入的即使有 __name__ 这个属性，里面的语句也不会被执行。

【例 5-29】main 函数的使用（1）。

建立 hello.py 文件内容如下：

```
def Hello():
    str=" 嗨，你好 "
    print(str)
    print(__name__+'from hello()')
    if __name__=="__main__":
        print(" 这是 main 下的 "Hello.py" ")
Hello()
print(__name__+'from main')
```

运行结果：

```
嗨，你好
__main__from hello()
这是 main 下的 "Hello.py"
__main__from main
```

说明

这里是执行了 if __name__=="__main__": 的输出 print(" 这是 main 下的 "Hello.py" ") 语句。

test.py 内容如下：

```
import hello            # 引入 hello.py 模块
hello.Hello()           # 调用 hello.py 下的 Hello() 函数
print(__name__)
```

运行结果：

```
嗨，你好
hellofrom hello()
hellofrom main
嗨，你好
hellofrom hello()
__main__
```

说明

若将 hello.py 文件作为模块引入 test.py 中，则 print(" 这是 main 下的 "Hello.py" ") 语句未执行。

【例 5-30】main 函数的使用（2）。

test_fun.py 文件内容如下：

```
def fun():
    print(__name__)
    print('这是函数')
if __name__ == '__main__':
    fun()
    print('这是 main 函数')
```

直接运行时，运行结果：

```
__main__
这是函数
这是 main 函数
```

若使用引入执行：

```
import test_fun
test_fun.fun()
```

运行结果为：

```
这是函数
```

说明

当直接运行包含 main 函数的程序时，main 函数会被执行，同时程序的 name 变量值为 'main'。当含有 main 函数的程序被作为模块导入时，模块 name = 'main' 下面的代码并未执行，即 main 函数没有执行。这种书写方式的功能包括：

① 在调试代码时，在“if name == 'main' ”中加入调试代码，让外部模块调用的时候不执行调试代码段。

② 在排查问题时，直接将代码段加入该模块文件，使得调试代码能够正常运行！

5.7 练习题

5.7.1 问答

（1）面向对象程序设计的特点是什么？

（2）什么是类？说明类和对象的关系。

（3）类变量和实例变量有什么特点？如何引用？

（4）创建一个 Person 类，通过 Person 类，创建教师、学生、管理者对象，并分别添加上一个姓名属性值。

（5）什么是 MRO？它的调用规则是什么？

（6）Python 中 self 代表什么？ __init__() 的作用是什么？

（7）什么是抽象？ Python 的抽象体现在何处？

（8）多继承的规则是什么？

（9）异常处理的格式是什么?

（10）什么是多态? 举一个生活中的例子进行说明。

5.7.2 实践项目

（1）定义一个汽车类 Car，在类中定义一个 move 方法，方法内加入汽车启动属性。然后创建 BM 和 Audi 对象，添加型号、颜色、马力属性，并打印出属性值（使用 __init__() 完成属性赋值）。

（2）建立一个 Ball 类，在类中建立一个 play() 方法，显示“打羽毛球”。根据 Ball 类创建一个 badminton 对象，调用 play() 显示打羽毛球。

（3）建立一个 Ball 类，在类中建立一个 play() 方法，显示“打羽毛球”。根据 Ball 类创建一个 badminton 对象，调用类实例化姓名，显示谁在打羽毛球。

（4）某银行发行 1 年、3 年、5 年的理财产品，年利率分别是 3%、3.85% 和 4.25%，使用类计算到期后得到的利息。

（5）定义一个 Student 类，内有姓名、性别、年龄、专业属性。在类中设计不同的行为方法，最后实例化 3 个以上的学生，通过调用类和类的方法，输出他们的个人信息及行为数据。

（6）仿照【例 5-8】编写一个继承的代码程序。

（7）仿照【例 5-13】编写一个多继承的代码程序。

（8）仿照【例 5-17】编写一个多态的代码程序。

（9）建立一个学生类，使用类方法显示学生信息。

（10）建立一个动物类，实例化最少 3 种动物，分别输出它们的特征。

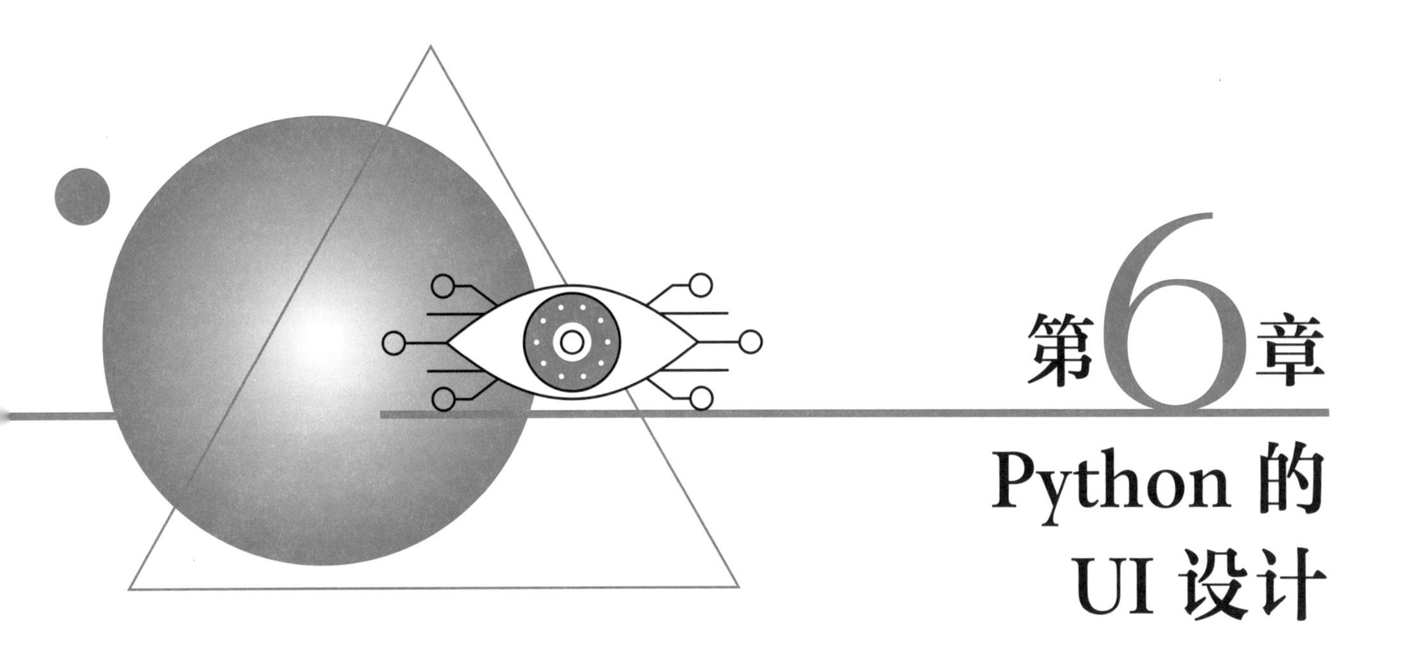

第6章 Python的UI设计

扫码获取学习资源

用户界面（User Interface，UI）是一种常见的人机交互界面，也是信息交互的媒介和信息产品的功能载体，界面上一般包括图标、图片、图形、色彩、表格及文字设计等。UI界面不仅要有精美的视觉表现，且在完成信息采集与反馈、输入与输出的同时，要体现符合人们认知行为习惯的操作逻辑，让用户使用变得舒适、便捷。

6.1 图形化用户界面设计的基本理解

图形化用户界面（Graphical User Interface，GUI），又称图形用户接口，是通过鼠标或键盘对窗口菜单、对话框、按钮等图形化对象操作，获取人机对话信息的一种方式。Python自带了tkinter模块，该模块是一种面向对象的GUI工具包，它提供了快速创建GUI应用程序的接口方法。导入tkinter模块，即可编写实现窗体组件布局、用户触发事件响应、窗口绘图函数、人机交互组件及相应的程序。

（1）图形化用户界面的特点

① 图形用户界面是指采用图形方式显示的计算机操作界面，它具有较好的人机交互功能，使操作更人性化，更适合用户的操作需求。它结合了计算机科学、美学、心理学、行为学及各商业领域的需求，更强调人-机-环境三者为一体的设计原则。

② GUI的本质是一种工业外观设计，通过界面内容展示与其方法的内在联系，包含常用的标签、文本框、按钮、列表、菜单、对话框等要素，使用户通过触动相应的组件即可调取相关程序进行操作。

③ Python自带的图形库支持多种操作系统，可以在Windows、Linux或者Mac下运行。在编写代码时，只需要调用tkinter下的Tk

接口函数，即可显示人机交互界面的 GUI 窗口。

④ 在 GUI 中，每个按钮（Button）、标签（Label）、输入框（Entry）、列表框等，都属于一个组件，框架（Frame）则是可以容纳其他组件的组件，所有组件组合起来就是一个树形结构。

（2）图形用户界面设计的原则

图形界面充当着人机交互的信息交流平台，首先要对图形用户界面进行一致性设计，即相互链接的界面主体颜色、图像风格、字体一致，遵循逻辑性、启示性和习惯用法等设计原则，不但要符合设计的审美原则，更要遵循用户的认知心理和行为方式，体现用户界面设计具有多学科交叉的显著特点。

6.2 组件、属性及使用

学习 Python GUI 编程的过程中，不仅要学会如何摆放组件，还要掌握各种组件的功能、属性，这样才能完成一个设计美观、功能完善的 GUI 程序。

6.2.1 常用组件

Python 中提供了各种组件，如按钮、标签和文本框，用于设计 GUI 应用界面。常用组件如表 6-1 所示。

表 6-1 **常用组件**

组件名称	功能描述
Button	按钮组件：在程序中显示按钮
Canvas	画布组件：构建绘图类，如椭圆、方框、线条、多边形、文本等
Checkbutton	多选框组件：在程序中提供多项选择框
Entry	输入组件：显示简单的文本内容
Frame	框架组件：在屏幕上显示一个矩形区域，多用作容器
Label	标签组件：显示文本和位图
Listbox	列表框组件：在列表框窗口显示一个字符串列表
Menubutton	菜单按钮组件：显示菜单项
Menu	菜单组件：显示菜单栏，下拉菜单和弹出菜单
Message	消息组件：显示多行文本，与标签类似，用于提示
Radiobutton	单选按钮组件：显示一个单选的按钮状态
Scale	范围组件：显示一个数值刻度，为输出限定范围的数字区间
Scrollbar	滚动条组件：当内容超过可视化区域时使用，如列表框
Text	文本组件：显示多行文本
Toplevel	容器组件：提供一个单独的对话框，和 Frame 比较类似
Spinbox	输入组件：与 Entry 类似，但是可以指定输入范围值
Panedroot	包含一个或者多个子组件的窗口布局管理插件
LabelFrame	是一个简单的容器组件，常用于复杂的窗口布局
tkMessageBox	消息框：显示应用程序

说明

① 所有组件中，Text 组件显得异常强大和灵活，适用于多种任务。虽然该组件的主要目的是显示多行文本，但它常常也被作为简单的文本编辑器和网页浏览器使用。

② 框架组件（Frame）是一个容器窗口部件，该窗口可以有边框和背景。当创建一个应用程序或 dialog(对话）界面时，框架可被用来组织其他的窗口组件。

③ 各个组件可使用公共属性，如 width 设置水平宽度，height 设置高度像素值，font=(‘隶书’, 16) 设置字体为隶书、16 号字，bg=‘blue’设置背景为蓝色，fg=‘yellow’设置前景（字体）为黄色。这些属性均可用在标签、输入框、文本、按钮等组件中。此外，组件还有独立属性，如在输入框中加入 show=‘*’，输入的内容隐藏为‘*’号，常用于密码登录框。字符属性值及字符变量值均需要使用双引号（或单引号）括起来。

6.2.2 组件标准属性

窗体上组件包括尺寸、颜色、字体、相对位置、浮雕样式、图标样式和悬停光标形状等属性，在初始化根窗体时可实例化窗体组件，并设置属性。父容器可为根窗体或其他容器组件实例。组件标准属性和窗体常用属性如表 6-2 和表 6-3 所示。

表 6-2 组件标准属性

属性名称	功能描述
dimension	组件大小
color	组件颜色
bg/fg	设置背景颜色 / 设置前景颜色
font	组件字体
bd	边框宽度大小，默认为 2 个像素
anchor	锚点，文本起始位置
padx/pady	水平 / 垂直扩展像素
relief	边框样式，包括 FLAT（平）、RAISED（凸起）、SUNKEN（凹陷）、GROOVE（沟槽状）和 RIDGE（脊状），默认为 FLAT
bitmap	指定的图片位图图像
cursor	鼠标移动时形状，默认为 arrow(箭头)，可以设置为 arrow、circle、cross、plus 等
justify	对齐方式，可选项包括 LEFT、RIGHT、CENTER
image	显示图片（必须是 gif 格式），变量赋值给 image
underline	下划线。取值就是带下划线的字符串索引，为 0 时，第一个字符带下划线，为 1 时，第二个字符带下划线，以此类推

表 6-3　窗体常用属性

属性名称	功能描述	取值
color	组件颜色	颜色或颜色代码，如 'red','#ff0000'
font	组件字体	‘华文行楷’‘黑体’‘隶书’等
anchor	文本起始位置	
relief	边框样式	边框样式，包括：FLAT（平）、RAISED（凸起）、SUNKEN（凹陷）、GROOVE（沟槽状）和 RIDGE（脊状），默认为 FLAT
height ,width	高、宽像素值	
cursor	几何光标	
boderwith	边框的宽度	
disabledforeground	无效时的颜色	
highlightthickness	焦点所在边框的宽度	默认值通常是 1 或 2 像素

6.2.3　tkinter 编程

Python 安装包中内置了 tkinter 模块，该模块的 Tk() 函数负责窗体创建以及相关的属性定义，其图像化编程的基本步骤通常包括：

（1）导入 tkinter 模块

```
from tkinter import *                                          # 导入窗口建立模块
from tkinter.tix import Tk,Control,ComboBox                    # 升级的组合组件包
from tkinter.messagebox import showinfo,showwarning,showerror  # 导入信息对话框组件库
```

（2）创建 GUI 根窗体

根窗体是图像化应用程序的主控制器，也是 tkinter 模块的底层组件实例。当导入 tkinter 模块后，调用 Tk() 函数可初始化一个根窗体实例 root，使用 title() 方法可设置其标题文字，使用 geometry() 方法可设置窗体的大小（以像素为单位）。一般将根窗体置于主循环中（root.mainloop()），除非用户关闭，否则程序始终处于运行状态。根窗体上可持续呈现其他可视化组件实例，监测事件的发生并执行相应的处理程序。

（3）添加人机交互组件并编写相应的方法

用组件编写相应的方法属于集成化的子程序，它是用来实现某些运算和完成各种特定操作的重要手段。在程序设计中，灵活运用函数库，不仅能体现程序设计的智能化和程序可读性，还能充分体现算法设计的正确性、健壮性及高效存储的需求。

（4）在主事件循环中等待用户触发事件响应

事件是指系统中任意一个活动的发生。事件的响应是指：对系统中任意发生的一个事件调用有关程序或例程进行处理的过程，以保证系统正常运行。

6.2.4　对象调用及设置

（1）对象调用

bind() 用来绑定回调函数，bind 可以被绝大多数组件类所使用。界面对象调用规则为：对象 .bind（事件类型，回调函数）。例如：

```
t=Label(root,text=' 标签 ')        # t为标签对象
t.bind(<Button-1>,函数名)          # 鼠标左击时调用函数
unbind([type],[data], Handler)    # bind()的反向操作
```

说明

unbind()是从每一个匹配的元素中删除绑定事件。若未指定参数，则删除所有绑定的事件；若提供了事件类型作为参数，则只删除该类型的绑定事件。因此，它可以对bind()注册的自定义事件取消绑定。如果将绑定时传递的处理函数作为第二个参数，则只有这个特定的事件处理函数会被删除。

（2）tkinter基本设置

① 窗口标题：在tkinter库中，使用root=Tk()建立父窗口类实例对象root，再使用实例对象root.geometry（“宽度像素值x高度像素值”）定义窗体的大小。如不定义窗体大小，窗体将按照组件大小自动设定。可使用root.title（“标题”）设置窗口标题。

② 颜色设置：tkinter包括一个颜色数据库，它将颜色名映射为相应的RGB值。在Windows系统上，颜色名表内建于Tk()函数中。颜色数据库包括了常用的颜色名称，如red、green、blue、yellow和lightblue等，也可以使用颜色的RGB（红绿蓝）十六进制值表示，如#ffffff表示白色、#ff0000表示红色、#00ff00表示绿色、#0000ff表示蓝色、#cccccc表示灰色等。

6.3 tkinter布局方式

tkinter组件有特定的几何状态布局方法，用于整个组件区域组织和管理。布局常用的3种方式如表6-4所示。

表6-4 布局方式选择

布局方式	功能描述	取值
pack( )	简单布局	fill、side
grid( )	表格布局	column、ipadx…
place( )	相对位置布局	x,y,relx,rely

说明

pack()方法是最简单的布局方式，它把组件加入父容器中；grid()可以按照行、列的形式进行表格布局；place()是一种“绝对布局”方式，它要求每个组件按照绝对位置或相对于其他组件位置布局。如果要使用place布局，调用相应place()方法中的(x,y)坐标，即可确定在窗口上的位置。

6.3.1 简单布局

简单布局pack()按布局语句占用最小空间的方式，以自上而下、从左到右的方式排列组件，并且保持组件本身的最小尺寸。参数fill=x、fill=y或fill=BOTH，分别表示允许组件向水平方向、垂直方向或二维伸展方式填充组件。参数side=LEFT、side=RIGHT、side=TOP(默认)、side=BOTTOM，分别表示相对于下一个实例的左右、上下方位。该布局的常用属性和方法如表6-5和表6-6所示。

表 6-5　pack() 常用属性

属性名称	功能描述	取值范围
expand	取 "yes”时，side 无效，组件显示在父配件中心位置；若 fill 为“both”，则填充父组件剩余空间	“yes”、自然数、“no”、0（默认值为“no”或 0）
fill	填充 x(y) 方向上的空间。当属性 side=“top”或“bottom”时，填充 x 方向；当属性 side=“left”或“right”时，填充“y”方向；当 expand 选项为“yes”时，填充父组件的剩余空间	“x”“y”“both”（默认值为待选）
ipadx, ipady	组件内部在 x(y) 方向上填充的空间大小，默认单位为像素，可选单位为 c（厘米）、m（毫米）、i（英寸）、p（打印机的点，即 1/27 英寸），用法为在值后加以上一个后缀	非负浮点数（默认值为 0.0）
padx, pady	组件外部在 x(y) 方向上填充的空间大小，默认单位为像素，可选单位为 c（厘米）、m（毫米）、i（英寸）、p（1/27 英寸），用法为在值后加以上后缀	非负浮点数（默认值为 0.0）
side	定义停靠在父组件的哪一边上	“top”“bottom”“left”“right”（默认为”top”）
before	将本组件用于所选组建对象之前，类似于先创建本组件再创建选定组件	已经 pack 后的组件对象
after	将本组件用于所选组建对象之后，类似于先创建选定组件再创建本组件	已经 pack 后的组件对象
in	将本组件作为所选组建对象的子组件，类似于指定本组件的 master 为选定组件	已经 pack 后的组件对象
anchor	相对于摆放组件位置的对齐方式，如左对齐“w”、右对齐“e”、顶对齐“n”、底对齐“s”	“n”“s”“w”“e”“nw”“sw”“se”“ne”“center”（默认为”center”）

表 6-6　pack() 常用方法

函数名称	功能描述
slaves()	以列表方式返回本组件的所有子组件对象
propagate(boolean)	设置为 True，表示父组件的几何大小由子组件决定（默认值）；反之，则无关
info()	返回 pack 提供选项所对应的值
forget()	将组件隐藏并且忽略原有设置。若该对象依旧存在，可以用 pack(option, …) 将其显示。
location(x, y)	x，y 为以像素为单位的点，函数返回此点在本单元格中的行列坐标，(−1, −1) 表示此点不在其中
size()	返回组件所包含的单元格，表示组件大小

【例 6-1】使用简单布局创建 UI 界面。

```
from  tkinter import *            # 导入库
root = Tk()                       # 初始化
# 加入标签
lb = Label(root,text=' 学习 Python 界面布局 ',bg='pink',fg='blue',\
        font=(' 华文新魏 ',32),width=20,height=2,relief=SUNKEN)
lb1 = Label(root,text='1、标签的使用 ',fg='blue',\
        font=(' 华文新魏 ',24),width=20,height=2)
lb.pack()                         # 把标签布置上去
lb1.pack()
root.mainloop()                   # 进入消息循环，界面便会显示出来
```

运行结果如图 6-1 所示。

图 6-1 简单布局方式

6.3.2 表格布局

表格布局 grid() 是以虚拟二维表格方式布局各种组件的方法。由于表格单元中所布局的组件实例、单元格大小不同，因此，该方式仅用于布局定位。grid() 布局常用属性如表 6-7 所示。

表 6-7 grid() 布局常用属性

属性名称	功能描述	取值
row/column	组件起始行 / 起始列	0 ~ *N*
columnspan	组件所跨越的列数	默认为 1 列
rowspan	组件的起始行数	默认为 1 行
ipadx/ipady	组件区域内部扩充的横向 / 纵向像素数	1 ~ *M*
padx/pady	组件单元格外部扩充的横向 / 纵向像素数	1 ~ *M*
sticky	指定内容在单元格的位置	NW、N、NE、EW、SW、S、SE
in	将本组件作为所选组建对象的子组件，类似于指定本组件的 master 为选定组件	已经 pack 后的组件对象

说明

① pack() 方法与 grid() 方法不能混合使用。
② sticky 取值可以组合使用，如 E W 的效果就是水平拉伸空间。例如：
root.grid(row=2, column=1,sticky=E W)

grid() 布局提供的函数如表 6-8 所示。

表 6-8 grid() 提供的函数

函数名称	功能描述
slaves()	以列表方式返回本组件的所有子组件对象
propagate(boolean)	设置为 True，表示父组件的几何大小由子组件决定（默认值）；反之，则无关
info()	返回 pack 提供的选项所对应的值
forget()	将组件隐藏并且忽略原有设置。若对象依旧存在，可以用 pack(option, …) 将其显示
grid_remove()	从网格管理器中删除此小部件。小部件不会被销毁，并且可以由网格或任何其他管理器重新显示

【例 6-2】使用 grid() 布局标签。

```
from tkinter import  *
root = Tk()
lbr = Label(root,text=" 课程名称 ",fg="Red",relief=GROOVE,font=(' 华文新魏 ',24))
lbr.grid(column=1,row=0)
lb1 = Label(root,text="Python 语言程序设计 ",fg="blue",relief=GROOVE)
lb1.grid(column=0,row=1)
lb2 = Label(root,text="MATLAB 编程与提高 ",fg="blue",relief=GROOVE)
lb2.grid(column=1,columnspan=1,row=1,ipadx=20)
lb3 = Label(root,text="C 语言程序设计 ",fg="blue",relief=GROOVE)
lb3.grid(column=2,columnspan=1,row=1,ipadx=20)
root.mainloop()
```

运行结果如图 6-2 所示。

图 6-2　表格布局方式

6.3.3　绝对位置布局

绝对位置布局 place() 方式要求程序显式指定每个组件的绝对位置或相对于其他组件的位置参数进行布局。利用 place() 方法配合 bg（背景）、fg（前景）和 font、relief 等参数，所得到的界面可自适应根窗体尺寸的大小。place() 方式与 grid() 方式可以混合使用。

绝对位置布局中每个取值在单元格中的位置参数如右侧图所示。

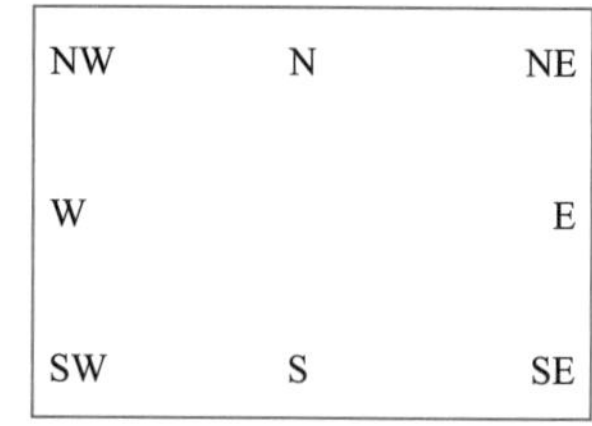

place() 提供的常用属性如表 6-9 所示。

表 6-9　place() 常用属性

属性名称	功能描述	取值
anchor	相对于摆放组件的坐标的位置	N、E、S、W（部件上左上角）
x,y	组件在根窗体中水平和垂直方向上的位置	按照分辨率取像素值
relx,rely	组件在根窗体中水平和垂直方向上相对于根窗体宽和高的比例位置	0.0 ～ 1.0
height,width	组件本身的高度和宽度	按照分辨率取像素值
relheight relwidth	组件相对于根窗体的高度和宽度比例	0.0 ～ 1.0
bordermode	指定是否计算该组件的边框宽度	“inside”或“outside”

当使用 place 布局组件时，需要设置组件的 x、y 位置或 relx、rely 选项。tkinter 容器内的坐标原点 (0,0) 在左上角，x 轴向右延伸，y 轴向下延伸，如图 6-3 所示。

place() 布局提供的函数如表 6-10 所示。

表6-10　place()提供的函数

函数名称	功能描述
place_slaves()	以列表方式返回本组件的所有子组件对象
place_configure(option=value)	给pack布局管理器设置属性，使用属性（option）= 取值（value）方式设置
propagate(boolean)	设置为True，表示父组件的几何大小由子组件决定（默认值）；反之，则无关
place_info()	返回pack提供的选项所对应的值
grid_forget()	将组件隐藏并且忽略原有设置。若对象依旧存在，可以用pack(option, …)将其显示
location(x, y)	x，y为以像素为单位的点，若此点在单元格中，函数返回单元格行列坐标，(-1,-1)表示此点不在其中
size()	返回组件所包含的单元格，表示组件大小

【例6-3】使用place()布局多行文本。

```
from tkinter import *
root=Tk()  #初始化
root.geometry('300x200')
msg1 = Message(root,text='文本的水平起始位置相对窗体是0.2，垂直起始位置为绝对位置是20像素，高度是窗体高度的0.2，显示框高度80，宽度是200像素',relief=GROOVE)
msg1.place(relx=0.2,y=20,relheight=0.2,height=80,width=200)
root.mainloop()
```

运行结果如图6-4所示。

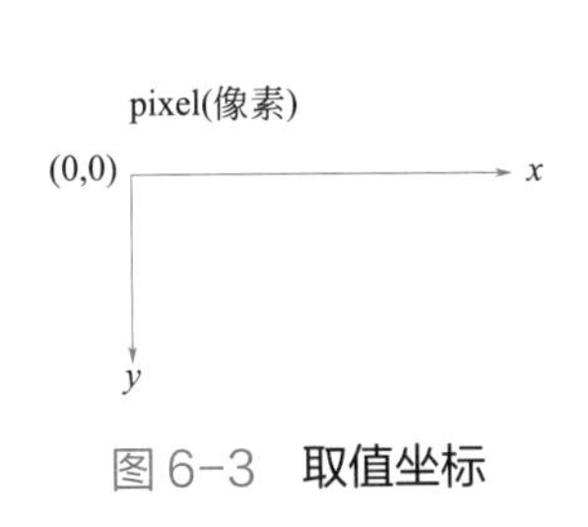

图6-3　取值坐标

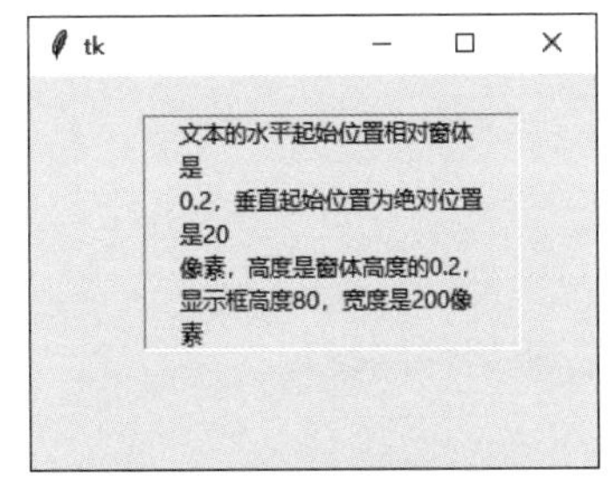

图6-4　绝对位置布局方式

说明

利用place()方法配合relx、rely和relheight、relwidth参数，所得到的界面可自适应根窗体尺寸的大小。

place()方法与grid()方法混合使用，可利用place()方法排列消息（多行文本）的布局优势。

6.4　组件的使用

Python的组件不仅包括标签、文本框、按钮、单选框、复选框、框架、列表、组合框和滑块等，还提供了各个组件的属性设置和方法函数，使得编写设计界面时节省了大量编写代码时间。

6.4.1 标签（Label）组件的使用

标签组件（Label）用来显示指定窗口中不允许用户修改的文本和图像。若需要显示一行或多行文本且不允许用户修改，可以使用 Label 组件。其语法格式为：

```
L1= Label(根对象,[属性列表])
```

标签属性选项是可选项，可以用键 - 值的形式设置，并以逗号分隔。

标签常用属性如表 6-11 所示。

表 6-11　标签常用属性

属性名称	功能描述
anchor	文本或图像在背景内容区的位置，默认为 center，可选值为 e、s、w、n、ne、nw、sw、se、center（e、s、w、n 是东南西北英文的首字母，表示方式是：上北下南左西右东）
hegiht	标签的高度，默认值是 0
image	设置标签中显示的图像
justify	定义对齐方式，可选值有：LEFT、RIGHT、CENTER，默认为 CENTER
padx	x 轴间距（横向），以像素计，默认为 1
pady	y 轴间距（纵向），以像素计，默认为 1
text	设置文本，可以包含换行符 (\n)
textvariable	标签显示变量，如果变量被修改，标签文本将自动更新
underline	设置下划线，默认为 -1，如果设置为 1，则是从第二个字符开始画下划线
width	设置标签宽度，默认值是 0，自动计算，单位以像素计
wraplength	设置标签文本为多少行显示，默认为 0

说明

边框样式有：FLAT、SUNKEN、RAISED、GROOVE、RIDGE，为不同的 3D 显示效果。

【例 6-4】标签组件的使用。

```
from tkinter import *
root = Tk()
L1 =Label(root,text="学习Python界面设计",font=('华文新魏',20))
L2 =Label(root,text="今天我们学习标签的使用")
L1.pack()
L2.pack()
root.mainloop()
```

运行结果如图 6-5 所示

图 6-5　标签组件的使用

6.4.2 文本框（Text）和（Entry）组件的使用

文本框（Text）和（Entry）组件是用户编辑一行（多行）文本和人机交互的组件。若需要编辑文本，可以使用文本框 Text 组件；若需要人机交互，可以使用 Entry 组件。其语法格式为：

```
T1 = Text(根对象,[属性列表])          #用户编辑文本框
T2 = Entry(根对象,[属性列表])         #人机交互文本框
```

文本框属性选项是可选项，可以用键 - 值的形式设置，并以逗号分隔。

文本框常用属性如表 6-12 所示。

表 6-12　文本框常用属性

属性名称	功能描述
Width/height	文本框宽度 / 文本框高度
highlightcolor	文本框高亮边框颜色，当文本框获取焦点时显示
Justify	多行文本对齐方式，可选项包括 LEFT、RIGHT、CENTER
cursor	光标的形状设定，如 arrow、circle、cross、plus 等
selectforeground	选择文本的颜色
selectbackground	选择文字的背景颜色
show	显示文本框字符，密码设为 show="*"
textvariable	文本框变量值，是一个 StringVar() 对象
xscrollcommand	水平向滚动条，当文本框宽度大于文本框显示的宽度时使用
exportselection	在输入框中选中文本，默认会复制到粘贴板，若需设置该功能，令 exportselection=0

文本框常用函数如表 6-13 所示。

表 6-13　文本框常用函数

函数名称	功能描述
delete(起始位置，[, 终止位置])	删除指定区域文本 (取值可为整数、浮点数或 END)
get(起始位置，[, 终止位置])	获取指定区域文本 (取值可为整数、浮点数或 END)
insert(位置，[, 字符串]...)	将文本插入指定位置
see(位置)	在指定位置是否可见文本，返回布尔值
index(标记)	返回标记所在的行和列
select_clear()	清空文本框
select_adjust(index)	选中指定索引和光标所在位置之前的值
select_from(index)	设置光标的位置，通过索引值 index 来设置
select_present()	如果有选中，返回 True，否则返回 False
mark_names()	返回所有标记名称
mark_set(标记，位置)	在指定位置设置标记
select_range(start, end)	选中指定索引位置，start(包含)，end(不包含)
select_to(index)	选中指定索引与光标之间的值
icursor(index)	将光标移动到指定索引位置，当文框获取焦点后成立
xview(index)	查看文本框的水平方向滚动
view_scroll(number, what)	用于水平滚动文本框。what 参数为 UNITS 按字符宽度或 PAGES 按文本框组件块滚动；number 参数为正数时由左到右滚动，为负数时由右到左滚动
mark_unset(标记)	去除标记

文本框可使用标准属性。例如:

```
text.insert(1.0,'hello\n')                # 插入一个字符串
text.insert(END,'hello000000\n')          # 换行插入一个字符串
text.delete(10)                           # 删除索引值为 10 的值
text.delete(10,20)                        # 删除索引值从 10 到 20 之前的值
text.delete(0,END)                        # 删除所有
```

【例 6-5】简单文本框的使用。

```
from tkinter import *
root = Tk()
root.title("hello world")
root.geometry('300x200')
t = Text(root)
t.pack()
root.mainloop()
```

运行结果如图 6-6 所示。

【例 6-6】插入文本的 UI 设计。

```
from tkinter import *
root = Tk()
text = Text(root,width=50,height = 10)
text.pack()
text.insert(INSERT," 我开始学习 \n")       #INSERT 表示在光标所在位置插入
text.insert(END,"Python 界面设计 !")       #END 表示是在末尾处插入
mainloop()
```

运行结果如图 6-7 所示。

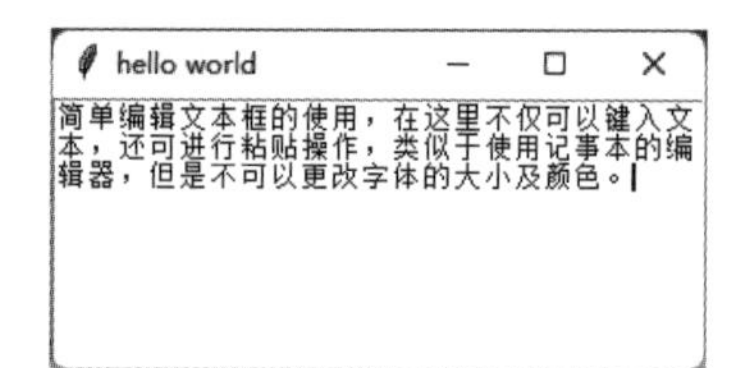

图 6-6　简单文本框

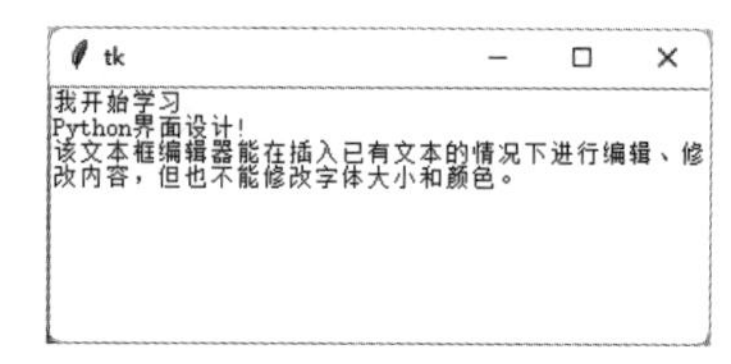

图 6-7　插入文本的 UI 设计

【例 6-7】人机交互文本框的使用。

```
from tkinter import *
root=Tk()                                 # 初始化
root.geometry('260x100')
root.title(" 用户注册 ")                  # 标题
name0 = Label(root,text=" 用户名 ")
name0.pack(side=LEFT)
name1 = Entry(root,bd=5)
name1.pack(side=RIGHT)
root.mainloop()
```

运行结果如图 6-8 所示。

【例 6-8】使用文本框循环获取日期和时间。

```
from tkinter import *
import time
import datetime
def gettime():
    s=str(datetime.datetime.now())+'\n'
    txt.insert(END,s)
    root.after(1000,gettime)              # 每隔 1s 调用函数 gettime 自身获取时间
```

```
root=Tk()
root.geometry('320x240')
txt=Text(root)
txt.pack()
gettime()
root.mainloop()
```

运行结果如图 6-9 所示。

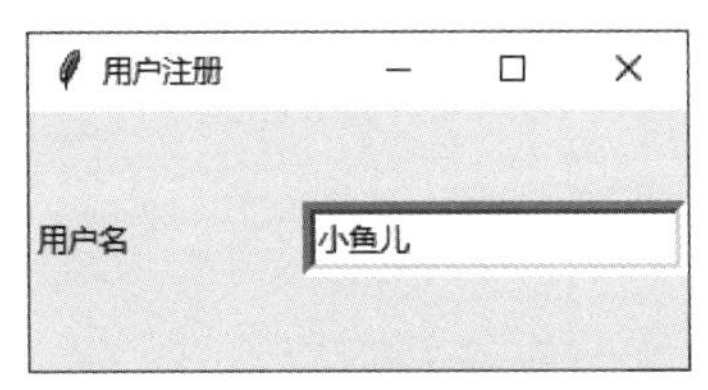

图 6-8　人机交互文本框

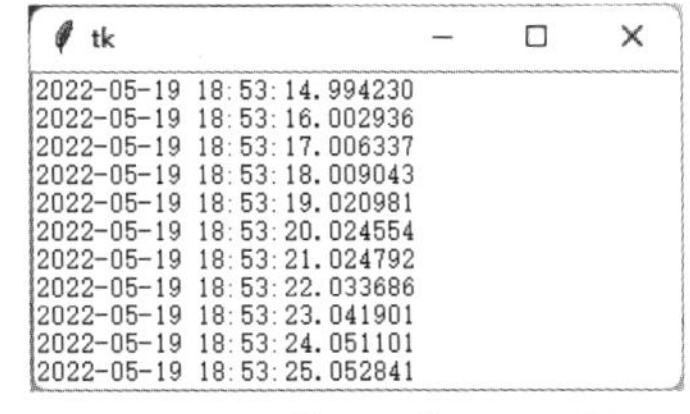

图 6-9　日期和时间显示界面

6.4.3　按钮（Button）组件的使用

按钮（Button）常用于单击事件调用 Python 函数或方法。当按钮被按下时，会自动调用编写好的函数或方法来处理相应的事件。按钮上可以放文本或图像，在文本字上加下划线将其标记为快捷键。默认情况下，使用 Tab 键可移动到一个按钮部件上。其语法格式为:

```
b1= Button( 根对象 ,[ 属性列表 ] )
```

按钮属性选项是可选项，可以用键 - 值的形式设置，并以逗号分隔。

按钮常用方法如表 6-14 所示。

表 6-14　**按钮常用方法**

方法名称	描述
deselect()	清除单选按钮的状态
flash()	在激活状态颜色和正常颜色之间闪烁几次后，保持开始时状态
invoke()	获得与用户单击单选按钮以更改其状态时发生的相同操作
select()	设置单选按钮为选中

按钮常用属性如表 6-15 所示。

表 6-15　**按钮常用属性**

属性	功能描述	取值
activeforeground	点击时按钮上面字的颜色	‘blue’ or ‘#0000ff’
activebackground	点击时按钮背景的颜色	‘red’ or ‘#ff0000’
command	点击调用的方法	command= 函数名，函数名后面不要加括号，如 command=run1
image	显示图像（只能显示 Gif 图片文件）	file= 图片 .gif
underline	字符下划线	
state	按钮状态选项	不可用 / 正常 / 活动
wraplength	限制按钮每行显示的字符数量，超出限制数量后则换行显示	

【例 6-9】按钮事件的使用。

```
from tkinter import *
tk=Tk()                              # 父窗口类实例
tk.title("bind 用法实例 ")           # 窗口标题
def click1(event):                   # 定义回调函数
    x1=Label(tk,text =' 单击按钮显示! ',bg='green',fg='yellow')
    x1.pack()
x2=Button(tk,text=' 单击左键 ')      # 定义一个按钮
x2.bind('<Button-1>',click1)         # 单击左键，绑定函数
x2.pack()
tk.mainloop()
```

运行结果如图 6-10 所示。

【例 6-10】使用图片按钮提交信息。

```
from tkinter import *
root = Tk()
root.title(" 图片按钮及单击事件响应 ")
root.geometry('300x150')
def hello():                         # 单击按钮出现消息框
    b1=Message(root,text="Python 图片按钮使用及单击事件响应 ",font=(' 华文新魏 ',16),width=200)
    b1.pack()
photo =PhotoImage(file='i.gif')
Button(root,image=photo,padx=5,pady=5,command=hello).pack()
root.mainloop()
```

运行结果如图 6-11 所示。

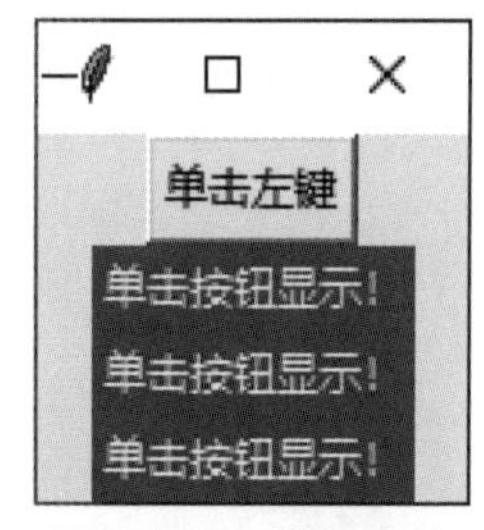

图 6-10　按钮事件

图 6-11　图片按钮

【例 6-11】标签、文本框及按钮的综合使用。

```
from tkinter import *
root=Tk()                                          # 初始化
lable = Label(root,text=" 学习 Python 界面设计 ",bg="yellow",bd=10,font=(" 隶书 ",24),width=18)
lable.grid(column=1,row=0)                         # 标签的位置
root.title(" 界面设计 ")
root.geometry("460x240")
root.resizable(False,False)                        # 不可修改窗口大小
root["background"] = "yellow"                      # 设置背景色
name0 = Label(root,text=" 用户名 ",font=(" 黑体 ",16),bg="yellow")
name0.grid(column=0,row=1,pady=10)                 # 把标签组件布置上去
name1 = Entry(root,bd=5,width=25)
```

```
name1.grid(column=1,row=1,pady=10,ipady=5)     # 把文本框组件布置上去
pass0 = Label(root,text=" 密码 ",font=(" 黑体 ",16),bg="yellow")
pass0.grid(column=0,row=2,pady=10)
pass1 = Entry(root,bd=5,width=25,show="*")
pass1.grid(column=1,row=2,pady=10,ipady=5)
b1=Button(root,text=" 提交 ",bd=2,width=10,padx=10)
b1.grid(column=0,row=3,pady=10)                # 把按钮组件布置上去
b2=Button(root,text=" 重置 ",bd=2,width=10)
b2.grid(column=1,row=3,pady=10)
root.mainloop()
```

运行结果如图 6-12 所示。

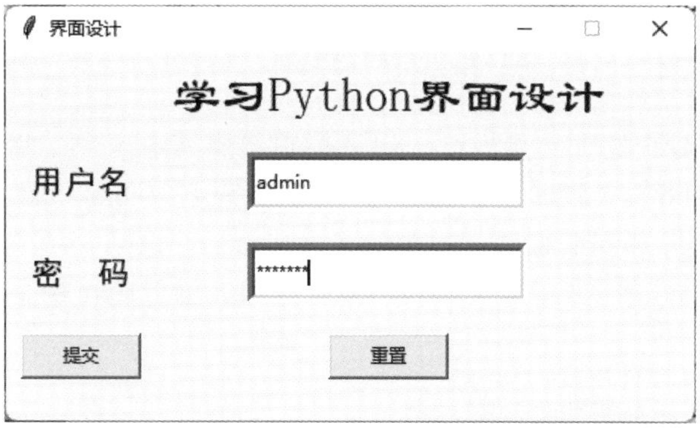

图 6-12　标签、文本框及按钮的综合使用案例

【例 6-12】使用按钮传递参数，要求：

① 从两个输入框输入文本后转为浮点数值进行加法和乘法运算，要求每次单击按钮产生的结果以文本的形式追加到文本框中，并同时将原输入框清空。

② 按钮“加法运算”不传递参数，调用函数 run1() 实现；按钮“乘法运算”用 lambda 调用函数 run2(x,y) 同时传递参数实现。

```
from tkinter import *
def run1():
    a = float(inp1.get()); b = float(inp2.get());s = '%0.2f+%0.2f=%0.2f\n' % (a,b,a + b)
    txt.insert(END,s)                                # 追加显示运算结果
    inp1.delete(0,END) ; inp2.delete(0,END)          # 清空输入
def run2(x,y):
    a = float(x); b = float(y);s = '%0.2f*%0.2f=%0.2f\n' % (a,b,a * b)
    txt.insert(END,s)                                # 追加显示运算结果
root = Tk()
root.geometry('460x240'); root.title(' 加法与乘法运算 ')
lb1 = Label(root,text=' 请输入两个数，按下面两个按钮进行相应计算 ')
lb1.place(relx=0.1,rely=0.1,relwidth=0.8,relheight=0.1)
inp1 = Entry(root);inp1.place(relx=0.1,rely=0.2,relwidth=0.3,relheight=0.1)
inp2 = Entry(root);inp2.place(relx=0.6,rely=0.2,relwidth=0.3,relheight=0.1)
btn1 = Button(root,text=' 加法计算 ',command=run1)       # 方法 1
btn1.place(relx=0.1,rely=0.4,relwidth=0.3,relheight=0.1)
btn2 = Button(root,text=' 乘法计算 ',command=lambda: run2(inp1.get(),inp2.get())) # 法 2
btn2.place(relx=0.6,rely=0.4,relwidth=0.3,relheight=0.1)
txt = Text(root)
txt.place(relx=0.1,rely=0.6,relwidth=0.8,relheight=0.3)
root.mainloop()
```

运行结果如图 6-13 所示。

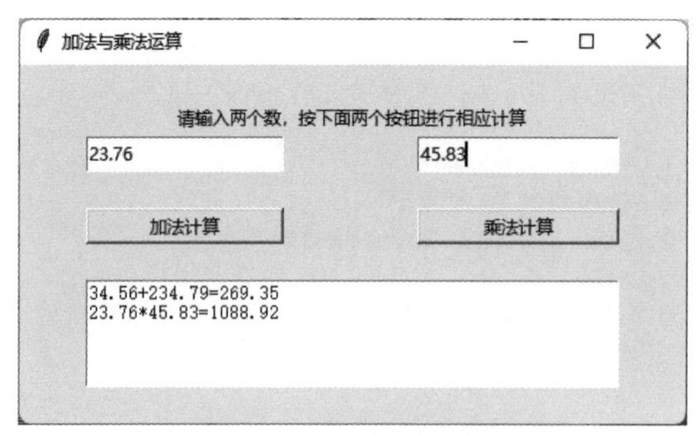

图 6-13　按钮传递参数的使用

6.4.4　单选框（Radiobutton）组件的使用

单选框只能选中一项命令，它允许用户在一组选项中选择其中一个。此外，单选框组件具有显示文本（text）、返回变量（variable）、返回值（value）、响应函数名（command）等重要属性。响应函数名“command= 函数名”的用法与 Button 相同，函数名必须加括号。返回变量“variable=var”通常应预先声明变量的类型，如 var=IntVar() 或 var=StringVar()，在所调用的函数中可用 var.get() 方法获取被选中实例的 value 值。其语法格式为：

```
R1= Radiobutton( 根对象,[ 属性列表 ] )
```

单选框属性选项是可选项，可以用键 - 值的形式设置，并以逗号分隔。

单选框的属性如表 6-16 所示。

表 6-16　**单选框属性**

属性名称	功能描述
text	单选框文本显示
Variable	关联单选框执行的函数
value	根据值不同确定选中的单选框
set（value）	默认选中指定的单选框
height	单选框的高度，需要结合单选框的边框样式才能展示出效果
width	单选框的宽度，需要结合单选框的边框样式才能展示出效果
activebackground	鼠标点击单选框时显示的背景色
activeforeground	鼠标点击单选框时显示的前景色
config(state=)	单选框的状态，状态可选项有 DISABLED、NORMAL、ACTIVE
wraplength	限制每行的文字，单选框文字达到限制的字符后，自动换行

【例 6-13】单选框的使用。

```
from tkinter import *
root=Tk()  # 初始化
root.geometry("400x150")
root.title(" 输入个人信息 ")
lable = Label(root,text=" 输入您的个人信息 ",font=(" 隶书 ",16),width=18)
lable.grid(column=1,row=0)
```

```
lable0=Label(root,text=" 用户名: ")
lable0.grid(row=1,column=0,pady=30)
lable1=Entry(root,bd=5);lable1.grid(row=1,column=1)
lable2=Label(root,text=' 选择性别:  ');lable2.grid(row=2,column=0)
sex=StringVar()
sex_male=Radiobutton(root,text=' 男 ',fg='blue',variable=sex,value=' 男 ')
sex_male.grid(row=2,column=1)
sex_female=Radiobutton(root,text=' 女 ',fg='red',variable=sex,value=' 女 ')
sex_female.grid(row=2,column=2)
root.mainloop()
```

运行结果如图 6-14 所示。

【例 6-14】单选框的交互使用。

```
from tkinter import *
root = Tk()
root.title(' 理工科专业选择 ')
root.geometry('360x240')
title1= Label(root,text=' 选择您心仪的专业 ',fg='blue',font=(' 华文新魏 ',20),width=20,height=2)
title1.pack()
def Mysel():
    dic = {0: ' 计算机科学 ',1: ' 自动化 ',2: ' 电子工程 '}
    s = " 您选了 " + dic.get(var.get()) + " 专业 "
    lb.config(text=s,font=(' 华文新魏 ',16),fg="blue")
lb = Label(root)
lb.pack(side=BOTTOM)
var = IntVar()
rd1 = Radiobutton(root,text=" 计算机科学 ",variable=var,value=0,command=Mysel)
rd1.pack()
rd2 = Radiobutton(root,text=" 自动化 ",variable=var,value=1,command=Mysel)
rd2.pack()
rd3 = Radiobutton(root,text=" 电子工程 ",variable=var,value=2,command=Mysel)
rd3.pack()
root.mainloop()
```

运行结果如图 6-15 所示。

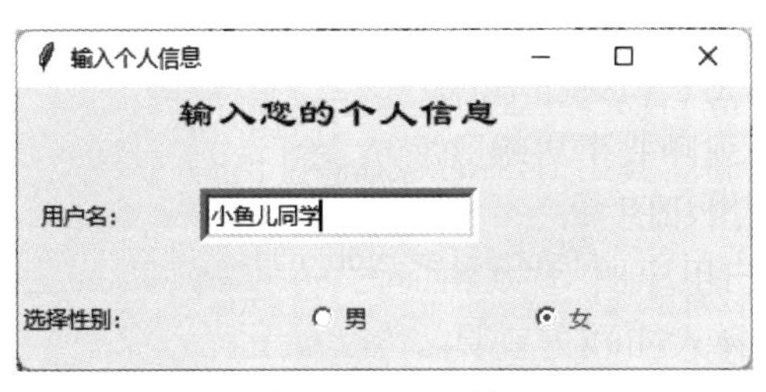

图 6-14 单选框

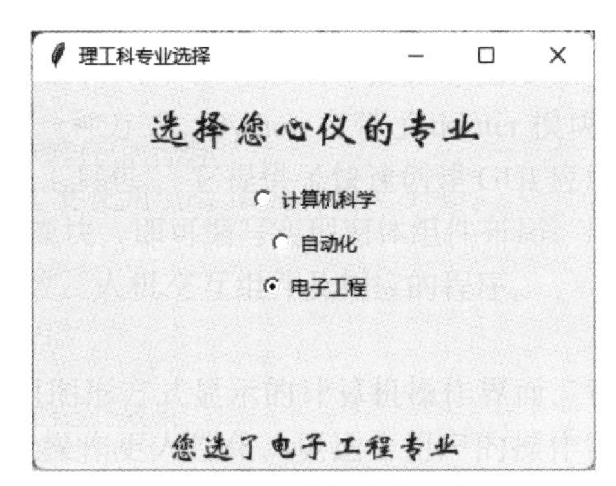

图 6 15 单选框的交互使用

6.4.5 复选框（Checkbutton）组件的使用

复选框是为了返回多个选项值的交互组件，通常不直接触发函数的执行。该组件除具有共有属性外，还具有显示文本（text）、返回变量（variable）、选中返回值（onvalue）和未选中默认返回值（offvalue）等重要属性。返回变量“variable=var”通常可以预先逐项分别声明变量的类型 var=IntVar()（默认）或

var=StringVar()，在所调用的函数中可分别调用 var.get() 方法获取选中实例的 onvalue 或 offvalue 值。其语法格式为：

```
C1= Checkbutton( 根对象 ,[ 属性列表 ] )
```

复选框属性选项是可选项，可以用键 - 值的形式设置，并以逗号分隔。

复选框常用属性如表 6-17 所示。

表 6-17 **复选框常用属性**

属性名称	功能描述
command	关联的函数，当按钮被点击时，执行该函数
disabledforeground	禁用选项的前景色
highlightcolor	聚焦的高亮度颜色
padx/pady	按钮在 *x*/*y* 轴方向上的内边距 (padding)，是指按钮的内容与按钮边缘的距离，默认为 1 像素
selectcolor	选中后的颜色，默认为 selectcolor="red"
selectimage	选中后的图片
variable	变量，variable 的值为 1 或 0，代表选中或不选中
state	状态，默认为 state=NORMAL
offvalue/onvalue	Checkbutton 的值不仅仅是 1 或 0，也可以是其他类型的数值，可以通过 onvalue 和 offvalue 属性设置 Checkbutton 的状态值

复选框常用函数如表 6-18 所示。

表 6-18 **复选框常用函数**

函数名称	功能描述
deselect()	清除复选框选中选项
flash()	在激活状态颜色和正常颜色之间闪烁几次，但保持它开始时的状态
invoke()	获得与用户单击更改状态时发生相同的操作
select()	设置按钮为选中
toggle()	选中与没有选中的选项互相切换

【例 6-15】复选框的使用。

```
from tkinter import *
root = Tk()
root.geometry("300x200")
root.title(" 选择爱好 ")
title1= Label(root,text=' 选择您的爱好 ',fg='blue',font=(' 华文新魏 ',20),width=20,height=2)
title1.grid(row=0,column=1,pady=10)
v1=StringVar()
v1=Checkbutton(root,text=' 旅游 ',variable=v1,onvalue=' 确定 ',offvalue=" 不确定 ",)
v1.grid(row=1,column=1,pady=5)
v2=StringVar()
v2=Checkbutton(root,text=' 读书 ',variable=v2,onvalue=' 确定 ',offvalue=" 不确定 ",)
v2.grid(row=2,column=1,pady=5)
```

```
v3=StringVar()
v3=Checkbutton(root,text=' 运动 ',variable=v3,onvalue=' 确定 ',offvalue=" 不确定 ",)
v3.grid(row=3,column=1,pady=5)
root.mainloop()
```

运行结果如图 6-16 所示。

【例 6-16】复选框的交互使用。

```
from tkinter import *
import tkinter
def run():
    if(CheckVar1.get()==0 and CheckVar2.get()==0 and CheckVar3.get()==0 and CheckVar4.get()==0):
        s = ' 您还没选择任何爱好的球类项目: '
    else:
        s1 = " 足球 " if CheckVar1.get()==1 else "";
        s2 = " 篮球 " if CheckVar2.get() == 1 else ""
        s3 = " 排球 " if CheckVar3.get() == 1 else "";
        s4 = " 乒乓球 " if CheckVar4.get() == 1 else ""
        s = " 您选择了 %s %s %s %s" % (s1,s2,s3,s4);lb2.config(text=s)
def reset():
    s = ' 重新选择爱好的球类项目! '
    ch1.deselect()
    ch2.deselect()
    ch3.deselect()
    ch4.deselect()
root = Tk()
root.geometry("320x240")
root.title(' 复选框的使用 ')
lb1=Label(root,text=' 请选择您爱好的球类项目: ')
lb1.pack()
CheckVar1 = IntVar();CheckVar2 = IntVar();CheckVar3 = IntVar();CheckVar4 = IntVar()
ch1 = Checkbutton(root,text=' 足球 ',variable = CheckVar1,onvalue=1,offvalue=0)
ch2 = Checkbutton(root,text=' 篮球 ',variable = CheckVar2,onvalue=1,offvalue=0)
ch3 = Checkbutton(root,text=' 排球 ',variable = CheckVar3,onvalue=1,offvalue=0)
ch4 = Checkbutton(root,text=' 乒乓球 ',variable = CheckVar4,onvalue=1,offvalue=0)
ch1.pack();ch2.pack();ch3.pack();ch4.pack()
btn1 = Button(root,text=" 提交 ",command=run); btn1.pack(side=LEFT)
Btn2 = Button(root,text=" 重置 ",command=reset); Btn2.pack(side=RIGHT)
lb2 = Label(root,text='');
lb2.pack();root.mainloop()
```

运行结果如图 6-17 所示。

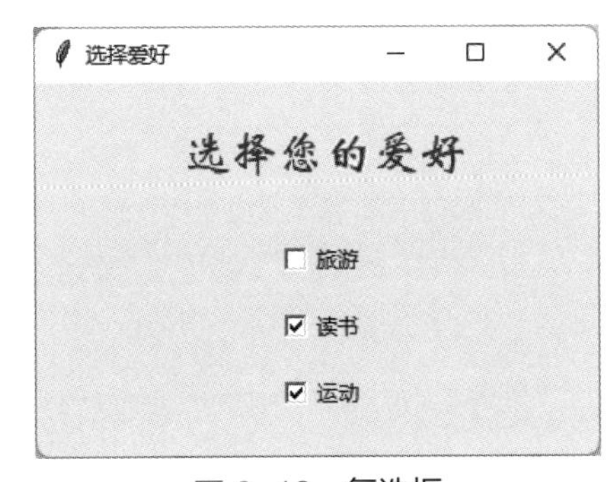

图 6-16　复选框

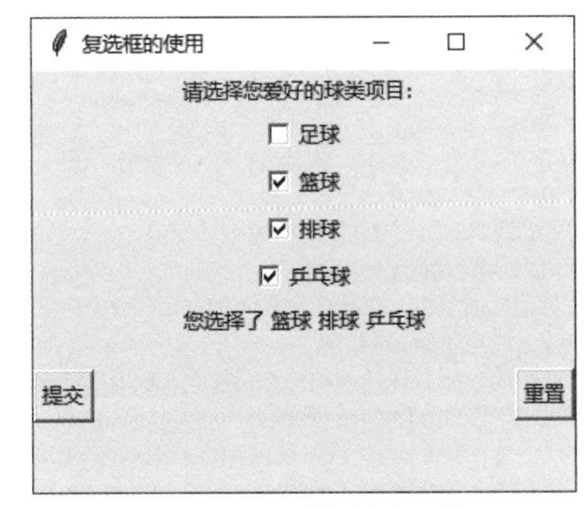

图 6-17　复选框的交互使用

6.4.6 框架（Frame）组件的使用

框架（Frame）组件在屏幕上显示一个矩形区域，多用来作为包含组件的容器使用。其语法格式为：

```
F1= Frame （根对象，[ 属性列表 ] ）
```

框架属性选项是可选项，可以用键 - 值的形式设置，并以逗号分隔。

框架的常用属性如表 6-19 所示。

表 6-19　框架常用属性

属性名称	功能描述
cursor	鼠标移动到框架时的形状，取值有 arrow、circle、cross、plus
highlightbackground	框架没有获得焦点时，高亮边框的颜色，默认由系统指定
highlightcolor	框架获得焦点时，高亮边框的颜色
highlightthickness	指定高亮边框的宽度，默认值为 0，不带高亮边框
relief	边框 3D 样式，取值有 FLAT、SUNKEN、RAISED、GROOVE、RIDGE
takefocus	指定该组件是否接收输入焦点（通过 Tab 键将焦点转移上来），默认为 fal

【例 6-17】框架与复选框的联合使用。

```
from tkinter import *
def say():
    print(" 选项内容 ")
root = Tk();root.geometry("200x260")
frame1=Frame(root)
frame1.pack()
group = LabelFrame(frame1,text=' 选择喜欢的球类项目 ',padx=10,pady=10)
group.pack()
ch1 = Checkbutton(group,text=' 足球 ')
ch2 = Checkbutton(group,text=' 篮球 ')
ch3 = Checkbutton(group,text=' 排球 ')
ch4 = Checkbutton(group,text=' 乒乓球 ')
ch1.pack();ch2.pack();ch3.pack();ch4.pack()
b1= Button(root,text=" 提交 ",command=say);b1.pack(side=LEFT)
b2= Button(root,text=" 重置 ",command=say);b2.pack(side=RIGHT)
root.mainloop()
```

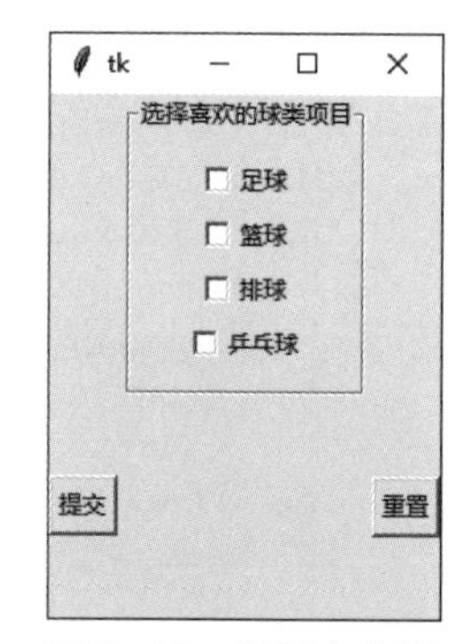

图 6-18　框架与复选框的联合使用

运行结果如图 6-18 所示。

【例 6-18】框架与图片按钮的配合使用。

```
from tkinter import *
root=Tk()
root.title(" 使用框架设计文本编辑界面 ")
frm=Frame(root)
frm.grid(padx='10',pady='10')
frm_left=Frame(frm)
frm_left.grid(row=0,column=0,padx='20',pady='10')
frm_right=Frame(frm)
frm_right.grid(row=0,column=1,padx='20',pady='10')
photo5 =PhotoImage(file='w5.gif')                    # 图片插入按钮
# Button(root,image=photo,padx=5,pady=5,command=hello).pack()
btn_left1= Button(frm_left,image=photo5)
btn_left1.grid(row=0,pady='20',ipadx='2',ipady='2')
```

```
photo1 =PhotoImage(file='w1.gif')
btn_left2= Button(frm_left,image=photo1)
btn_left2.grid(row=1,pady='20',ipadx='2',ipady='2')
photo6 =PhotoImage(file='w6.gif')
btn_left3= Button(frm_left,image=photo6)
btn_left3.grid(row=2,pady='20',ipadx='2',ipady='2')
photo2 =PhotoImage(file='w2.gif')
btn_left4= Button(frm_left,image=photo2)
btn_left4.grid(row=3,pady='20',ipadx='2',ipady='2')
photo3 =PhotoImage(file='w3.gif')
btn_right1= Button(frm_right,image=photo3)
btn_right1.grid(row=0,column=0,ipadx='2',ipady='2')
photo4 =PhotoImage(file='w4.gif')
btn_right2= Button(frm_right,image=photo4)
btn_right2.grid(row=0,column=1,ipadx='2',ipady='2')
txt_right= Text(frm_right,width='45',height='15')
txt_right.grid(row=1,column=0,columnspan=2,pady='20')
root.mainloop()
```

运行结果如图6-19所示。

图6-19　框架与图片按钮的配合使用

6.4.7　列表框（Listbox）组件的使用

列表框可供用户在所列条目中单选或多选使用，一般与框架合用，将列表数据以循环的形式插入到框架中。其语法格式为：

```
li= Listbox( 根对象 ,[ 属性列表 ] )
```

列表框属性选项是可选项，可以用键 - 值的形式设置，并以逗号分隔。

列表框组件常用函数如表6-20所示。

表 6-20 列表框组件常用函数

函数名称	功能描述
curselection()	返回光标选中项目编号的元组，注意并不是单个的整数
delete(起始值 , 终止值)	删除项目，终止位置可省略，全部清空为 delete(0,END)
get(起始位 , 终止位)	返回范围所含项目文本的元组，终止位置可忽略
insert(位置 , 项目元素)	插入项目元素 (若有多项，可用列表或元组类型赋值)，若位置为 END(尾部)，则将项目元素添加在最后
size()	返回列表框行数

【例 6-19】列表框界面的设计。

```
from tkinter import *
root=Tk()  #初始化
root.geometry("400x300")
frame4 =Frame(root)
frame4.pack(fill=X)
lable4=Label(frame4,text='请选择你喜欢的专业：  ')
lable4.grid(row=1,column=0)
listbox=Listbox(frame4)
listbox.grid(row=1,column=1)
for item in ["计算机科学技术","航天飞行","机械工程","生物工程","自动化","计算数学","材料工程","土木工程"]:
    listbox.insert(END,item)
DELETE=Button(frame4,text="删除",command=lambda
listbox=listbox:listbox.delete(ANCHOR))
DELETE.grid(row=1,column=2)
language=Button(frame4,text="确定")
language.grid(row=2,column=1)
root.mainloop()
```

运行结果如图 6-20 所示。

说明

运行自定义函数时，通常使用“selected”来获取选中项的位置索引，列表框实质上是将 Python 的列表类型数据可视化。在程序实现时，也可直接对相关列表数据进行操作，然后再通过列表框展示出来。

【例 6-20】实现列表框的初始化、添加、插入、修改、删除和清空操作。

```
from tkinter import *
def ini():
    Lstbox1.delete(0,END);list_items = ["输入/输出操作","组合数据运算","单条件与多条件选择","循环与嵌套","类与对象操作","UI 设计"]
    for item in list_items:
        Lstbox1.insert(END,item)
def clear():
    Lstbox1.delete(0,END)
def ins():
    if entry.get() != '':
        if Lstbox1.curselection() == ():
```

```
            Lstbox1.insert(Lstbox1.size(),entry.get())
        else:
            Lstbox1.insert(Lstbox1.curselection(),entry.get())
def updt():
    if entry.get() != '' and Lstbox1.curselection() != ():
        selected=Lstbox1.curselection()[0]
        Lstbox1.delete(selected); Lstbox1.insert(selected,entry.get())
def delt():
    if Lstbox1.curselection() != ():
        Lstbox1.delete(Lstbox1.curselection())
root = Tk()
root.title('Python 上机实验安排 ');root.geometry('320x240')
frame1 = Frame(root,relief=RAISED);frame1.place(relx=0.0)
frame2 = Frame(root,relief=GROOVE);frame2.place(relx=0.5)
Lstbox1 = Listbox(frame1);Lstbox1.pack()
entry = Entry(frame2);entry.pack()
btn1 = Button(frame2,text=' 初始化 ',command=ini);btn1.pack(fill=X)
btn2 = Button(frame2,text=' 添加 ',command=ins);btn2.pack(fill=X)
btn3 = Button(frame2,text=' 插入 ',command=ins) # 添加和插入实质一样
btn3.pack(fill=X)
btn4 = Button(frame2,text=' 修改 ',command=updt);btn4.pack(fill=X)
btn5 = Button(frame2,text=' 删除 ',command=delt);btn5.pack(fill=X)
btn6 = Button(frame2,text=' 清空 ',command=clear);btn6.pack(fill=X)
root.mainloop()
```

运行结果如图6-21所示。

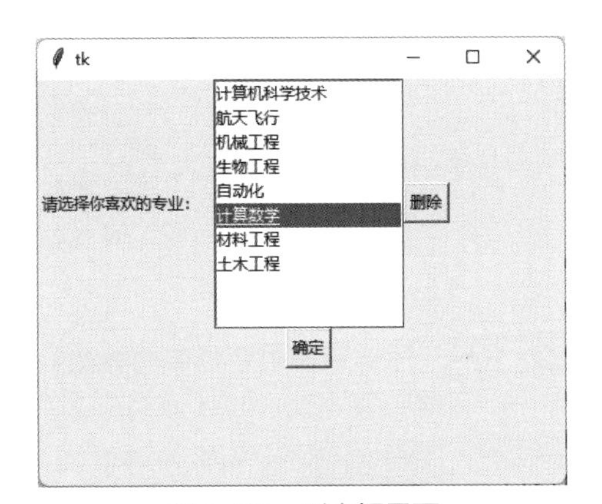

图6-20　列表框界面

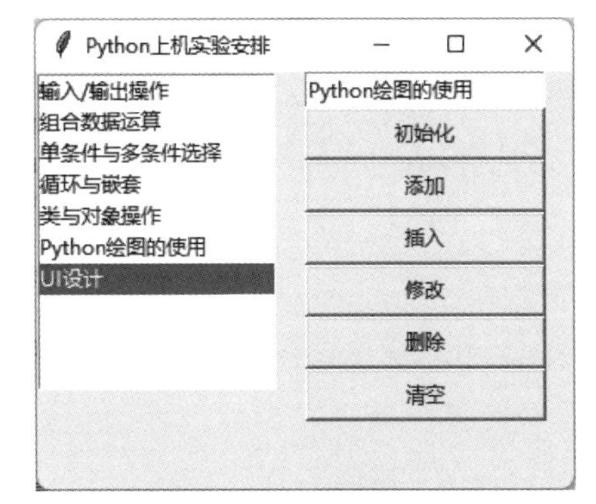

图6-21　列表的使用

6.4.8　组合框（Combobox）组件的使用

组合框是带文本框的列表，其功能是将列表类型数据可视化地呈现，并提供用户单选或多选的人机交互功能。在图形化用户界面设计时，组合框组件需要导入包含在tkinter下的子模块ttk才可创建。其语法格式为：

```
from tkinter import ttk
Co1=ttk.Combobox( 根对象 ,[ 属性列表 ])
```

组合框属性选项是可选项，可以用键-值的形式设置，并以逗号分隔。

组合框组件常用函数如表6-21所示。

表 6-21　组合框组件常用函数

函数名称	功能描述
value()	插入下拉选项
.current()	默认显示选中的下拉选项框
.get()	获取选中的下拉选项框的值
.insert()	下拉框中插入文本
.delete()	删除下拉框中的文本
state	下拉框的状态，包含 DISABLED、NORMAL、ACTIVE
width	下拉框宽度
foreground	前景色
selectbackground	选中后的背景颜色
fieldbackground	下拉框颜色
background	下拉按钮颜色

【例 6-21】组合框的使用。

```
from tkinter import *
from tkinter import ttk
root = Tk()
root.title(" 组合框设计 ")
root.geometry("300x200")
lable=Label(root,text=' 请选择你目前居住的城市:  ')
lable.pack()
cmb = ttk.Combobox(root)
cmb.pack()
cmb['value'] = (' 北京 ',' 上海 ',' 杭州 ',' 广州 ',' 深圳 ',' 天津 ')
cmb.current(2) # 默认项数
root.mainloop()
```

运行结果如图 6-22 所示。

【例 6-22】实现简单计算器，将两个操作数分别填入两个文本框后，通过选择组合框中的算法触发运算。

```
root = Tk()
root.title(' 四则运算 ')
root.geometry('320x200')
L1=Label(root,text=" 选择需要的四则运算 ",font=(' 华文新魏 ',16))
L1.place(relx=0.1,rely=0.1,relwidth=0.6,relheight=0.2)
p1=Label(root,text=" 参数 1",font=(' 华文新魏 ',12))
p1.place(relx=0.1,rely=0.3,relwidth=0.2,relheight=0.1)
p2=Label(root,text=" 参数 2",font=(' 华文新魏 ',12))
p2.place(relx=0.5,rely=0.3,relwidth=0.2,relheight=0.1)
var = StringVar()
l2=Label(root,text=" 选择 ",font=(' 华文新魏 ',12))
l2.place(relx=0.1,rely=0.5,relwidth=0.2,relheight=0.1)
comb =ttk.Combobox(root,textvariable=var,values=[' 加 ',' 减 ',' 乘 ',' 除 ',])
comb.place(relx=0.3,rely=0.5,relwidth=0.2)
comb.bind('<<ComboboxSelected>>',calc)
t1 = Entry(root); t1.place(relx=0.3,rely=0.3,relwidth=0.2,relheight=0.1)
t2 = Entry(root); t2.place(relx=0.7,rely=0.3,relwidth=0.2,relheight=0.1)
lbl=Label(root,text=' 结果 ');lbl.place(relx=0.5,rely=0.4,relwidth=0.2,relheight=0.3)
root.mainloop()
```

运行结果如图 6-23 所示。

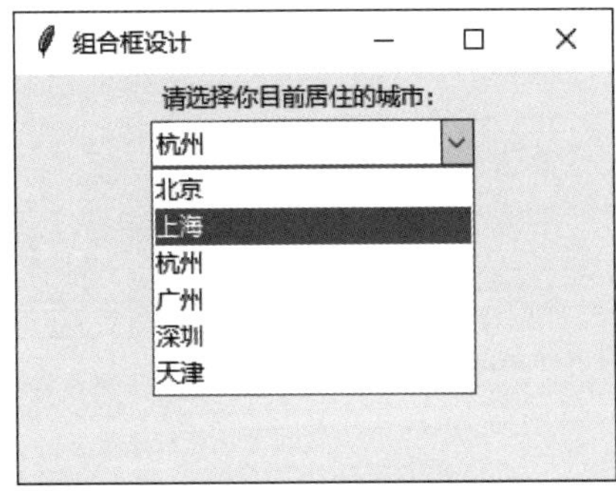

图 6-22 组合框

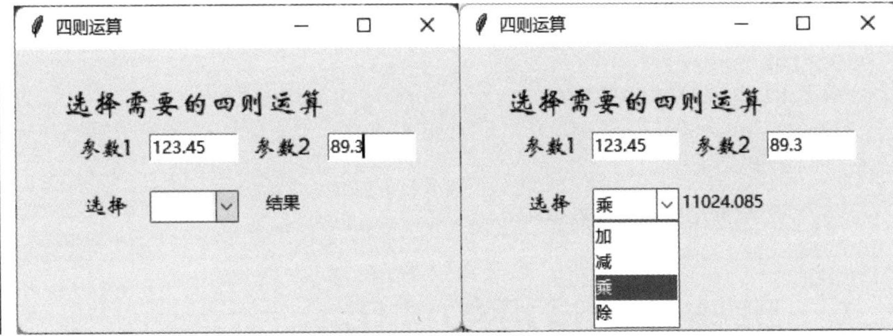

图 6-23 简单计算器

6.4.9 滑块（Scale）组件的使用

滑块是一种直观进行数值输入的交互组件。组件实例的主要方法比较简单，有 get() 和 set(值)，分别为取值和将滑块设在某特定值上。滑块实例也可以绑定鼠标左键释放事件 <ButtoonRelease-1>，并在执行函数中添加参数来实现事件 (event) 响应。

滑块常用属性如表 6-22 所示。

表 6-22 滑块常用属性

属性名称	功能描述
from_	起始值（最小可取值）
lable	标签文字，默认为无
length	滑块组件实例的宽度（水平方向）或高度（垂直方向），默认为 100 像素
orient	滑块组件实例呈现方向，可为 VERTCAL 或 HORIZONTAL(默认)
repeatdelay	鼠标响应延时，默认为 300ms
resolution	分辨精度，即最小值间隔
sliderlength	滑块宽度，默认为 30 像素
state	状态，若设置 state=DISABLED，则滑块组件实例不可用
tickinterval	标尺间隔，默认为 0，若设置过小，则会重叠
to	终止值（最大可取值）
variable	返回数值类型，可为 IntVar(整数)、DoubleVar(浮点数) 或 StringVar(字符串)
width	滑块组件实例本身的宽度，默认为 15 像素

【例 6-23】在一个窗体上设计一个 200 像素宽的水平滑块，取值范围为 1.0 ～ 5.0，分辨精度为 0.05，刻度间隔为 1，用鼠标拖动滑块后释放鼠标可读取滑块值并显示在标签上。

```
from tkinter  import  *
def show(event):
    s = '滑块的取值为' + str(var.get())
    lb.config(text=s)
root = Tk()
```

```
root.title(' 滑块实验 ');root.geometry('320x180')
var=DoubleVar()
scl = Scale(root,orient=HORIZONTAL,length=200,from_=1.0,
to=5.0,label=' 请拖动滑块 ',tickinterval=1,resolution=0.05,
variable=var)
scl.bind('<ButtonRelease-1>',show);scl.pack()
lb = Label(root,text='');lb.pack()
root.mainloop()
```

运行结果如图 6-24 所示。

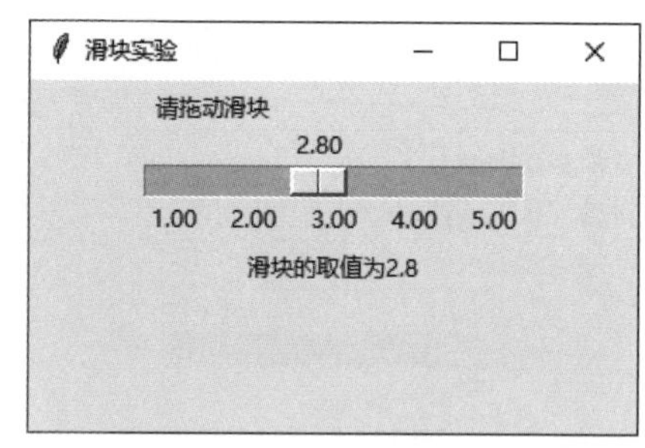

图 6-24 滑块

6.5 菜单及对话框的使用

菜单是用于可视化的一系列命令分组，其目的是使用户快速找到和触发执行的命令。

6.5.1 创建菜单的方法

创建菜单的语法格式为：

```
菜单对象 =Menu( 根窗体 )
菜单分组 1=Menu( 菜单实例名 )
```

说明

① Menu 组件用于实现顶级菜单、下拉菜单和弹出菜单。创建一个顶级菜单，需要先创建一个菜单实例，再使用 add() 方法将命令和其他子菜单添加进去，方法是：

菜单实例名 .add_cascade(<label= 菜单分组 1 显示文本 >,<menu= 菜单分组 1>)

菜单分组 1.add_command(<label= 命令 1 文本 >,<command= 命令 1 函数名 >)

② 通常在程序中添加：

窗体对象 .config(menu= 菜单对象)

即在窗体中显示主菜单或菜单栏。

③ 利用 Menu 组件也可以创建快捷菜单（又称为上下文菜单）。通常需要右击弹出的组件实例绑定鼠标右击响应事件 <Button-3>，并指向一个捕获 event 参数的自定义函数，在该自定义函数中，将鼠标的触发位置 event.x_root 和 event.y_root 以 post() 方法传给菜单。

例如：建立菜单。

```
from tkinter import *
root = Tk()                                          # 创建窗体对象
menubar = Menu(root)                                 # 创建菜单对象
def copy():                                          # 单击 " 复制 " 的函数
    print(' 复制 ')
def paste():                                         # 单击 " 粘贴 " 的函数
    print(' 粘贴 ')
menubar.add_command(label=' 复制 ',command=copy)     # 添加复制菜单
menubar.add_command(label=' 粘贴 ',command=paste)    # 添加粘贴菜单
root.config(menu=menubar)                            # 在窗体中显示主菜单或
                                                       菜单栏
root.mainloop()
```

图 6-25 建立菜单

结果如图 6-25 所示。单击“复制”菜单，调用 copy() 函数输出“复制”；单击“粘贴”菜单，调用 paste() 函数输出“粘贴”。

6.5.2 主菜单的使用

菜单的常用属性如表 6-23 所示。

表 6-23 菜单常用属性

属性名称	功能描述
activebackground	背景颜色，当它在鼠标下时将出现在选择上
activeborderwidth	指定在鼠标下方选择的边框的宽度，默认值为 1 像素
activeforeground	前景颜色，当它在鼠标下方时将出现在选择上
bg/fg	设置背景颜色 / 前景颜色
font	设计文本字体
borderwidth(bd)	围绕所有选择的边框的宽度，默认值为 1
cursor	当鼠标在选项上方时出现的光标，但仅当菜单已被关闭时显示
disabledforeground	状态为 DISABLED 的项目的文本颜色
postcommand	设置过程选项，当启动菜单时，自动调用该过程
relief	菜单的默认 3D 效果为 relief = RAISED
image	在菜单按钮上显示一个图像
selectcolor	指定在检查按钮和单选按钮中显示的颜色
tearoff	菜单可以被拆除，如果设置 tearoff = 0，菜单将不会有拆除功能，并且从 0 位置开始添加选择
title	设置窗口标题的字符串

菜单常用函数如表 6-24 所示。

表 6-24 菜单常用函数

函数名称	功能描述
add_command(选项)	在菜单中添加一个菜单项
add_radiobutton(选项)	创建单选按钮菜单项
add_checkbutton(选项)	创建检查按钮菜单项
add_cascade(选项)	通过将给定的菜单与父菜单相关联来创建新的分层菜单
add_separator()	在菜单中添加分隔线
add(类型，选项)	在菜单中添加一个特定类型的菜单项
delete(startindex [,endindex])	删除从 startindex 到 endindex 的菜单项
entryconfig(index，options)	允许修改由索引标识的菜单项，并更改其选项
index(item)	返回给定菜单项标签的索引号
insert_separator(index)	在 index 指定的位置插入一个新的分隔符
invoke(index)	调用与位置索引选择相关联的命令。若为检查按钮，其状态在设置和清除之间切换；若为单选按钮，设置已选项
type(index)	返回由 index 指定的选项类型：“cascade”“checkbutton”“command”“radiobutton”“separator”或“tearoff”

【例 6-24】简单菜单设计。

```
from tkinter import *
root=Tk()  #初始化
def click():
    print("单击次数统计 ")
menubar=Menu(root)
root.config(menu=menubar)
filemenu=Menu(menubar,tearoff=0)
menubar.add_cascade(label='文件',menu=filemenu)
filemenu.add_command(label='新建...',command=click())
filemenu.add_command(label='打开...',command=click())
filemenu.add_command(label='保存',command=click())
filemenu.add_command(label='另存为…',command=click())
filemenu.add_command(label='关闭系统',command=root.quit)
filemenu=Menu(menubar,tearoff=2)
menubar.add_cascade(label='编辑',menu=filemenu)
filemenu.add_command(label='复制...',command=click())
filemenu.add_command(label='剪切...',command=click())
filemenu.add_command(label='粘贴',command=click())
root.mainloop()
```

运行结果如图 6-26 所示。

【例 6-25】仿照“记事本”中的文件和编辑菜单，通过在主菜单的快捷菜单上触发菜单命令，改变窗体上标签的文本内容。

```
from tkinter import *
def new():
    s = '新建' ;  lb1.config(text=s)
def ope():
    s = '打开';  lb1.config(text=s)
def sav():
    s = '保存';  lb1.config(text=s)
def cut():
    s = '剪切' ;  lb1.config(text=s)
def cop():
    s = '复制' ; lb1.config(text=s)
def pas():
    s = '粘贴' ; lb1.config(text=s)
def popupmenu(event):
    mainmenu.post(event.x_root,event.y_root)
root = Tk()
root.title('菜单实验'); root.geometry('320x240')
lb1 = Label(root,text='显示信息',font=('黑体',32,'bold'))
lb1.place(relx=0.2,rely=0.2)
mainmenu = Menu(root)
menuFile = Menu(mainmenu)                               # 菜单分组 menuFile
mainmenu.add_cascade(label="文件",menu=menuFile)
menuFile.add_command(label="新建",command=new)
menuFile.add_command(label="打开",command=ope)
menuFile.add_command(label="保存",command=sav)
menuFile.add_separator()                                # 分割线
menuFile.add_command(label="退出",command=root.destroy)
menuEdit = Menu(mainmenu)                               # 菜单分组 menuEdit
mainmenu.add_cascade(label="编辑",menu=menuEdit)
menuEdit.add_command(label="剪切",command=cut)
menuEdit.add_command(label="复制",command=cop())
menuEdit.add_command(label="粘贴",command=pas())
```

```
root.config(menu=mainmenu)
root.bind('Button-3',popupmenu) # 根窗体绑定鼠标右击响应事件
root.mainloop()
```

运行结果如图 6-27 所示。

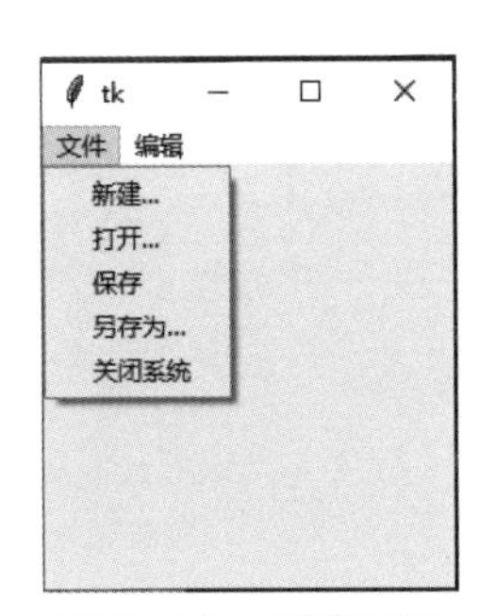

图 6-26　简单菜单

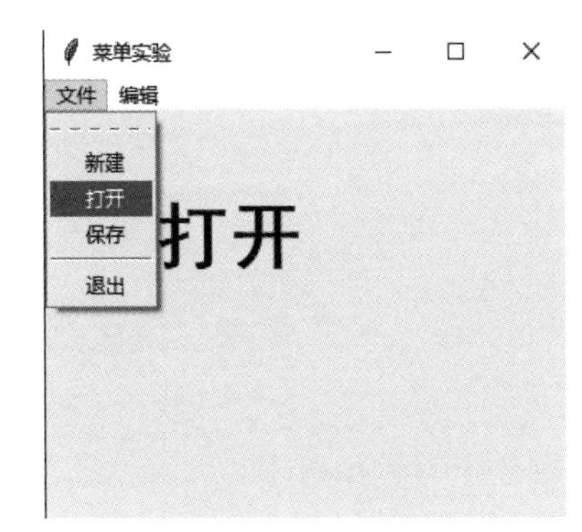

图 6-27　菜单的交互

6.5.3　子窗体的使用

用 Toplevel 可新建一个显示在最前面的子窗体。子窗体的语法格式为:

```
字体实例名 =Toplevel( 根窗体 )
```

说明

① 子窗体与根窗体类似，也可设置标题（title）、界面尺寸（geomerty）等属性，并在画布上布局组件。

② 用 Toplevel 所创建的子窗体是非模式（Modeless）的窗体，虽然初建时子窗体在最前面，但根窗体上的组件实例也是可以被操作的。

③ 关闭窗体程序运行的方法通常使用 destory()[不建议用 quit()]。

【例 6-26】子窗体的使用：在根窗体上创建菜单，触发创建一个子窗体。

```
from tkinter import *
def newwind():
    winNew = Toplevel(root); winNew.geometry('320x240')
    winNew.title(' 新窗体 ');lb2 = Label(winNew,text=' 我在新窗体上 ')
    lb2.place(relx=0.2,rely=0.2)
    btClose=Button(winNew,text=' 关闭 ',command=winNew.destroy)
    btClose.place(relx=0.7,rely=0.5)
root = Tk()
root.title(' 新建窗体实验 ');root.geometry('320x240')
lb1 = Label(root,text=' 主窗体 ',font=(' 黑体 ',32,'bold')); lb1.place(relx=0.2,rely=0.2)
mainmenu = Menu(root);menuFile = Menu(mainmenu)
mainmenu.add_cascade(label=' 菜单 ',menu=menuFile)
menuFile.add_command(label=' 新窗体 ',command=newwind)
menuFile.add_separator()
menuFile.add_command(label=' 退出 ',command=root.destroy)
root.config(menu=mainmenu);root.mainloop()
```

运行结果如图 6-28 所示。

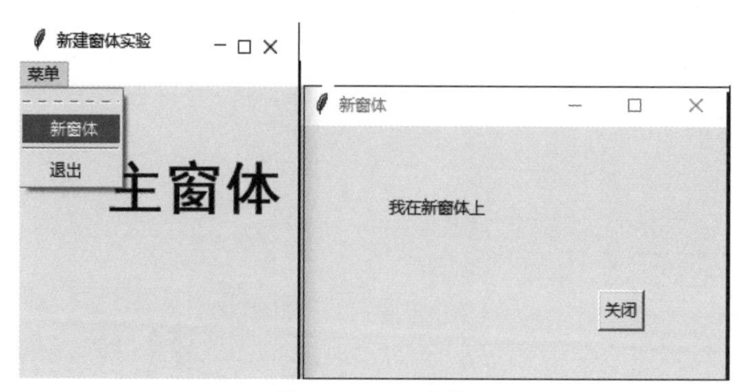

图 6-28　子窗体

6.5.4　消息对话框的使用

消息对话框需要引用 tkinter.messagebox 包才能执行弹出模式消息对话框，语法格式为：

```
消息对话框函数 (<title= 标题文本 >,<message= 消息文本 >,[ 其他参数 ])
```

（1）弹出“警告”对话框

该对话框的使用方法为：

```
tkinter.messagebox.showwarning(' 禁止！ ',' 该项禁止进入。')
返回值：ok
```

【例 6-27】“警告”对话框的使用。

```
import tkinter.messagebox
from tkinter import *
def warning():
    result = tkinter.messagebox.showwarning(title = ' 禁止！ ',message=' 该项禁止进入。')
    print(result)  # 返回值为：ok
root = Tk()
root.geometry("200x100")
lb = Label(root,text=' 弹出警告 '); lb.pack()
lb1 = Label(root,text=''); lb1.pack()
btn=Button(root,text=' 警告 ',command=warning);btn.pack()
root.mainloop()
```

运行结果如图 6-29 所示。

（2）“确定”“取消”对话框

该对话框的使用方法为：

```
tkinter.messagebox.askokcancel(" 确定或取消 ",' 确定吗？ ')
返回值：True 或 False
```

【例 6-28】“确定”“取消”选择对话框。

```
from tkinter import *
import tkinter.messagebox
def xz():
    answer=tkinter.messagebox.askokcancel(' 请选择 ',' 请选择确定或取消 ')
```

```
    if answer:
        lb.config(text=' 已确认 ') #config 将 text 内容放在窗体上
    else:
        lb.config(text=' 已取消 ')
root = Tk()
lb = Label(root,text=''); lb.pack()
btn=Button(root,text=' 弹出对话框 ',command=xz)
btn.pack();root.mainloop()
```

运行结果如图 6-30 所示。

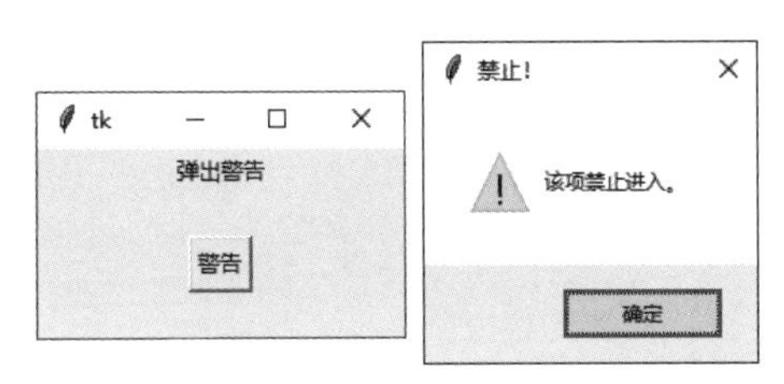

图 6-29 “警告”对话框

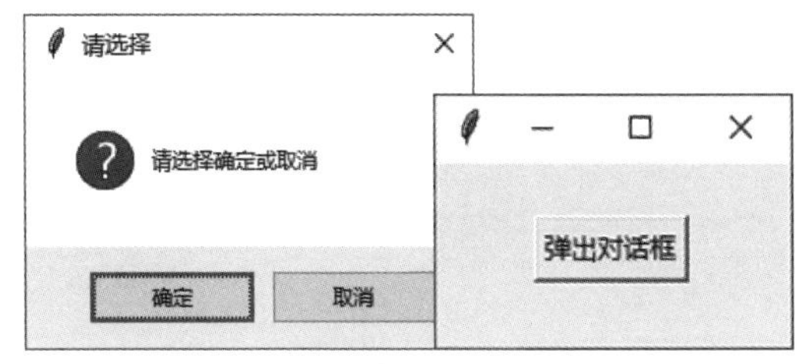

图 6-30 “确定”“取消”选择对话框

(3) “是”“否”对话框

该对话框的使用方法为:

```
tkinter.messagebox.askyesno(" 是或否 ",' 是或否? ')
返回值: True 或 False
```

【例 6-29】“是”“否”选择对话框。

```
import tkinter.messagebox
from tkinter import *
def yn():
    answer = tkinter.messagebox.askyesno(' 请选择 ',' 请选择是或否 ')
    if answer:
        lb1.config(text=' 是 ')
    else:
        lb1.config(text=' 否 ')
root = Tk()
root.geometry("200x200")
lb = Label(root,text=' 请选择是或否? '); lb.grid(row=1,column=1)
lb2 = Label(root,text=' 您的选择是: '); lb2.grid(row=2,column=1)
lb1 = Label(root,text=''); lb1.grid(row=2,column=2)
btn=Button(root,text=' 弹出是否对话框 ',command=yn);btn.grid(row=5,column=2)
root.mainloop()
```

运行结果如图 6-31 所示。

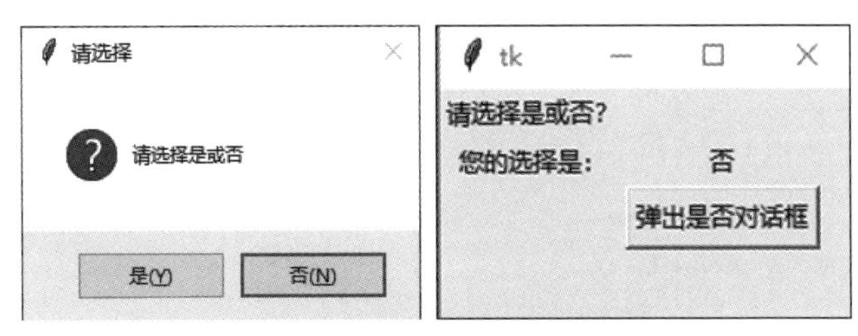

图 6-31 “是”“否”选择对话框

（4）“问题”对话框:

该对话框使用方法为:

```
tkinter.messagebox.askquestion('标题','问题是? ')
返回值: yes/no
```

（5）“错误”对话框

该对话框使用方法为:

```
tkinter.messagebox.showerror( '错误! ','出现错误')
返回值: ok
```

（6）“信息”对话框

该对话框使用方法为:

```
tkinter.messagebox.showinfo( '信息提示! ','提示内容')
返回值: ok
```

（7）“重试”“取消”对话框

该对话框使用方法为:

```
tkinter.messagebox.askretrycancel("重试或取消",'重试? ')
返回值: True 或 False
```

说明

“问题”“错误”“信息”等对话框使用方法参照【例 6-27】~【例 6-29】。

6.5.5 人机交互、文件选择、颜色选择对话框的使用

（1）人机交互对话框

人机交互对话框需要引入 tkinter.simpledialog 模块，该模块使用 askstring()、askinteger() 和 askfloat() 三种函数分别用于接收人机对话的字符串、整数和浮点数类型的输入。

【例 6-30】单击按钮，弹出输入对话框，将接收输入的文本显示在窗体的标签上。

```
from tkinter.simpledialog import *
def name():
    name=askstring('请输入','请输入您的用户名')
    name1.config(text=name)
def age():
    age=askinteger('请输入','请输入您的年龄')
    age1.config(text=age)
def height():
    height = askfloat('请输入','请输入您的身高')
    height1.config(text=height)
root = Tk()
root.minsize(300,200)      #设置最小窗口尺寸
root.title("用户信息")      #标题
lable=Label(root,text='请输入你的个人信息:',font=('华文新魏',20))
lable.grid(row=0,column=0)
name1 = Label(root,text='');
name1.grid(row=2,column=1,pady=10 )
name2=Button(root,text='输入用户名: ',command=name);
name2.grid(row=2,column=0)
age1 = Label(root,text='');
```

```
age1.grid(row=3,column=1,pady=10 )
age2=Button(root,text=' 输入年龄: ',command=age);
age2.grid(row=3,column=0,pady=10 )
height1 = Label(root,text='');
height1.grid(row=4,column=1,pady=10 )
height2=Button(root,text=' 输入身高 (m): ',command=height);
height2.grid(row=4,column=0,pady=10)
root.mainloop()
```

运行结果如图 6-32 所示。

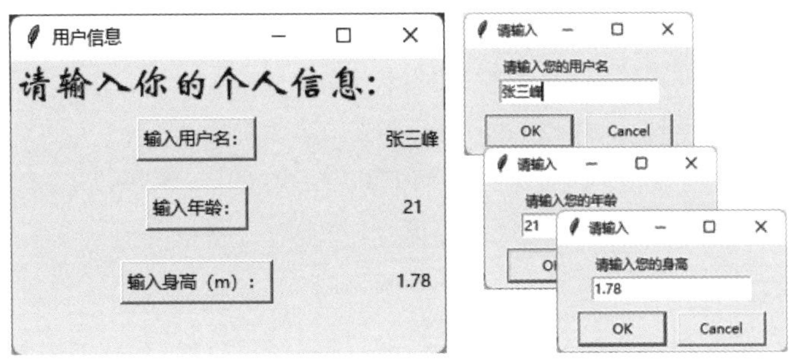

图 6-32　输入对话框

【例 6-31】使用人机交互对话框，将输入的内容显示在系统输出窗口。

```
from tkinter.simpledialog import *
def askname():
    result =askstring(' 获取信息 ',' 请输入你在读的大学: ')
    print(result)
root = Tk()
root.geometry("200x100")
btn =Button(root,text = ' 获取用户名 ',command = askname)
btn.pack()
root.mainloop()
```

运行结果如图 6-33 所示。

图 6-33　获取输入的内容显示到运行窗口

(2) 文件选择对话框

文件选择对话框需要引用 tkinter.filedialog 包，可弹出文件选择对话框，让用户直观地选择一个或一组文件，以供进一步的文件操作。文件选择对话框常用的操作方法如表 6-25 所示。

表 6-25　文件选择对话框常用的操作方法

方法名称	功能描述	返回值
askopenfilename()	打开一个文件	返回值类型为包含文件路径的文件名字符串
askopenfilenames()	打开一组文件	返回值类型为元组
asksaveasfilename()	保存文件	返回值类型为包含文件路径的文件名字符串

【例 6-32】单击按钮，弹出文件选择对话框（“打开”对话框），并将用户所选择的文件路径和文件名显示在窗体的标签上。

```
from tkinter import *
import tkinter.filedialog
def xz():
    filename=tkinter.filedialog.askopenfilename()
    if filename != '':
        lb.config(text=' 您选择的文件是 '+filename)
    else:
        lb.config(text=' 您没有选择任何文件 ')
root = Tk()
lb = Label(root,text='') ;lb.pack()
btn=Button(root,text=' 弹出文件选择对话框 ',command=xz); btn.pack()
root.mainloop()
```

运行结果如图 6-34 所示。

图 6-34　**文件选择对话框**

（3）颜色选择对话框

颜色选择对话框需要引用 tkinter.colorchooser 包，可使用 askcolor() 函数弹出模式颜色选择对话框，让用户可以个性化地设置颜色属性。该函数的返回形式为包含 RGB 十进制浮点元组和 RGB 十六进制字符串的元组类型，如“((135.527343.52734375,167.65234375,186.7265625)),'#87a7ba'”。通常，可将其转换为字符串类型后，再截取以十六进制数表示的 RGB 颜色，设置颜色属性值。

【例 6-33】单击按钮，弹出颜色选择对话框，并将用户所选择的颜色设置为窗体上标签的背景颜色。

```
from tkinter import *
import tkinter.colorchooser
def xz():
    color=tkinter.colorchooser.askcolor()
    colorstr=str(color)
    print(' 打印字符串 %s 切掉后 =%s' % (colorstr,colorstr[-9:-2]))
    lb.config(text=colorstr[-9:-2],background=colorstr[-9:-2])
root = Tk()
lb = Label(root,text=' 请关注颜色的变化 ');lb.pack()
btn=Button(root,text=' 弹出颜色选择对话框 ',command=xz);btn.pack()
root.mainloop()
```

运行结果如图 6-35 所示。

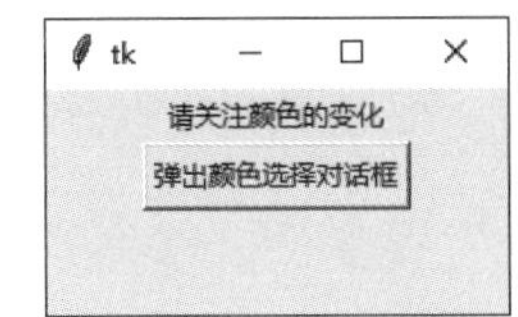

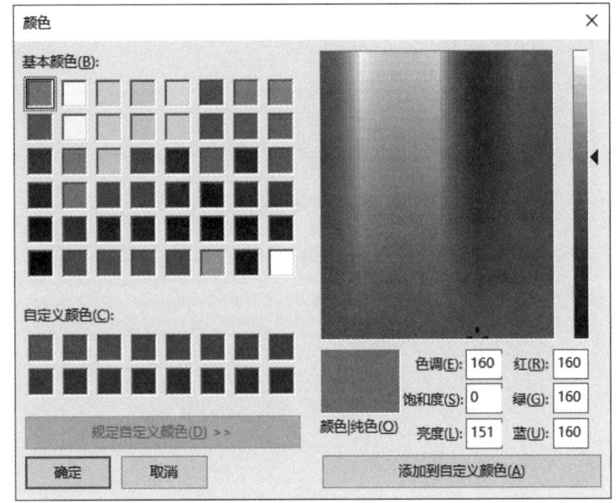

图 6-35 **颜色选择对话框**

6.6 事件的使用

6.6.1 事件的描述

GUI 应用都处在一个消息循环（event loop）中，它等待事件的发生，并做出相应的处理。tkinter 提供了用以处理相关事件的机制，处理函数可被绑定给各个组件。用 tkinter 可将用户事件与自定义函数绑定，用键盘或鼠标的动作触发自定义函数的执行。其语法格式为：

```
组件实例 .bind(< 事件代码 >,< 函数名 >)
```

其中，事件代码通常以半角小于号“<”和大于号“>”界定，包括事件和按键等 2 ～ 3 个部分，它们之间用减号分隔。

例如：

```
h1.bind(event,handler)
```

其中，event 为事件名称，handler 为触发事件的句柄函数，若相关事件发生，handler 函数会被触发事件对象 event 传递给 handler 函数。常用事件代码如表 6-26 所示。

表 6-26 **常用事件代码**

事件	事件代码	备注
单击左键 / 右键	<ButtonPress-1>/<ButtonPress-3>	可简写为 <Button-1> 或 <1>/<3>
释放左键 / 右键	<ButtonRelease-1>/<ButtonRelease-3>	
按左 / 右键移动	<B1-Motion>/<B3-Motion>	
转动滚轮	<MouseWheel>	
双击左键	<Double-Button-1>	
进入组件实例	<Enter>	注意与回车事件的区别

续表

事件	事件代码	备注
离开组件实例	<Leave>	
键盘任意键	<Key>	
字母和数字	<Key- 字母 >，如 <key-a>、<Key-A>	简写不带小于和大于号，如 a、A 和 1 等
回车	<Return>	<Tab>、<Shift>、<Control>（不能用 <Ctrl>）、<Alt> 等类同
空格	<Space>	
方向键	<Up>、<Down>、<Left>、<Right>	
功能键	<Fn>，如 <F1> 等	
组合键	键名之间以减号链接，如 <Control-k>、<Shift-6>、<Alt-Up> 等	注意大小写

例如，将框架组件实例 frame 绑定鼠标右击事件，调用自定义函数，可表示为“frame.bind('<Button-3>', myfunc)”。注意: myfunc 后面没有括号。将组件实例绑定到键盘事件和部分光标不落在具体组件实例上的鼠标事件时，还需要设置该实例执行 focus_set() 方法获得焦点，才能对事件持续响应，如 frame.focus_set()。所调用的自定义函数若需要利用鼠标或键盘的响应值，可通过 event 获取参数属性值。

常用事件属性如表 6-27 所示。

表 6-27 **常用事件属性**

属性名称	功能描述
x 或 y（小写）	相对于事件绑定组件实例左上角的坐标值（像素）
root_x 或 root_y（小写）	相对于显示屏幕左上角的坐标值（像素）
char	可显示的字符，若按键不可显示，则返回为空字符串
keysym	字符或字符型按键名，如“a”或“Escape”
keysym_num	按键的十进制 ASCII 码值

6.6.2 事件的使用案例

【例 6-34】将标签绑定键盘任意键触发事件并获取焦点，将按键字符显示在标签上。

```
from tkinter import *
def show(event):
    s=event.keysym
    lb.config(text=s)
root=Tk()
root.title(' 选择实验 '); root.geometry('200x200')
lb=Label(root,text=' 请选择 ',font=(' 黑体 ',24))
lb.bind('<Key>',show); lb.focus_set(); lb.pack()
root.mainloop()
```

运行结果如图 6-36 所示。

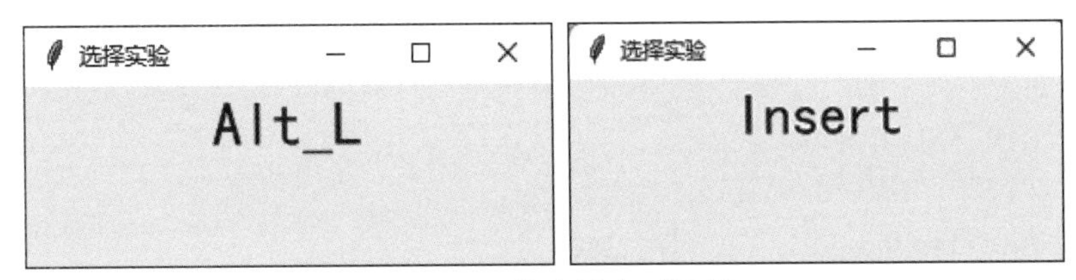

图 6-36　绑定键盘对话框

【例 6-35】鼠标和键盘事件的使用。

```
from tkinter import *
root = Tk()
root.geometry('500x300')
c1 = Canvas(root,width=200,height=200,bg='yellow')
c1.pack()
def mouseTest(event):
    print('鼠标左键单击位置（相对于父容器）: {0}, {1}'.format(event.x,event.y))
    print('鼠标左键点击位置（相对于屏幕）: {0}, {1}'.format(event.x_root,event.y_root))
    print('事件绑定的组件: {0}'.format(event.widget))
def motionTest(event):
    c1.create_oval(event.x,event.y,event.x + 1,event.y + 1)
def keypressTest(event):
    print('键的 keycode : {0}, 键的 char : {1}, 键的 keysym : {2}'.format(event.keycode,event.
char,event.keysym))
def press_a_Test(self):
    print('按下了 a')
def release_a_Test(self):
    print('释放了 a')
c1.bind('<1>',mouseTest)
c1.bind('<B1-Motion>',motionTest)
root.bind('<KeyPress>',keypressTest)
root.bind('<KeyPress-a>',press_a_Test)
root.bind('<KeyRelease-a>',release_a_Test)
root.mainloop()
```

运行结果如图 6-37 所示。

单击图上任何位置，或按键盘均可显示结果：

```
鼠标左键单击位置（相对于父容器）: 158, 152
鼠标左键点击位置（相对于屏幕）: 418, 287
事件绑定的组件: .!canvas
释放了 a
键的 keycode : 16, 键的 char : , 键的 keysym : Shift_L
键的 keycode : 18, 键的 char : , 键的 keysym : Alt_L
鼠标左键单击位置（相对于父容器）: 100, 95
鼠标左键点击位置（相对于屏幕）: 360, 230
事件绑定的组件: .!canvas
键的 keycode : 69, 键的 char : e, 键的 keysym : e
键的 keycode : 17, 键的 char : , 键的 keysym : Control_L
```

【例 6-36】输出当前的日期和时间。

```
from tkinter import *
import time
import datetime
root =Tk()
root.title(' 时钟 ')
now = datetime.datetime.now()
now_string = now.strftime('%Y-%m-%d')          # 获取当前的日期并转化为字符串
lb1 = Label(root,text=now_string,fg='blue',font=(" 黑体 ",40))
lb1.pack()
def gettime():
    timestr = time.strftime("%H:%M:%S")        # 获取当前的时间并转化为字符串
    lb.configure(text=timestr)                 # 重新设置标签文本
    root.after(1000,gettime)                   # 每隔 1s 调用函数 gettime 自身获取时间
lb = Label(root,text='',fg='blue',font=(" 黑体 ",40))
lb.pack()
gettime()
root.mainloop()
```

运行结果如图 6-38 所示。

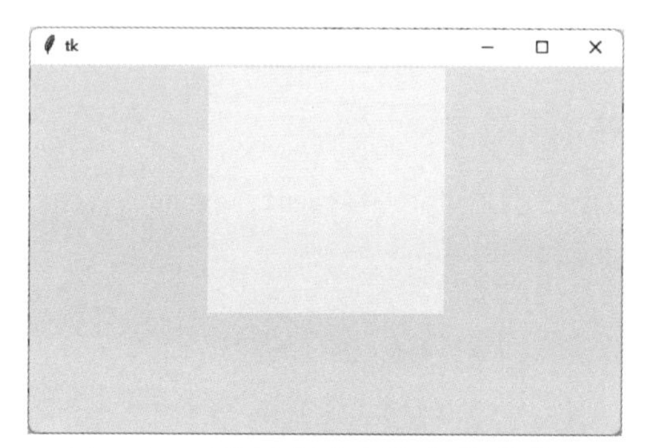

图 6-37　鼠标和键盘事件对话框的使用

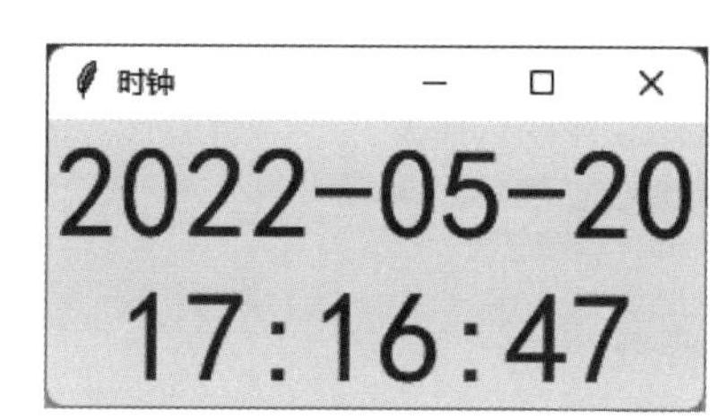

图 6-38　实时显示日期和时间

6.7　绘图（Canvas）的使用

Canvas 相当于一个画板，是各种图形的载体，可在上面画各种形状，包括多边形、椭圆、长方形、线条、字符串等。

6.7.1　图形绘制方法

绘制图形先要创建一个画布，然后在上面画线条、添加字符串、绘制多种几何图形等。

（1）创建画布对象

创建画布对象的语法格式为：

```
cv = Canvas( 父容器 ,width= 宽 ,height= 高 ,bg= 背景色 ,outLine= 边色, dash= 线形 )
```

（2）创建各种图形

① 画多边形：cv.create_polygon(左侧第 1 个坐标 , 第 2 个坐标 ,…,fill= 填充色)。其顺序是按顺时针方向。

② 画长方形：cv.create_rectangle(左上角坐标 , 右下角坐标 ,fill= 填充色)。

③ 画线：cv.create_line(起始坐标 , 终点坐标)。

④ 画椭圆：cv.create_oval(左上角坐标 , 右下角坐标 ,fill= 填充色)。

⑤ 画弧线：canvas.create_arc(左上角坐标 , 右下角坐标 ,start=s,extent=e,fill=color)。其中，从 s 角度开始至 e 角度结束的圆弧，填充颜色为 color。

⑥ 写字符串：cv.create_text(起始坐标 ,text= "字符内容" ,font= 字体)。

说明

cv 为画布对象，椭圆是由矩形位置确定出来的。

（3）图像的修改

① coords： 修改线的位置等。

② itemconfig： 修改填充颜色等。

③ delete： 删除。

④ update： 更新。

⑤ move： 移动。

例如：创建一个黄色画布，绘制一个矩形和内切的椭圆并填充颜色。

```
from tkinter import *
root = Tk()
cv = Canvas(root,bg = 'yellow')
cv.pack()
cv.create_rectanglel(60,20,300,200,fill='red')
cv.create_oval(60,20,300,200,fill='blue')
root.mainloop()
```

结果如图 6-39 所示。

图 6-39　绘制矩形和椭圆并填充

（4）绘制图片

绘制图片的语法格式为：

```
Canvas.create_image(x0,x0,options ...)
```

在 Canvas 画布上绘制图片时，不能直接接收图片路径作为参数，而是接收一个读取 PhotoImage 类对象作为图片参数，且只能读取 GIF、PGM 和 PPM 格式的图片。例如：

```
from tkinter import *
root = Tk()
canvas_width=680
canvas_height=450
cv=Canvas(root,width=canvas_width,height=canvas_height)
cv.pack()
img=PhotoImage(file="boy1.png")
cv.create_image(20,20,anchor=NW,image=img)
cv.create_text(145,100,text=" 这是莫斯科大学校园 ",font=(" 隶书 ",18))
root.mainloop()
```

结果如图 6-40 所示。

图 6-40 绘制图片

6.7.2 绘图案例

【例 6-37】Python 几何绘图的使用。

```
from tkinter import *
root = Tk()
canvas = Canvas(root,width=300,height=300,bg="white")
canvas.pack()
c1 = canvas.create_polygon(10,50,140,10,290,50,fill="blue")          # 画多边形
c2 = canvas.create_rectangle(35,50,265,290,fill="yellow")            # 画长方形
c3 = canvas.create_rectangle(100,150,195,290,fill="green")
c4 = canvas.create_line(148,150,148,290,fill="yellow")               # 画线
c5 = canvas.create_oval(120,210,140,230,fill="red")                  # 画椭圆
c6 = canvas.create_oval(155,210,175,230,fill="red")
c7 = canvas.create_text(145,100,text=" 这是仓库重地 ",font=(" 隶书 ",18))
root.mainloop()
```

运行结果如图 6-41 所示。

【例 6-38】使用 math 函数计算五角星位置并绘制旗帜图形。

```
from tkinter import *
import math as m
root = Tk()
w = Canvas(root,width=300,height=300,background='white')
w.pack()
w.create_rectangle(30,5,50,290,fill='yellow')
w.create_rectangle(50,10,280,190,fill='red')
center_x = 80;center_y = 50;r = 30 # 设置起始坐标
for n in range(1,4):
    center_x =center_x+n*20 ;center_y=center_y+n*16
    #point 为五个点从左上点到右下点依次的 x 和 y 坐标
    points = [center_x - int(r * m.sin(2 * m.pi / 5)),center_y - int(r * m.cos(2 * m.pi / 5)),
      center_x + int(r * m.sin(2 * m.pi / 5)),center_y - int(r * m.cos(2 * m.pi / 5)),
      center_x - int(r * m.sin(m.pi / 5)),center_y + int(r * m.cos(m.pi / 5)),
      center_x, center_y - r,
      center_x + int(r * m.sin(m.pi / 5)),center_y + int(r * m.cos(m.pi / 5)),
```

```
    ]
    w.create_polygon(points,outline='green',fill='yellow')
mainloop()
```

运行结果如图 6-42 所示。

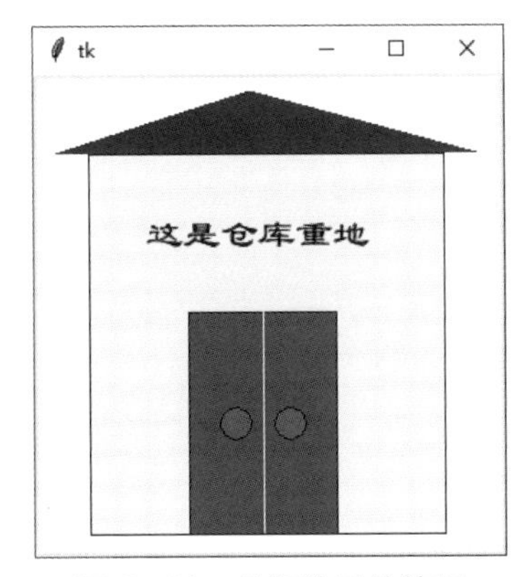

图 6-41　几何绘图的使用

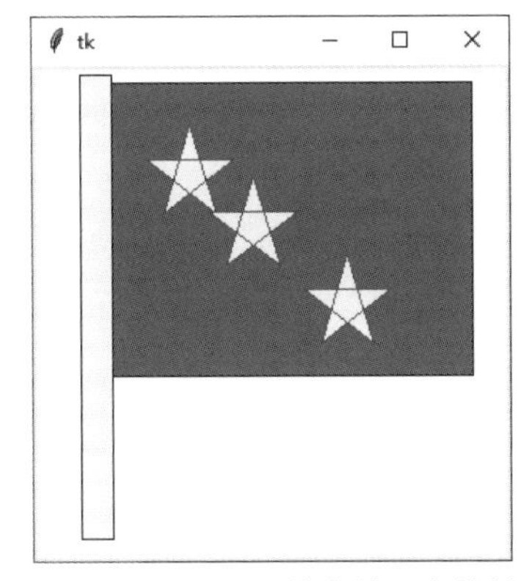

图 6-42　math 函数在绘图中的使用

【例 6-39】在 UI 上修改图形颜色和线段。

```
from tkinter import *
root = Tk()
w = Canvas(root,width=200,height=100,background='white')
w.pack()
line1 = w.create_line(0,80,200,80,fill='yellow',width=5)
line2 = w.create_line(10,0,10,100,fill='green',width=5)
rect1 = w.create_rectangle(20,10,150,75,fill='pink')
w.coords(line1,0,5,200,5)          # 修改黄线的位置
w.itemconfig(rect1,fill='red')     # 修改矩形的填充 color
del1 = Button(root,text=' 删除绿线 ',command=(lambda:w.delete(line2)))
del1.pack()
del2 = Button(root,text=' 删除全部 ',command=(lambda x=ALL:w.delete(x)))
del2.pack()
mainloop()
```

运行结果如图 6-43 所示。

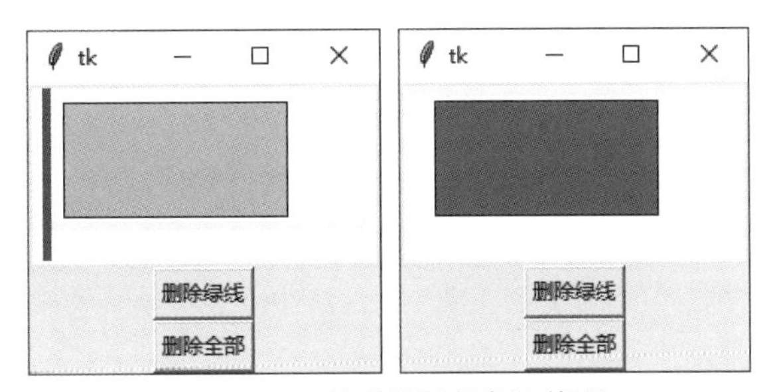

图 6-43　修改图形颜色和线段

【例 6-40】自行绘制图形。

```
from tkinter import *
root = Tk()
w = Canvas(root,width=400,height=200,bg='white')
```

```
w.pack()
def paint(event):
    x1,y1 = (event.x - 1),(event.y - 1)
    x2,y2 = (event.x + 1),(event.y + 1)
    w.create_oval(x1,y1,x2,y2,outline='red')
w.bind('<B1-Motion>',paint)
l1 = Label(root,text=' 按住鼠标移动可绘任意图形 ')
l1.pack(side=BOTTOM)
mainloop()
```

运行结果如图 6-44 所示。

【例 6-41】利用按钮绘制不同图形。

```
from tkinter import *
class CanvasDemo:
    def __init__(self):
        root = Tk()
        root.title(" 绘图演示 ")
        self.canvas = Canvas(root,width=300,height=200,bg="White")
        self.canvas.pack()
        frame = Frame(root)
        frame.pack()
        btRectangle = Button(frame,text=" 长方形 ",command=self.displayRect)
        btOval = Button(frame,text=" 椭圆 ",command=self.displayOval)
        btArc = Button(frame,text=" 圆弧 ",command=self.displayArc)
        btPolygon = Button(frame,text=" 多边形 ",command=self.displayPolygon)
        btLine = Button(frame,text=" 线 ",command=self.displayLine)
        btString = Button(frame,text=" 文字 ",command=self.displayString)
        btClear = Button(frame,text=" 清空 ",command=self.clearCanvas)
        btRectangle.grid(row=1,column=1)
        btOval.grid(row=1,column=2)
        btArc.grid(row=1,column=3)
        btPolygon.grid(row=1,column=4)
        btLine.grid(row=1,column=5)
        btString.grid(row=1,column=6)
        btClear.grid(row=1,column=7); root.mainloop()
    def displayRect(self):                  # 画长方形
        self.canvas.create_rectangle(10,10,290,190,tags="rect")
    def displayOval(self):                  # 画椭圆
        self.canvas.create_oval(10,10,290,190,tags="oval",fill="red")
    def displayArc(self):                   # 画圆弧
        self.canvas.create_arc(10,10,290,190,start=-190,extent=190,width=5,fill="red", tags=
"arc")
    def displayPolygon(self):               # 画多边形
        self.canvas.create_polygon(10,10,290,190,130,150,tags="polygon")
    def displayLine(self):                  # 画线
        self.canvas.create_line(10,10,290,190,fill='red',tags="line")
        self.canvas.create_line(10,100,200,10,width=3,arrow="last",activefill="blue", tags=
"line")
    def displayString(self):                # 写文字
        self.canvas.create_text(160,140,text=" 这是界面字符串 ",font="Tine 10 bold underline",
tags="string")
    def clearCanvas(self):                  # 清空
        self.canvas.delete("rect","oval","arc","polygon","line","string")
CanvasDemo()
```

运行结果如图 6-45 所示。

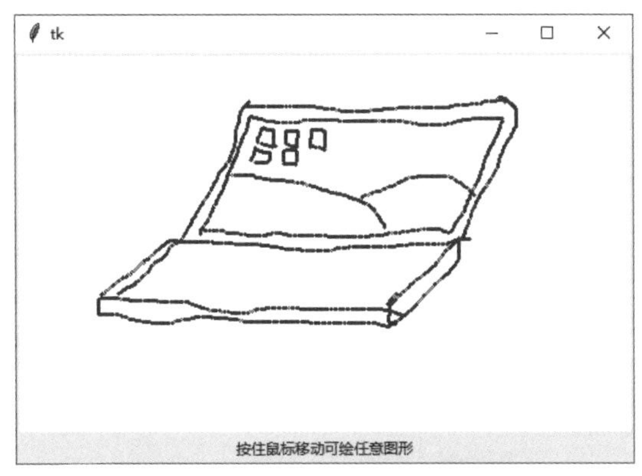

图 6-44　自行绘图对话框的使用

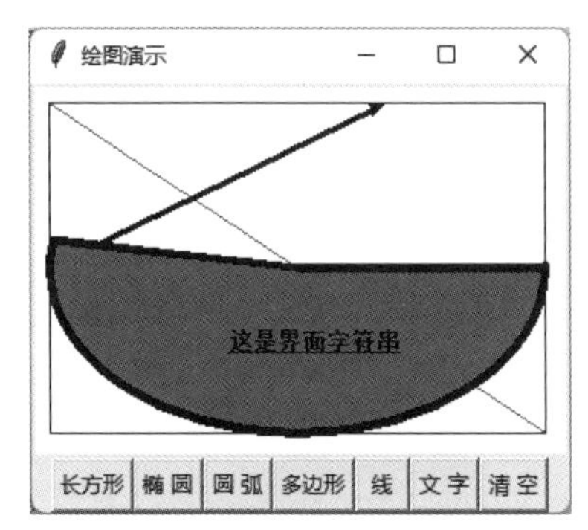

图 6-45　利用按钮绘制不同图形

【例 6-42】利用按钮选择图片。

```
from tkinter import *
def pic1():
    canvas_width = 600; canvas_height = 400                     # 设置画布显示大小
    cv = Canvas(root,width=canvas_width,height=canvas_height)   # 创建画布
    cv.grid(row=2,column=1)                                     # 布局到 UI 上
    img = PhotoImage(file="p1.png")                             # 加入第一个图片
    cv.create_image(20,20,anchor=NW,image=img)                  # 布局图片到画布
    root.mainloop()
def pic2():
    canvas_width = 600
    canvas_height = 400
    cv = Canvas(root,width=canvas_width,height=canvas_height)
    cv.grid(row=2,column=1)
    img = PhotoImage(file="p2.png")
    cv.create_image(20,20,anchor=NW,image=img)
    root.mainloop()
def pic3():
    canvas_width = 600
    canvas_height = 400
    cv = Canvas(root,width=canvas_width,height=canvas_height)
    cv.grid(row=2,column=1)
    img = PhotoImage(file="p3.png")
    cv.create_image(20,20,anchor=NW,image=img)
    root.mainloop()
root = Tk()
root.title(" 图片展示 ")                                          # 标题
root.minsize(700,520)                                           # 设置最小窗口尺寸
lable=Label(root,text=' 深圳北理莫斯科大学的来源 ',font=(' 华文新魏 ',16))
lable.grid(row=0,columnspan=3)
p1=Button(root,text=' 莫斯科大学 ',command=pic1);                 # 创建按钮 1
p1.grid(row=1,column=0,pady=10 )                                # 布局按钮 1
p2=Button(root,text=' 北京理工大学 ',command=pic2);
p2.grid(row=1,column=1,pady=10 )
p3=Button(root,text=' 深圳北理莫斯科大学 ',command=pic3);
p3.grid(row=1,column=2,pady=10 )
root.mainloop()
```

运行结果如图 6-46 所示。

图 6-46　利用按钮选择图片

6.8　练习题

6.8.1　问答

(1) 什么是图形化的用户界面?

(2) 图形用户界面的设计原则是什么?

(3) Python 的图形用户界面常用组件包括哪些?

(4) Python 的常用布局方式有哪些? 各有什么特点?

(5) Python 组件的文本框有几种方式? 其作用是什么?

(6) Python 中的消息对话框包括哪些?

(7) Python 的绘图方法有哪几种? Canvas 指的是什么?

(8) Python 的人机对话能接收哪几种数据? 方法是什么?

6.8.2　实践项目

(1) 使用简单布局方式，设计一个显示个人信息的 UI 界面，如图 6-47 所示。

（2）仿照【例 6-12】制作一个包含“+、−、*、/”的简单计算器界面。
（3）利用标签、输入文本框及按钮，设计一个用户登录界面。
（4）使用列表显示 5 ～ 10 个城市名，将选中的城市名输出到 UI 界面上。
（5）利用框架、单选框、复选框，设计一个出行健康码的调查表界面。
（6）利用画布绘制一个矩形图形、填充颜色，并添加相应的文字说明，如图 6-48 所示。

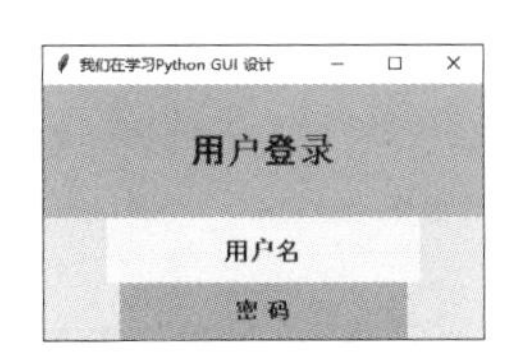

图 6-47 显示个人信息的 UI 界面

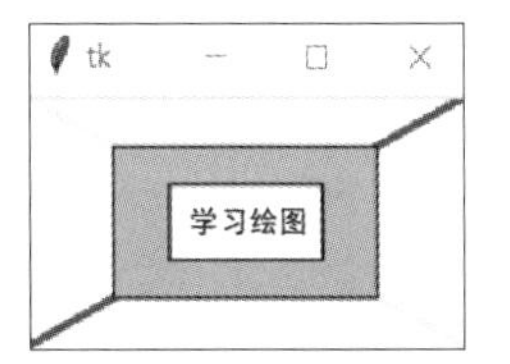

图 6-48 绘制图形

（7）任选一幅图片文件，将其添加到 UI 上，并添加相应的文字效果，如图 6-49 所示。

图 6-49 添加图片的界面

（8）使用单选框设计一个简单界面，如图 6-50 所示。

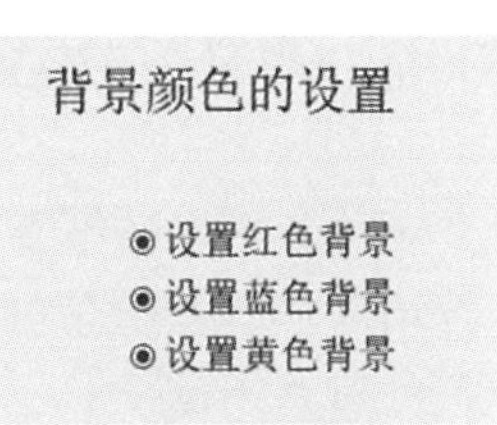

图 6-50 单选框界面

（9）完成一个简单菜单的 UI 设计，如图 6-51 所示。

图 6-51 简单菜单界面

（10）自行设计一个图文并茂的 GUI。

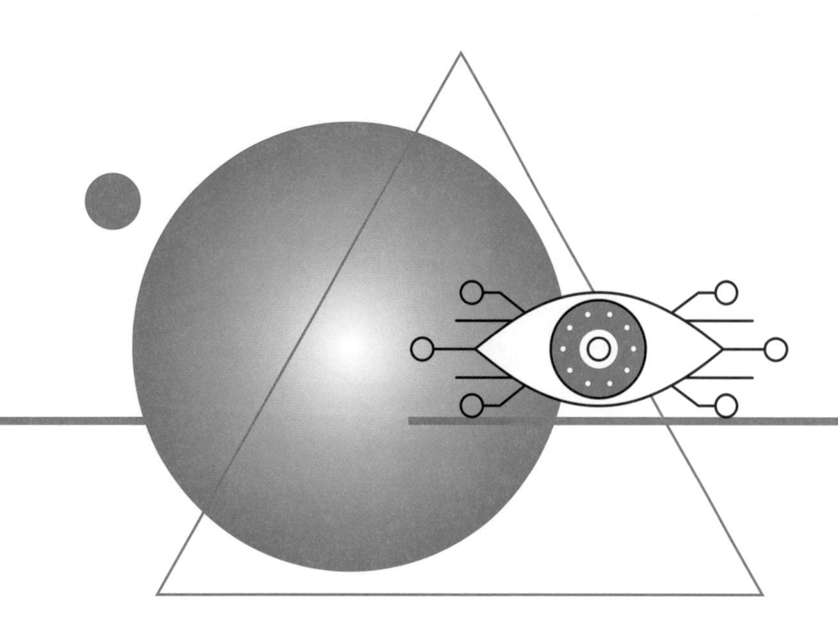

第7章 Python 编程综合实践

扫码获取学习资源

本章所涉及的教学案例总结了前 6 章的语法结构和知识点，为不同专业的学生定制了 37 个个性化的实验例程。在方便上机练习的基础上，帮助学生掌握计算思维和问题求解的编程方法，也为快速完成每个章节后的习题提供了支持。同时，这些案例的设计思路对于其他语言的教学也具有借鉴作用。

7.1 数据类型与表达式的使用

【例 7-1】分别格式化输出 k=0.031415926 对应的科学表示法形式、具有 4 位小数精度的浮点数形式和百分数形式，并将输出宽度设定为 20、居中对齐、星号 * 填充。

```
k=0.031415926
print("k 对应的科学表示法形式为 :",("%e"%k).center(20,'*'))
print('k 具有 4 位小数精度的浮点数形式为: ',('{0:.4f}'.format
(k)).center(20,'*'))
print('k 百分数形式为 :',(('{0:.2f}%'.format(k*100)).center
(20,'*')))
```

运行结果:

```
k 对应的科学表示法形式为 :****3.141593e-02****
k 具有 4 位小数精度的浮点数形式为: *******0.0314*******
k 百分数形式为 :*******3.14%********
```

【例 7-2】输入任意一个字符串，要求:

① 计算输出字符串的长度;

② 从第 1 个字符开始，每间隔 2 个字符取 1 个字符，组成子字符串 B；
③ 将字符串 A 倒过来重新排列产生新的字符串 C；
④ 将字符串 A 的前 4 个字符与字符串 C 的后 4 个字符进行组合，产生字符串 D。

```
A=input(' 输入任意一个字符串 ')
print(' 字符串的长度：',len(A))
B=print(A[::3])
C=A[::-1]
print(C)
D=print(A[:4]+C[-4:])
```

运行结果：

```
输入任意一个字符串 abcdefghijklm
字符串的长度：13
adgjm
mlkjihgfedcba
abcddcba
```

【例 7-3】根据输入字符串的个数，从键盘输入字符串到列表中，然后按照指定输出字符串位置 *n* 输出。若指定值超过字符串的索引时，自动转为输出列表中的最后 1 个字符串。

```
lis1=[]
x=eval(input(' 请确定输入字符串的个数 x=?'))
for i in range(x):
    lisn=input(" 输入字符串 ")
    lis1.append(lisn)
n=eval(input(' 显示第几个字符串 n=?'))
try:
    print(lis1[n-1])
except:
    print(lis1[x-1])
print(" 输入的字符列表是：",lis1)
```

运行结果：

```
请确定输入字符串的个数 x=?5
输入字符串 Python
输入字符串 C_language
输入字符串 Matlab
输入字符串 C++
输入字符串 Java
显示第几个字符串 n=?3
Matlab
输入的字符列表是：['Python','C_language','Matlab','C++','Java']
```

【例 7-4】字符串的输出。

```
import math
print(" 我的大学是：%s and 入学分数是 %d 分 !" % (" 深圳北理莫斯科大学 ",600))
print('{} 网址："{}!"'.format(' 深圳北理莫斯科大学 ','www.smbu.edu.cn'))
print(' 我喜欢的计算机语言是：{1} 和 {0}'.format('Python','Matlab'))
```

```
print('我的名字: {name} : 学号: {id}'.format(name='张三',id='20210610115'))
print('我在学习计算机语言 {0},{1}, 和 {other}'.format('Python','Matlab',other='C 语言'))
print('常量 PI 的值近似为 ',math.pi)
print('常量 PI 的值近似为 {0:.2f}。'.format(math.pi))
```

运行结果:

```
我的大学是: 深圳北理莫斯科大学 and 入学分数是 600 分 !
深圳北理莫斯科大学网址: "www.smbu.edu.cn!"
我喜欢的计算机语言是: Matlab 和 Python
我的名字: 张三: 学号: 20210610115
我在学习计算机语言 Python,Matlab, 和 C 语言
常量 PI 的值近似为 3.141592653589793
常量 PI 的值近似为 3.14。
```

【例 7-5】已知 list = [' Beijing ',' Shanghai',' Guangzhou ',' Shenzhen '], 查找列表 list 中的元素, 利用函数移除每个元素左右两边的空格, 找出以 S 或 s 开头的所有元素, 并添加到一个新列表中, 最后打印原列表、压缩空格列表和查找的列表。

```
list = [' Beijing ',' Shanghai','  Guangzhou  ',' Shenzhen ']
j=0
list1=[]
list2=[]
while j<len(list):
    list1.append(list[j].strip())
    str=list1[j]
    if str[0].upper()=='S':
        list2.append(list1[j])
    j += 1
print('原列表: ',list)
print('压缩空格列表: ',list1)
print('查找的列表: ',list2)
```

运行结果:

```
原列表: [' Beijing ',' Shanghai','  Guangzhou  ',' Shenzhen ']
压缩空格列表: ['Beijing','Shanghai','Guangzhou','Shenzhen']
查找的列表: ['Shanghai','Shenzhen']
```

【例 7-6】输入一个不多于 5 位的正整数, 要求:

① 求它是几位数;

② 逆序打印出各位数字;

③ 对各位数字进行升序排列。

```
n=int(input('输入一个正整数: '))
n=str(n)
print('%d 位数 '%len(n))
print(n[::-1])
n1=list(n)
print(sorted(n1))
```

运行结果：

```
输入一个正整数：56318
5 位数
81365
['1','3','5','6','8']
```

【例 7-7】删除列表对象中所有偶数并输出。

```
x=list(range(20))
for i in x:
    x.remove(i)
print(x)
```

运行结果：

```
[1,3,5,7,9,11,13,15,17,19]
```

说明

remove() 方法会根据元素本身的值来进行删除操作，删除列表中元素时，对于相邻的元素，在删除前一个元素时，后一个元素会移动到刚删除的位置，此时，相邻元素躲过了删除。

【例 7-8】从键盘输入一系列数据，以-1为结束。-1本身不是输入的数据。要求：
① 分别输出数据的个数，正数、负数和零的个数；
② 输出最大值、最小值和平均值；
③ 输出正数中偶数的个数。

```
Positive=0;Negative=0;zeros=0
x=[]
print("请输入一系列数字（输入 -1 代表输入结束）：")
x.append(int(input("请输入第一个数：")))
i=0; even=0
while x[i]!=-1:
    x.append(int(input("请输入下一个数：")))
    if x[i] > 0:
        Positive += 1
        if x[i]%2==0:
            even+=1
    elif x[i] < 0:
        if x[i] != -1:
            Negative += 1
    else:
        zeros += 1
    i += 1
print("共输入",len(x)-1,'个数')
print("正数个数是{}，负数个数是{}，零个数是{}".format(Positive,Negative,zeros))
print("这一系列数中正数偶数个数为：",even)
print("最大值为：",max(x),'最小值为：',min(x),'平均值为：',sum(x)/(len(x)-1))
```

运行结果：

```
请输入一系列数字（输入 -1 代表输入结束）:
请输入第一个数：21
请输入下一个数：32
请输入下一个数：-2
请输入下一个数：0
请输入下一个数：-5
请输入下一个数：12
请输入下一个数：-1
共输入 6 个数
正数个数是 3，负数个数是 2，零个数是 1
这一系列数中正数偶数个数为：2
最大值为 :32 最小值为 :-5 平均值为：9.5
```

7.2 条件与循环综合设计

【例 7-9】已知一元二次方程：$ax^2+bx+c=0$，编写函数输出方程的解。若判别式大于 0，输出两个实数根；若判别式小于 0，输出虚数根；若判别式等于 0，输出一个实数根。

```
import math
def equation(a,b,c):
    q=b*b-4*a*c
    if q>0:
        x1=(-b+math.sqrt(q))/(2*a)
        x2=(-b-math.sqrt(q))/(2*a)
    elif q<0:
        x1=complex(-1/(2*a),math.sqrt(abs(q))/(2*a))
        x2 = complex(-1 / (2 * a),-math.sqrt(abs(q)) / (2 * a))
    else:
        x=-b/(2*a)
    if q>0 or q<0:
        print('x1=',x1)
        print('x2=',x2)
    else:
        print('x=',x)
a,b,c = map(float,input('请输入整数: a,b,c=?').split(","))
equation(a,b,c)
```

运行结果：

```
请输入整数：a,b,c=?1 -1 -6
x1= 3.0
x2= -2.0
请输入整数：a,b,c=?1 2 1
x= -1.0
请输入整数：a,b,c=?1 2 3
x1= (-0.5+1.4142135623730951j)
x2= (-0.5-1.4142135623730951j)
```

【例 7-10】某人将闲钱存入银行，年利率是 3.2‰，每过 1 年，将本金和利息相加作为新的本金。计算 5 年后获得的本金加利息是多少?

```
import datetime
now = datetime.datetime.now()
now_date =now.strftime('%Y-%m-%d')
print(' 存款的时间是: ',now_date)
money=eval(input(' 请输入存钱的数量 '))
i=1
while i<=5:
    money*=1.0032
    i+=1
print(" 五年后可取到的金额是: %.2f"%money,' 元 ')
```

运行结果:

```
存款的时间是: 2022-09-23
请输入存钱的数量 100000
五年后可取到的金额是: 101610.27 元
```

【例 7-11】一车西瓜共 508 个，第一天卖掉总数的一半后又多卖出两个，以后每天卖出剩下的一半多两个，问几天以后能卖完？每天卖出多少个？剩余多少个？统计一共卖出多少个?

```
rest=508
count=0
watermelon=0
while(rest>0):
    sell=rest
    rest=int(rest/2-2)
    sell=int(sell-rest)
    watermelon+=sell
    count += 1
    print(' 第 ',count,' 天卖出的西瓜个数为: ',sell,' 剩余个数为: ',rest)
print(" 西瓜在 ",count," 天后卖完 ")
print(" 共卖出的西瓜个数为: ",watermelon)
```

运行结果:

```
第 1 天卖出的西瓜个数为: 256 剩余个数为: 252
第 2 天卖出的西瓜个数为: 128 剩余个数为: 124
第 3 天卖出的西瓜个数为: 64 剩余个数为: 60
第 4 天卖出的西瓜个数为: 32 剩余个数为: 28
第 5 天卖出的西瓜个数为: 16 剩余个数为: 12
第 6 天卖出的西瓜个数为: 8 剩余个数为: 4
第 7 天卖出的西瓜个数为: 4 剩余个数为: 0
西瓜在 7 天后卖完
共卖出的西瓜个数为: 508
```

【例 7-12】输出 50 ～ 80 之间不能被 3 和 5 整除的数，并统计个数。

```
count=0
print("50~80 之间不能被 3 和 5 整除的数有: ")
for i in range(50,81):
```

```
        if i%3!=0 and i%5!=0:
            count+=1
            print(i,end=",")
    print("")
    print("50~80 之间不能被 3 和 5 整除的数有: ",count," 个 ")
```

运行结果:

```
50 ~ 80 之间不能被 3 和 5 整除的数有:
52,53,56,58,59,61,62,64,67,68,71,73,74,76,77,79,
50~80 之间不能被 3 和 5 整除的数有: 16 个
```

【例 7-13】求 1！+2！+3！+4！+…+10！的结果。

```
st=0
for i in range(1,11):
    m=1
    for j in range(1,i+1):
        m*=j
    st+=m
print("1!+2!+3!+...+10!=",st)
```

运行结果:

```
1!+2!+3!+...+10!= 4037913
```

【例 7-14】从键盘上输入 n 的值，求 S=1+22+333+4444+…+$nnnnn$ 的结果。

```
S=1
n=eval(input(" 请输入 n=？ "))
for i in range(2,n+1):
    m=i
    for j in range(1,i):
        m=m*10+i
    S+=m
print("1+22+333+4444+···=",S)
```

运行结果:

```
请输入 n=？ 4
1+22+333+4444+···= 4800
```

【例 7-15】小明有一张 500 元的购物卡，小明到超市买三类洗化用品：洗发水（50 元）、香皂（10 元）、牙刷（20 元）。要把 500 元共买 25 件正好花掉，且每种商品至少买一个，可有哪些购买组合？共有几种买法？

```
count=0
for shampoo in range(1,20):
    for toothpaste in range(1,25):
        for soap in range(1,50):
            if 50 * shampoo+20*toothpaste+10*soap ==500 and(toothpaste+shampoo+soap==25):
                print(" 洗发水 ={}".format(shampoo)," 牙膏 ={}".format(toothpaste)," 肥皂 ={}".
```

```
format(soap))
                    count += 1
print(' 总共买法有 ',count,' 种 ')
```

运行结果：

```
洗发水 =1 牙膏 =21 肥皂 =3
洗发水 =2 牙膏 =17 肥皂 =6
洗发水 =3 牙膏 =13 肥皂 =9
洗发水 =4 牙膏 =9 肥皂 =12
洗发水 =5 牙膏 =5 肥皂 =15
洗发水 =6 牙膏 =1 肥皂 =18
总共买法有 6 种
```

【例 7-16】编程实现：生成 2 组随机 6 位的数字验证码，每组 1000 个，且每组内不可重复。输出这 2 组验证码的重复个数。

```
import random
code1 = []                          # 存储校验码列表
code2 = []
count = 0                           # 标志出现重复校验码个数
dict={}
for i in range(1000):               # 第一组校验码
    x = ''
    for j in range(6):
        x = x + str(random.randint(0,9))
    code1.append(x)                 # 生成的数字校验码追加到列表
for i in range(1000):               # 第二组校验码
    x = ''
    for j in range(6):
        x = x + str(random.randint(0,9))
    code2.append(x)                 # 生成的数字校验码追加到列表
for i in range(len(code1)):         # 找重复
    for j in range(len(code2)):     # 对 code1 和 code2 所有校验码遍历
        if (code1[i] == code2[j]):
            count += 1              # 如果存在相同的，则 t+1
    if count > 0:
        dict[code1[i]] = count      # 如果重复次数存储在字典
for key in dict:                    # 输出所有重复的校验码及其个数
    print(key + ":" + str(dict[key]),end=',')
```

运行结果：

```
……
012941:3,997556:3,799855:3,629028:3,788196:3,721318:3,860700:3,752231:3,190962:3,633214:3,2
57436:3,235015:3,082949:3,440367:3,019036:3,121298:3,609130:3,560497:3,177377:3,889220:3,191249
:3,592428:3,117696:3,926809:3,055229:3,263696:3,577636:3,357662:3,548665:3,209422:3,814744:3,11
2868:3,108833:3,786376:3,917334:3,474497:3,008854:3,292373:3,070797:3,138447:3,053000:3,046698:
3,409478:3,878434:3,357865:3,294163:3,102267:3,796715:3,900187:3,503437:3,510231:3,128823:3,089
845:3,837263:3,158430:3,651174:3,917964:3,308561:3,188414:3,800180:3,119916:3,783202:3,721402:3
,988680:3,221132:3,
```

【例 7-17】有一对兔子，从出生后第 3 个月起每个月都生一对兔子，小兔子长到第 3 个月后每个月又生一对兔子，假如兔子都不死，问每个月的兔子总数为多少?

分析：一月兔一个月后长大成为二月兔，二月兔一个月后变三月兔，三月兔一个月后变成年兔，成年兔（包括新成熟的三月兔）生出等量的一月兔。

```
month=int(input(' 繁殖几个月? : '))
month_1=1
month_2=0
month_3=0
month_elder=0
for i in range(month):
    month_1,month_2,month_3,month_elder=month_elder+month_3,month_1,month_2,month_elder+
month_3
    print(' 第 %d 个月共 '%(i+1),month_1+month_2+month_3+month_elder,' 对兔子 ')
    print(' 其中 1 月兔: ',month_1)
    print(' 其中 2 月兔: ',month_2)
    print(' 其中 3 月兔: ',month_3)
print(' 其中成年兔: ',month_elder)
```

运行结果:

```
繁殖几个月? : 2
第 1 个月共 1 对兔子
其中 1 月兔: 0
其中 2 月兔: 1
其中 3 月兔: 0
第 2 个月共 1 对兔子
其中 1 月兔: 0
其中 2 月兔: 0
其中 3 月兔: 1
其中成年兔: 0
```

【例 7-18】一个数如果恰好等于它的因子之和，这个数就称为“完数”，如 6=1+2+3。编程找出 1000 以内的所有完数。

分析：将每一对因子加进集合，在这个过程中已经自动去重。最后的结果要求不计算其本身。

```
def factor(num):
    target = int(num)
    wan = set()
    for i in range(1,num):
        if num % i == 0:
            wan.add(i)
            wan.add(num / i)
    return wan
print("1000 以内的完数有: ")
for i in range(2,1001):
    if i == sum(factor(i)) - i:
        print(i,end=",")
```

运行结果:

```
1000 以内的完数有:
6,28,496,
```

【例 7-19】在 10001 ～ 11000 中每隔 50 取一个数，判断形成的序列有多少是回文数。例如，10101 是回文数，个位与万位相同，十位与千位相同。

```
count=0
for n in range(10001,11000,50):
    n=str(n)
    a=0
    b=len(n)-1
    flag=True
    while a<b:
        if n[a]!=n[b]:
            flag=False
            break
        a,b=a+1,b-1
    if flag:
        count+=1
        print(n,' 是回文串 ',end=',')
    else:
        print(n,' 不是回文串 ',end=',')
print("\n 回文个数是：",count," 个 ")
```

运行结果：

```
10001 是回文串 ,10051 不是回文串 ,10101 是回文串 ,10151 不是回文串 ,10201 是回文串 ,10251 不是回文串 ,10301 是回文串 ,10351 不是回文串 ,10401 是回文串 ,10451 不是回文串 ,10501 是回文串 ,10551 不是回文串 ,10601 是回文串 ,10651 不是回文串 ,10701 是回文串 ,10751 不是回文串 ,10801 是回文串 ,10851 不是回文串 ,10901 是回文串 ,10951 不是回文串 ,
回文个数是：10 个
```

【例 7-20】使用递归打印菱形。

```
def draw(num,n):
    a="*"*(2*(n-num)+1)
    print(a.center(2*n+1,' '))
    if num!=1:
        draw(num-1,n)
        print(a.center(2*n+1,' '))
n=eval(input("n=?"))
draw(n,n)
```

运行结果如图 7-1 所示。

【例 7-21】使用列表输出杨辉三角形。

```
def pascal(rows):
    r = [[1]]
    for i in range(1,rows):
        r.append(list(map(lambda x,y:x+y,[0]+r[-1],r[-1]+[0])))
    return r[:rows]
n=eval(input("n=?"))
a=pascal(n)
for i in a:
    print(i)
```

运行结果如图 7-2 所示。

```
n=?6
     *
    ***
   *****
  *******
 *********
***********
 *********
  *******
   *****
    ***
     *
```

图 7-1　菱形

```
n=?12
[1]
[1, 1]
[1, 2, 1]
[1, 3, 3, 1]
[1, 4, 6, 4, 1]
[1, 5, 10, 10, 5, 1]
[1, 6, 15, 20, 15, 6, 1]
[1, 7, 21, 35, 35, 21, 7, 1]
[1, 8, 28, 56, 70, 56, 28, 8, 1]
[1, 9, 36, 84, 126, 126, 84, 36, 9, 1]
[1, 10, 45, 120, 210, 252, 210, 120, 45, 10, 1]
[1, 11, 55, 165, 330, 462, 462, 330, 165, 55, 11, 1]
```

图 7-2　杨辉三角形

7.3　游戏程序设计

【例 7-22】编写猜拳小游戏（石头 - 剪刀 - 布），要求输出玩家开始的时间和日期，退出时显示玩的时间。

```
import random
import datetime
now = datetime.datetime.now()
now_date =now.strftime('%Y-%m-%d %H:%M:%S')
print('当前的日期和时间是：',now_date)
count=0
while True:
    count+=1
    s = int(random.randint(1,3))
    if s == 1:
        ind = "石头"
    elif s == 2:
        ind = "剪刀"
    elif s == 3:
        ind = "布"
    select = input('输入 石头、剪刀、布，输入"e"结束游戏：')
    blist = ['石头','剪刀','布']
    if ((select not in blist) and (select != 'e')):
        print("输入错误，请重新输入！")
    elif ((select not in blist) and (select == 'e')):
        print("你共猜了",count-1,'次')
        now1 = datetime.datetime.today()
        time_date1 = datetime.datetime.strptime(now_date,'%Y-%m-%d %H:%M:%S')
        print('你玩的时间是：',now1-time_date1)
        print("游戏退出中...")
        break
    elif select == ind:
        print ("电脑出了：" + ind + "，平局！")
    elif (select == '石头' and ind =='剪刀') or (select == '剪刀' and ind =='布') or (select
== '布' and ind =='石头'):
        print ("电脑出了：" + ind +"，你赢了！")
    elif (select == '石头' and ind =='布') or (select == '剪刀' and ind =='石头') or (select
== '布' and ind =='剪刀'):
        print ("电脑出了：" + ind +"，你输了！")
```

运行结果：

```
当前的日期和时间是：2022-05-23 21:53:21
输入 石头、剪刀、布，输入 "e" 结束游戏：石头
电脑出了：石头，平局！
输入 石头、剪刀、布，输入 "e" 结束游戏：剪刀
电脑出了：布，你赢了！
输入 石头、剪刀、布，输入 "e" 结束游戏：布
电脑出了：剪刀，你输了！
输入 石头、剪刀、布，输入 "e" 结束游戏：石头
电脑出了：石头，平局！
输入 石头、剪刀、布，输入 "e" 结束游戏：石头
电脑出了：剪刀，你赢了！
输入 石头、剪刀、布，输入 "e" 结束游戏 :e
你共猜了 5 次
你玩的时间是 :0:00:48.292457     # 约 48 秒
游戏退出中 ...
```

【例 7-23】使用 GUI 编写一个猜数字小游戏。

```
from tkinter import *
import random
import tkinter.messagebox
root = Tk()
root.title(" 欢迎来到猜数字小游戏 ")
root.geometry('400x260')
answer = random.randint(1,100)
label1 =Label(root,text=" 请输入 1~100 之间整数 ",wraplength=280,justify='center',font = (' 微软雅黑 ',20))
label1.grid(row=0,padx=20,pady=8,columnspan=2,rowspan=2)
label2 =Label(root,text=' 请输入你猜测的数字 :',font = (' 微软雅黑 ',14))
label2.grid(row=2,column=0,sticky='w',padx=5)
text =Entry(root,width=20)
text.grid(row=2,column=1,sticky='w')
tkImage =PhotoImage(file="q.gif",width=150,height=100)        # 插入图片
label3 = Label(image=tkImage)
label3.grid(row=4,columnspan=1,column=0,pady=1)
def hit():                                                    # 定义一个按钮触发函数
    num= text.get()                                           # 通过 get 函数获取文本框中的内容
    if num =='':
        tkinter.messagebox.showerror(" 警告 "," 输入不能为空 ")
    else:
        if not num.isdecimal():
            tkinter.messagebox.showerror(" 警告 "," 只能输入数字 ")
        else:
            num = int(num)
    if num > answer:
        tkinter.messagebox.showinfo(" 错误 "," 你猜的数字太大啦 ")
    if num < answer:
        tkinter.messagebox.showinfo(" 错误 "," 你猜的数字太小啦 ")
    if num== answer:
        tkinter.messagebox.showinfo(" 正确 "," 恭喜你，猜对啦 !")
button2 = tkinter.Button(root,text=' 确定 ',command=hit,width=10,font = (' 微软雅黑 ',14))
button2.grid(row=3,column=1,sticky='s',padx=8,pady=8)
root.mainloop()
```

运行结果如图 7-3 所示。

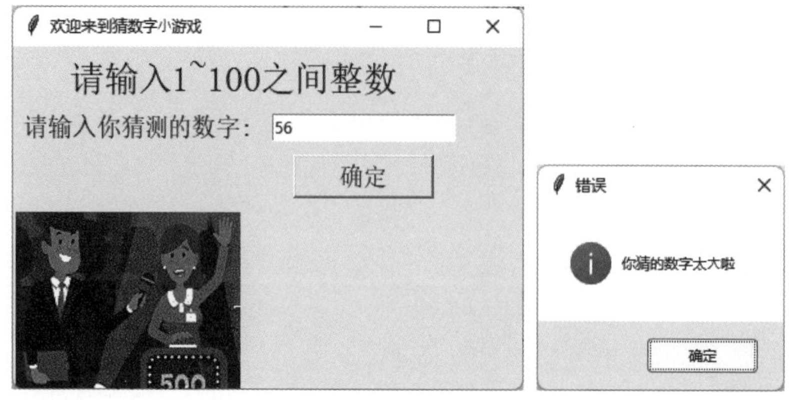

图 7-3　猜数字小游戏

7.4　面向对象程序设计

【例 7-24】定义一个动物类，添加 2 个类方法，输出其各自的特征。

```
class Animal:                                  # 定义类
    def __init__(self,color,weight,legs,mouth): # 初始化类参数
        self.color =color
        self.weight=weight
        self.legs=legs
        self.mouth=mouth
    def cat(self,name):                        # 类方法 1
        self.name = name                       # 实例变量：定义在方法中的变量，只作用于当前实例的类。
        print(' 我是 ',name)
        print(" 我的任务是讨主人喜欢！ ")
    def hen(self,name):                        # 类方法 2
        self.name = name                       # 实例变量：定义在方法中的变量，只作用于当前实例的类。
        print(' 我是 ',name)
        print(" 我的任务是给主人产蛋！ ")
    def __str__(self):                         #print 函数自动调用格式
        return ' 我的颜色是：%s，重量是：%.2f 公斤，有：%d 只脚，嘴巴会 %s'%(self.color,self.weight,
self.legs,self.mouth)
t1 =Animal(' 黄色 ',2.2,4,' 叫 ')              # 类的实例化 1
t1.cat(" 波斯猫 ")
print(t1)
t2 =Animal(' 黑色 ',1.5,2,' 叫 ')              # 类的实例化 2
t2.hen(" 小黑 ")
print(t2)
```

运行结果：

```
我是波斯猫
我的任务是讨主人喜欢！
我的颜色是：黄色，重量是：2.20 公斤，有：4 只脚，嘴巴会叫
我是小黑
我的任务是给主人产蛋！
我的颜色是：黑色，重量是：1.50 公斤，有：2 只脚，嘴巴会叫
```

【例 7-25】牛奶，女，体重 55 公斤，喜欢跑步，每次跑步减少 1 公斤；麦片，男，75.5 公斤，喜欢打羽毛球，每周打球减少 0.5 公斤。编写类方法实现体重记录。

```
class Person:
    def __init__(self,name,sex,weight):
        self.name = name
        self.sex=sex
        self.weight=weight
    def __str__(self):
        return ' 我的名字叫 %s, 性别是 %s, 体重现在是 %.1f'%(self.name,self.sex,self.weight)
    def run(self):
        print('%s 喜欢跑步 ' % self.name)
        self.weight-=1
    def ball(self):
        print('%s 喜欢打羽毛球 '%self.name)
        self.weight -= 0.5
xx = Person(' 牛奶 ',' 女 ',55)
xm = Person(' 麦片 ',' 男 ',75.5)
xx.run()
xm.ball()
print(xx)
print(xm)
```

运行结果：

```
牛奶 喜欢跑步
麦片 喜欢打羽毛球
我的名字叫牛奶，性别是 女，体重现在是 54.0
我的名字叫麦片，性别是 男，体重现在是 75.0
```

【例 7-26】建立一个 Home 类，摆放的家具有：床，占 6 平方米；衣柜，占 4 平方米；写字台，占 3 平方米。将三件家具添加到二居室房子中，要求输出：户型、总面积、剩余面积、家具名称列表。

```
class Home:
    def __init__(self,name,area):
        self.name = name
        self.area = area
    def __str__(self):
        return '[%s] 占地 %.2f' % (self.name,self.area)
class House:
    def __init__(self,house_type,area):
        self.house_type = house_type
        self.area = area
        self.free_area = area
        self.item_list = []
    def __str__(self):
        return ' 户型 :%s\n 总面积 :%.2f[ 剩余 :%.2f]\n 家具 :%s' % (self.house_type,self.area,self.
free_area,self.item_list)
    def add_item(self,item):
        print(' 要添加 %s' % item)
        if item.area > self.free_area:
            print('%s 的面积太大了，无法添加 ' % item.name)
            return
        self.item_list.append(item.name)
        self.free_area -= item.area
bed = Home(' 床 ',6)
```

```
print(bed)
chest = Home('衣柜',4)
print(chest)
table = Home('写字台',3)
print(table)
my_home = House('两居室',60)
my_home.add_item(bed)
my_home.add_item(chest)
my_home.add_item(table)
print(my_home)
```

运行结果：

```
[ 床 ] 占地 6.00
[ 写字台 ] 占地 3.00
[ 衣柜 ] 占地 4.00
要添加 [ 床 ] 占地 6.00
要添加 [ 衣柜 ] 占地 4.00
要添加 [ 写字台 ] 占地 3.00
户型：两居室
总面积 :60.00[ 剩余 :47.00]
家具 :['床','衣柜','写字台']
```

【例 7-27】建立一个学生成绩管理系统，内有 4 个菜单，通过选择菜单，完成相应的操作。

```
class Student(object):
    def __init__(self,name,num,score,cname):
        self.name = name
        self.num = num
        self.score = score
        self.cname = cname
    def __str_(self):
        return "姓名:%s, 学号: %s  成绩: %d  课程名: %s " % (self.name,self.num,self.score,
self.cname)
class StudentManage(object):
    Stu = []
    def start(self):
        self.Stu.append(Student('张三','2022101',100,"Python 程序设计"))
        self.Stu.append(Student('李四','2022102',82,"Python 程序设计"))
        self.Stu.append(Student('王五','2022103',91,"Python 程序设计"))
        self.Stu.append(Student('赵六','2022103',81,"Python 程序设计"))
    def menu(self):
        self.start()
        while True:
            print("""\t\t\t\t\t***********************
                    学生成绩管理系统
                     1. 成绩查询
                     2. 增加记录
                     3. 删除记录
                     4. 退出
                    *********************** """)
            choice = input("请选择:")
            if choice == '1':
                num = input("学号:")
                self.checkStu(num)
```

```
            elif choice == '2':
                self.addStu()
            elif choice == '3':
                self.delstu()
            elif choice == '4':
                return
            else:
                print(" 请输入正确的选择 !")
    def addStu(self):
        num = input(" 学号: ")
        self.Stu.append(Student(input(" 姓名 :"),num,eval(input(" 成绩 :")),input(" 课程名称 ")))
        print(" 添加学生学号 %s 成功 !" % (num))
        for i in range(len(self.Stu)):
            print(self.Stu[i].name,self.Stu[i].num,self.Stu[i].score,self.Stu[i].cname)
    def delstu(self):
        num = input(" 输入删除的学号 :")
        ret = self.checkStu(num)
        if ret != None:
            self.Stu.remove(num)
            print(" 删除 %s 成功 " % (num))
        else:
            print(" 该学号 %s 不存在 !" % (num))
    def checkStu(self,num):
        for Student in self.Stu:
            if Student.num == num:
                print(Student.num,Student.name,Student.score,Student.cname)
                return Student
        else:
            return None
StudentManage = StudentManage()
StudentManage.menu()
```

运行结果:

```
请选择 :1
学号: 2022101
2022101 张三 100 Python 程序设计
                ************************
                 学生成绩管理系统
                  1. 成绩查询
                  2. 增加记录
                  3. 删除记录
                  4. 退出
                 *************************
请选择 :2
学号: 2022108
姓名 : 合适
成绩 :99
课程名称 Python 程序设计
```

```
添加学生学号 2022108 成功！
张三 2022101 100 Python 程序设计
李四 2022102 82 Python 程序设计
王五 2022103 91 Python 程序设计
赵六 2022103 81 Python 程序设计
合适 2022108 99 Python 程序设计
                  学生成绩管理系统
                   1. 成绩查询
                   2. 增加记录
                   3. 删除记录
                   4. 退出
请选择 :3
输入删除的学号 :2022103
删除 2022103 成功
```

【例 7-28】继承和多态的联合使用。

```
class Car(object):                              # 定义一个汽车类
    def __init__(self,type,No):                 # 初始化属性，汽车品牌、车牌
        self.type=type
        self.No=No
    def start(self):
        print('汽车准备出发了！')
    def stop(self):
        print('乘客到站请下车！')
class Taxi(Car):                                # 定义出车车类调用父类 Car
    def __init__(self,type,No,company,name):    # 继承父类方法，并且补充自己的类属性
        super().__init__(type,No)               # 继承调用父类属性
        self.company=company
        self.name=name
    def start(self):                            # 重写类方法
        print('乘客您好，欢迎！')
        print(f'我是{self.name}，欢迎乘坐出租车')
        print(f'我是{self.company}出租车公司的，我的车牌号是{self.No}，请问您要去哪里？')
    def stop(self):
        print('目的地到了，请您付款下车，欢迎再次乘坐！')
class MyCar(Car):                               # 定义一个私家车子类
    def __init__(self,type,No,name):
        super().__init__(type,No)
        self.name=name
    def stop(self):                             # 重写类方法
        print('我们已经到了深圳湾公园，这里很不错')
    def start(self):                            # 重写类方法
        print(f'我是{self.name}，我的私家车是{self.type}，车牌号是{self.No}')
TaxiCar = Taxi('特斯拉 A5','粤 B6868','深圳神马传奇','出租车司机')
TaxiCar.start()
TaxiCar.stop()
print("-----"*10)
MyCar=MyCar('比亚迪 S8','粤 B6666','公司职员')
MyCar.start()
MyCar.stop()
```

运行结果：

```
乘客您好，欢迎！
我是出租车司机，欢迎乘坐出租车
我是深圳神马传奇出租车公司的，我的车牌号是粤 B6868，请问您要去哪里？
目的地到了，请您付款下车，欢迎再次乘坐！
--------------------------------------------------
我是公司职员，我的私家车是比亚迪 S8，车牌号是粤 B6666
我们已经到了深圳湾公园，这里很不错
```

7.5 UI 综合设计

【例 7-29】设计输入姓名并提取输出的 UI 界面。

```
from tkinter import *
import tkinter.messagebox
root = Tk()
root.title(" 信息输入界面 ")
root.geometry('200x100')
def hello():
    name =nameInput.get()
    result = tkinter.messagebox.showinfo(' 信息显示 '," 您输入姓名是: "+name)
    print(result)
lb1 = Label(root,text=" 请输入您的姓名?  ")
lb1.pack()
nameInput = Entry(root)
nameInput.pack()
Button1 = Button(root,text=' 提交 ',command=hello)
Button1.pack()
root.mainloop()
```

运行结果如图 7-4 所示。

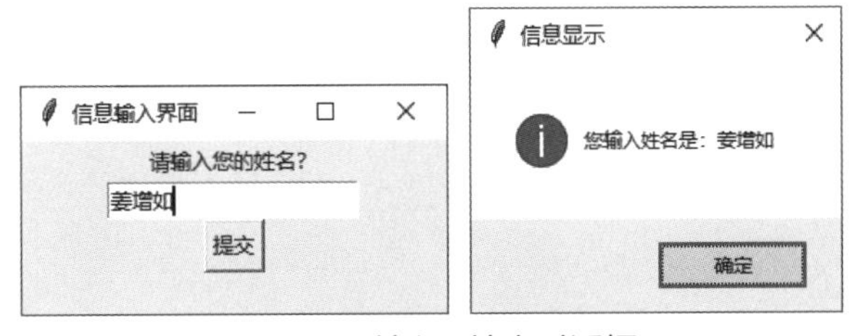

图 7-4　输入 / 输出对话框

【例 7-30】单击事件的使用。

```
import tkinter as tk
class App:                              # 定义类
    def __init__(self,master):
        frame = tk.Frame(master)        # 定义窗体框架
        frame.pack(side=tk.RIGHT,padx=10,pady=10)
        self.hi_there =tk.Button(frame,text=" 打招呼 ",bg="yellow",fg='green',command=self.say_hi)
```

```
        self.hi_there.pack()
    def say_hi(self):
        lb1=tk.Label(root,text=" 嗨，好久不见，你还好吧！ ")
        lb1.pack()
root = tk.Tk()
app = App(root)
root.mainloop()
```

运行结果如图 7-5 所示。

图 7-5　**单击事件**

【例 7-31】设计一个用户登录界面。

```
from tkinter import *
import tkinter.messagebox
root=Tk()# 父窗口类实例
root.geometry("400x300")
root.title(" 用户登录 ")
def tj():
    name12=name2.get()
    pass12=pass2.get()
    if (name12=="jiang" and pass12=="jiang123456"):
        tkinter.messagebox.showinfo(' 提示信息 ',' 用户名和密码正确 ')
    else:
        tkinter.messagebox.showinfo(' 提示信息 ',' 用户名或密码错误！ ')
def cz():
    name2=""
    pass2=""
canvas = Canvas(root,width=400,height=100,bg='#00ff20')
image_file = PhotoImage(file='pic.gif')
image = canvas.create_image(200,0,anchor='n',image=image_file)
canvas.pack(side="top")
l1=Label(root,text=' 用户登录 ',font=(' 隶书 ',24))
l1.place(x=130,y=120)
name1=Label(root,text=" 用户名 ",font=(' 隶书 ',16))
name1.place(x=40,y=170)
name2=Entry(root,bd=3)
name2.place(x=130,y=170)
pass1 = Label(root,text=" 密码 ",font=(' 隶书 ',16))
pass1.place(x=40,y=210)
pass2=Entry(root,bd=3,show="*")
pass2.place(x=130,y=210)
submit = Button(root,text=" 提交 ",font=(' 隶书 ',16),padx=5,pady=5,command=tj)
reset = Button(root,text=" 重置 ",font=(' 隶书 ',16),padx=5,pady=5,command=cz)
submit.place(x=100,y=250)
reset.place(x=200,y=250)
root.mainloop()
```

运行结果如图 7-6 所示。

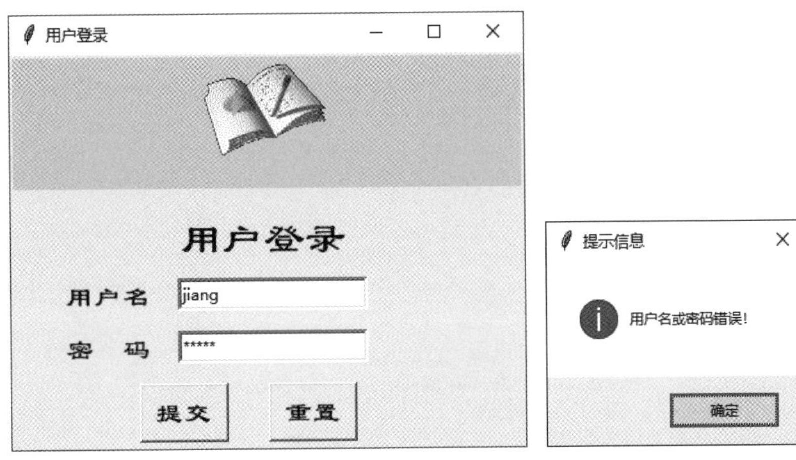

图 7-6 用户登录界面

【例 7-32】制作一个电子时钟，用 root 的 after() 方法每隔 1 秒 time 模块获取系统当前时间，并在标签中显示出来。

方法一：

```
import tkinter
import time
def gettime():
    timestr = time.strftime("%H:%M:%S")          # 获取当前的时间并转化为字符串
    lb.configure(text=timestr)                   # 重新设置标签文本
    root.after(1000,gettime)                     # 每隔 1s 调用函数 gettime 自身获取时间
root = Tk()
root.title(' 时钟 ')
lb = Label(root,text='',fg='blue',font=(" 黑体 ",80))
lb.pack()
gettime()
root.mainloop()
```

方法二：

```
from tkinter import *
import time
def gettime():
    var.set(time.strftime("%H:%M:%S"))           # 获取当前时间
    root.after(1000,gettime)                     # 每隔 1s 调用函数 gettime 自身获取时间
root = Tk()
root.title(' 时钟 ')
var=StringVar()
lb = Label(root,textvariable=var,fg='blue',font=(" 黑体 ",80))
lb.pack()
gettime()
root.mainloop()
```

运行结果如图 7-7 所示。

图 7-7 电子时钟

【例 7-33】利用列表按选择顺序输出。

```
from tkinter import *
root = Tk()
root.title("hello world")
root.geometry("400x300")
def print_item(event):
    sele=lb.get(lb.curselection())
    l1=Label(root,text=sele)
    l1.pack()
var = StringVar()
Lab=Label(root,text=" 选择您喜欢的大学名称 ");Lab.pack()
lb = Listbox(root,height=10,selectmode=BROWSE,listvariable = var)
lb.bind('<ButtonRelease-1>',print_item)
list_item = [' 深圳北理莫斯科大学 ', ' 北京理工大学 ', ' 深圳大学 ', ' 香港中文大学 ',' 北京航空航天
大学 ', ' 上海交通大学 ', ' 西安交通大学 ', ' 复旦大学 ',' 天津大学 ', ' 南京大学 ']
for item in list_item:
    lb.insert(END,item)
lb.pack(side=LEFT,fill=Y)
root.mainloop()
```

运行结果如图 7-8 所示。

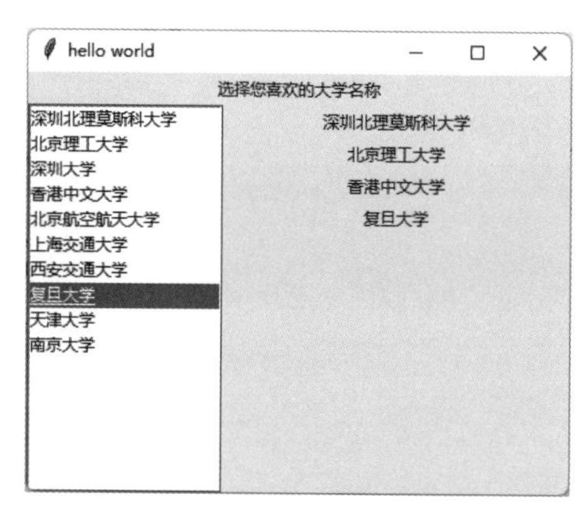

图 7-8　列表框的使用

【例 7-34】根据图 7-9 所示的坐标，使用 math 函数绘制五角星图。

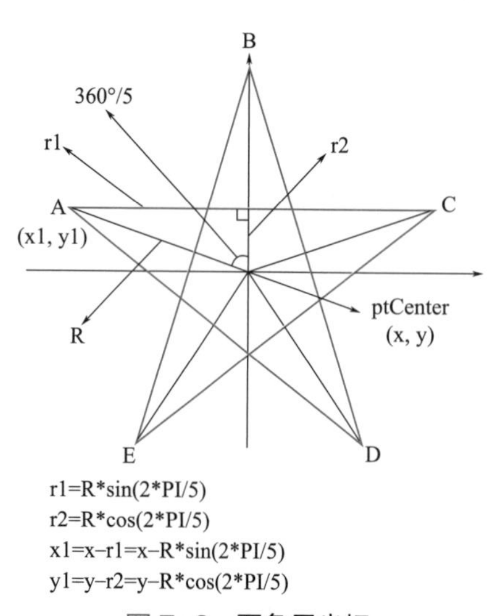

图 7-9　五角星坐标

```
from tkinter import *
import math as m
root = Tk()
w = Canvas(root,width=400,height=200,background = "white")
w.pack()
center_x=200;center_y=100;r=100        # 中心点的坐标为 (200,100), r=100
points =[
      # 左上点 A
      center_x - int(r * m.sin(2 * m.pi / 5)),center_y - int(r * m.cos(2 * m.pi / 5)),
      # 右上点 C
      center_x + int(r * m.sin(2 * m.pi / 5)),center_y - int(r * m.cos(2 * m.pi / 5)),
      # 左下点 E
      center_x - int(r * m.sin(2 * m.pi / 10)),center_y + int(r * m.cos(2 * m.pi / 10)),
       # 顶点 B
      center_x, center_y - r,
      # 右下点 D
      center_x + int(r * m.sin(2 * m.pi / 10)),center_y + int(r * m.cos(2 * m.pi / 10)) ]
w.create_polygon(points,outline="yellow",fill="red")
mainloop()
```

运行结果如图 7-10 所示。

图 7-10　**绘制五星图**

【例 7-35】绘制一个小球，沿着一个等腰三角形移动，最后回到原点。

```
import time
from tkinter import*
root=Tk()
root.title(" 动画设计 ")
cv=Canvas(root,width=400,height=400,bg="#10a0ff")
cv.pack()                                 # 将画布对象更新显示在框架中
cv.create_oval(10,10,40,40,fill='red')    # 绘制一个圆并填充红色
for i in range(0,60):                     # 建立一个 60 次的循环 ， 循环区间 [0,59)
    cv.move(1,5,0)                        # 将圆沿 x 方向移动轴 5 个像素点，y 轴不变
    root.update()                         # 更新框架，强制显示改变
    time.sleep(0.05)                      # 睡眠 0.05 秒，制造帧与帧间的间隔时间
for i in range(0,60):
    cv.move(1,-2.5,5)
    root.update()
    time.sleep(0.05)
for i in range(0,60):
    cv.move(1,-2.5,-5)
    root.update()
time.sleep(0.05)
```

运行结果如图 7-11 所示。

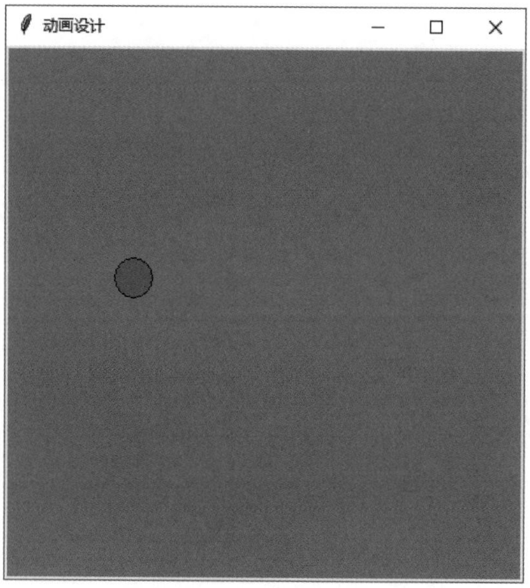

图 7-11　移动的小球

【例 7-36】绘制机器猫。

```
from tkinter import *
window = Tk()
window.title("tkinter");window.geometry("400x600")
cv = Canvas(window,width=700,height=500,bg="lightblue");cv.pack()
cv.create_oval(275,335,335,395,fill="white")                                    # 右手
cv.create_polygon(215,260,315,335,285,365,230,305,fill="blue",outline="black")
cv.create_oval(205,425,290,475,fill="white")
cv.create_oval(205,425,115,475,fill= "white")                                   # 脚
cv.create_oval(73,335,133,395,fill="white")
cv.create_polygon(190,260,90,335,120,365,205,305,fill="blue",outline="black")   # 左手
cv.create_oval(115,285,285,450,fill="blue")
cv.create_oval(130,300,268,428,fill= "white")                                   # 肚子
cv.create_arc(143,285,256,418,extent=-180,fill="white")
cv.create_oval(100,110,300,300,fill="blue")
cv.create_oval(110,140,290,300,fill= "white")                                   # 脸
cv.create_oval(184,160,210,185,fill="red")
cv.create_oval(193,165,202,174,fill= "white")                                   # 鼻子
cv.create_oval(196,122,230,167,fill="white")
cv.create_oval(162,122,196,167,fill= "white")                                   # 眼睛
cv.create_oval(170,130,188,155,fill="black")
cv.create_oval(174,134,184,144,fill= "white")                                   # 左眼瞳孔
cv.create_oval(204,130,222,155,fill="black")
cv.create_oval(208,134,218,144,fill= "white")                                   # 右眼瞳孔
cv.create_arc(125,150,275,286,extent=-180,fill="red")                           # 嘴
cv.create_line(198,185,198,220,fill="black")                                    # 中间胡须
cv.create_line(123,165,178,190,fill="black")
cv.create_line(113,195,178,196,fill= "black")                                   # 左边胡须
cv.create_line(113,220,178,202,fill="black")
cv.create_line(280,165,218,190,fill="black")
cv.create_line(285,195,218,196, fill="black")                                   # 右边胡须
cv.create_line(285,220,218,202,fill="black")
cv.create_rectangle(185,219,200,240,fill="white")                               # 板牙
cv.create_rectangle(200,219,215,240,fill="white")
cv.create_rectangle(143,303,258,288,fill="red")                                 # 领结和铃铛
```

```
cv.create_oval(184,295,215,325,fill="gold")
cv.create_rectangle(184,311,215,304, fill="gold")
cv.create_oval(195,313,203,320,fill="black")
cv.create_line(199,320,199,325,fill= "black")
window.mainloop()
```

运行结果如图 7-12 所示。

图 7-12　**绘制的机器猫**

【例 7-37】动画的图片设计（将一个图片沿着画布的对角线移动，当到达底部时再反方向移动）。

```
import time
from tkinter import *
x = [50]                                          # 设置 x 初始坐标
y = [50]                                          # 设置 y 初始坐标
vx = 2.0                                          #  x 移动速度
vy = 1.5                                          #  y 移动速度
for t in range(1,500):                            # 创建 500 次的 x 和 y 坐标
    new_x = x[t - 1] + vx                         # 修改坐标 = 旧坐标 + 移动距离
    new_y = y[t - 1] + vy
    if new_x >= 750 or new_x <= 50:               # 如果已经越过边界，反转方向
        vx = vx * -1.0
    if new_y >= 550 or new_y <= 50:
        vy = vy * -1.0
    x.append(new_x)
    y.append(new_y)
root = Tk()
root.title(" 图片动画设计 ")                       # 在这里修改窗口的标题
cv = Canvas(width=800,height=600,bg='pink')       # 设置画布
cv.pack()
photo1 = PhotoImage(file='i.gif')
width1 = photo1.width()
```

```
height1 = photo1.height()
image_x = (width1) / 2.0
image_y = (height1) / 2.0
for t in range(1,500):            #设位置移动
    cv.create_image(x[t],y[t],image=photo1,tag="pic")
    cv.update()
    time.sleep(0.05)              # 暂停 0.05 秒，然后删除图像
    cv.delete("pic")
root.mainloop()
```

运行结果如图 7-13 所示。

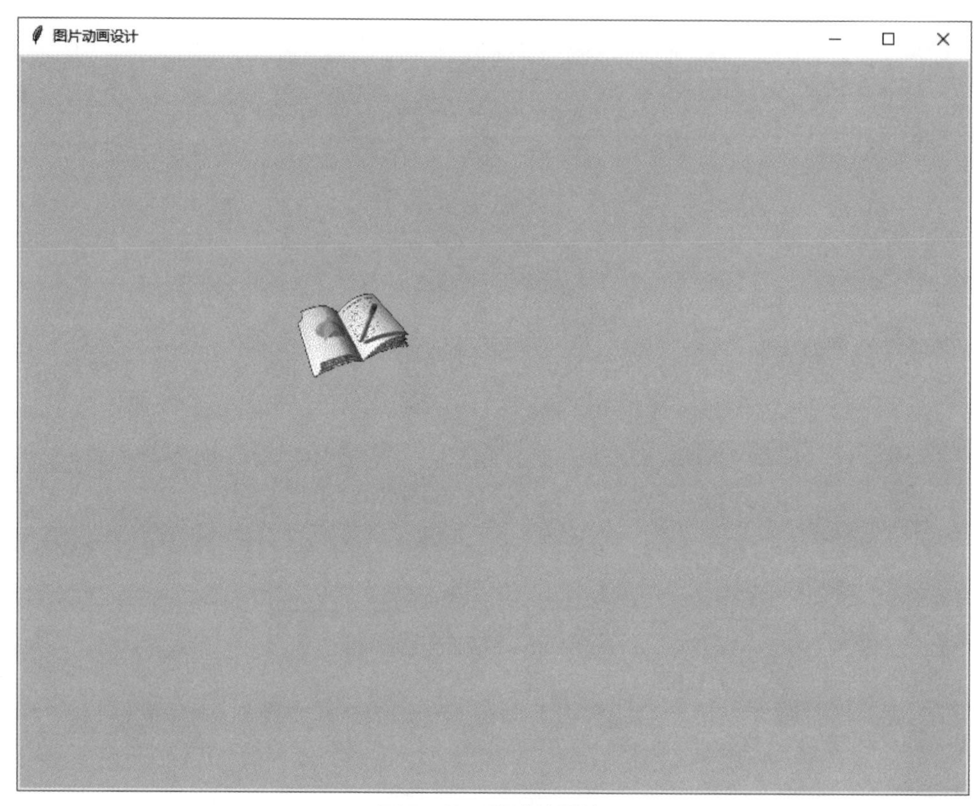

图 7-13 移动的图片